Halbleiter-Elektronik

Eine aktuelle Buchreihe
für Studierende und Ingenieure

Halbleiter-Bauelemente beherrschen heute einen großen Teil der Elektrotechnik. Dies äußert sich einerseits in der großen Vielfalt neuartiger Bauelemente und andererseits in mittleren jährlichen Zuwachsraten der Herstellungsstückzahlen von ca. 20 % im Laufe der letzten 10 Jahre. Ihre besonderen physikalischen und funktionellen Eigenschaften haben komplexe elektronische Systeme z. B. in der Datenverarbeitung und der Nachrichtentechnik ermöglicht. Dieser Fortschritt konnte nur durch das Zusammenwirken physikalischer Grundlagenforschung und elektrotechnischer Entwicklung erreicht werden.

Um mit dieser Vielfalt erfolgreich arbeiten zu können und auch zukünftigen Anforderungen gewachsen zu sein, muß nicht nur der Entwickler von Bauelementen, sondern auch der Schaltungstechniker das breite Spektrum von physikalischen Grundlagenkenntnissen bis zu den durch die Anwendung geforderten Funktionscharakteristiken der Bauelemente beherrschen.

Dieser engen Verknüpfung zwischen physikalischer Wirkungsweise und elektrotechnischer Zielsetzung soll die Buchreihe „Halbleiter-Elektronik" Rechnung tragen. Sie beschreibt die Halbleiter-Bauelemente (Dioden, Transistoren, Thyristoren usw.) in ihrer physikalischen Wirkungsweise, in ihrer Herstellung und in ihren elektrotechnischen Daten.

Um der fortschreitenden Entwicklung am ehesten gerecht werden und den Lesern ein für Studium und Berufsarbeit brauchbares Instrument in die Hand geben zu können, wurde diese Buchreihe nach einem „Baukastenprinzip" konzipiert:

Die ersten beiden Bände sind als Einführung gedacht, wobei Band 1 die physikalischen Grundlagen der Halbleiter darbietet und die entsprechenden Begriffe definiert und erklärt. Band 2 behandelt die heute technisch bedeutsamen Halbleiterbauelemente und integrierten Schaltungen in einfacher Form. Ergänzt werden diese beiden Bände durch die Bände 3 bis 5 und 19, die einerseits eine vertiefte Beschreibung der Bänderstruktur und der Transportphänomene in Halbleitern und andererseits eine Einführung in die technologischen Grundverfahren zur Herstellung dieser Halbleiter bieten. Alle diese Bände haben als Grundlage einsemestrige Grund- bzw. Ergänzungsvorlesungen an Technischen Universitäten.

Fortsetzung und Übersicht über die Reihe: 3. Umschlagseite

Halbleiter-Elektronik
Herausgegeben von W. Heywang und R. Müller
Band 1

Rudolf Müller

Grundlagen
der Halbleiter-Elektronik

7., durchgesehene Auflage

Mit 123 Abbildungen

Springer Verlag

Berlin Heidelberg New York
London Paris Tokyo
Hong Kong Barcelona Budapest

Dr. techn. RUDOLF MÜLLER
Universitätsprofessor, Inhaber des Lehrstuhls für Technische Elektronik
der Technischen Universität München

Dr. rer. nat. WALTER HEYWANG
ehem. Leiter der Zentralen Forschung und Entwicklung der Siemens AG,
München
Professor an der Technischen Universität München

CIP-Kurztitelaufnahme der Deutschen Bibliothek
Müller, Rudolf : Grundlagen der Halbleiter-Elektronik / Rudolf Müller. –
6., durchges. Aufl. – Berlin ; Heidelberg ; New York ; London ; Paris ; Tokyo ;
Hong Kong ; Barcelona : Springer 1991 (Halbleiter-Elektronik ; Bd. 1)
ISBN 3-540-53200-5
ISBN 0-387-53200-5

NE: GT

ISBN 3-540-58912-0 7. Aufl. Springer-Verlag Berlin Heidelberg New York
ISBN 0-387-58912-0 7th ed. Springer-Verlag New York Berlin Heidelberg

ISBN 3-540-53200-5 6. Aufl. Springer-Verlag Berlin Heidelberg New York
ISBN 0-387-53200-5 6th ed. Springer-Verlag New York Berlin Heidelberg

Springer-Verlag Berlin Heidelberg New York
ein Unternehmen der BertelsmannSpringer Science+Business Media GmbH

© Springer-Verlag Berlin, Heidelberg 1971, 1975, 1979, 1987, 1991 und 1995
Printed in Germany

Druck: Color-Druck Dorfi GmbH, Berlin
Bindearbeiten: Lüderitz & Bauer, Berlin

SPIN: 10766802   62/3111 - 5 4 3 2   - gedruckt auf säurefreiem Papier

Vorwort zur vierten Auflage

Die vorliegende vierte Auflage behält ebenso wie die zweite und dritte das Grundkonzept der ersten Auflage bei. Eine Reihe von Halbleiterdaten wurde neueren Messungen angepaßt. Neben einigen Gewichtsverlagerungen wurde vor allem der Begriff des Quasi-Fermi-Niveaus aufgenommen, da die elektrischen Eigenschaften der Bauelemente heute häufig numerisch unter Benutzung dieses Begriffes berechnet werden. Die Übungen sind ausführlicher gestaltet als bisher. Wegen der Bedeutung des Shockley-Read-Hall-Modells zur Beschreibung der Rekombination in Silizium wird dieses in einem Anhang gebracht.

München, im August 1983   **Rudolf Müller**

Aus dem Vorwort zur ersten Auflage

Dem Konzept der Buchreihe „Halbleiter-Elektronik" entsprechend, werden im vorliegenden ersten Band die physikalischen Grundlagen der Halbleiter im Hinblick auf die enge Verflechtung zwischen Physik und elektrotechnischer Zielsetzung beschrieben. Dadurch, daß bewußt auf die „beweisführende" Erklärung der heute allgemein akzeptierten Halbleiterbegriffe und die damit verbundene Zitierung von Originalarbeiten verzichtet wurde, konnten auf ziemlich engem Raum die Halbleitergrundlagen so ausführlich behandelt werden, daß damit die Wirkungsweise der meisten Halbleiterbauelemente erklärt und quantitativ beschrieben werden kann. Verzichtet wurde auch auf eine Beschreibung der geschichtlichen Entwicklung. Es wird daher Literatur nur dort angegeben, wo Meßergebnisse zitiert werden und der Leser gegebenenfalls näheren Aufschluß über die Meßbedingungen sucht.

Der Leser dieses Bandes soll also auf möglichst einfache Weise in die Lage gebracht werden, Fachliteratur über Halbleiterbauelemente mit der nötigen Kritik lesen zu können. Dies ist zumindest das gesetzte Ziel.

Die in der Halbleiterphysik üblichen Begriffe, wie beispielsweise Beweglichkeit, Bänderschema, Diffusionsstrom usw., werden definiert und erklärt. Besondere Vorkenntnisse werden nicht vorausgesetzt, mit Ausnahme der Abschn. 3.4 und 3.5 (Kronig-Penney Modell bzw. Zustandsdichte), für die Grundkenntnisse über Quantenmechanik von Nutzen sind. Notfalls können die genannten Abschnitte übersprungen werden, da die Ergebnisse in Abschn. 3.6 zusammengefaßt sind.

Am Ende jedes Kapitels ist eine Reihe von Übungsaufgaben angeführt, die zur Vertiefung des Stoffes dienen und dem Leser eine Selbstkontrolle für das Verständnis des bisher bearbeiteten Stoffes ermöglichen. Bezeichnungen und Symbole sind auf den Seiten 11 bis 15 angeführt.

München, im Januar 1971   **Rudolf Müller**

Inhaltsverzeichnis

Bezeichnungen und Symbole

1. Mathematische Symbole

Symbol	Bedeutung
i	Vektor i
j	$\sqrt{-1}$
Δ	Änderung, Schwankungsbreite
∇^2	Laplace-Operator; $\nabla^2 = \partial^2/\partial x^2 + \partial^2/\partial y^2 + \partial^2/\partial z^2$ für kartesische Koordinaten (siehe z. B. [59])
$\exp x$	e^x
$\ln x$	natürlicher Logarithmus von x
grad $p = \nabla p$	Gradient von p; $\lvert \text{grad } p \rvert = \partial p/\partial x$ für eindimensionale Verhältnisse (siehe z. B. [59]
div i	Divergenz von i; div $i = \partial i/\partial x$ für eindimensionale Verhältnisse (siehe z. B. [59])

2. Umrechnungsfaktoren

$1 \text{ eV} = 1{,}602 \cdot 10^{-19}$ J
$1 \text{ J } = 6{,}242 \cdot 10^{18}$ eV

3. Physikalische Konstanten

Konstante	Bedeutung	Zahlenwert
m_0	Ruhemasse des Elektrons	$9{,}109 \cdot 10^{-31}$ kg
e	Elementarladung	$1{,}602 \cdot 10^{-19}$ C
$-e$	Ladung des Elektrons	
k	Boltzmann-Konstante	$1{,}380 \cdot 10^{-23}$ J K^{-1}
$kT/e = U_T$	Temperaturspannung	$0{,}0259$ V für $T = 300$ K
h	Plancksche Konstante	$6{,}625 \cdot 10^{-34}$ J s
$\hbar = h/2\pi$		$1{,}054 \cdot 10^{-34}$ J s
ε_0	Vakuum-Dielektrizitätskonstante (elektrische Feldkonstante)	$8{,}854 \cdot 10^{-12}$ Fm^{-1}
c	Vakuum-Lichtgeschwindigkeit	$2{,}998 \cdot 10^{8}$ m s^{-1}
L	Loschmidt-Zahl	$6{,}022 \cdot 10^{23}$ mol^{-1}

4. Physikalische Größen

Größe	Bedeutung	Einheit
A	Atomgewicht	
A	Querschnitt, Fläche	m^2
a	Gitterkonstante	m
B	magnetische Induktion	$V\,s\,m^{-2}$
C_s	Sperrschichtkapazität	F
C_{diff}	Diffusionskapazität	F
D	dielektrische Verschiebung	$C\,m^{-2}$
D	Diffusionskonstante	$m^2\,s^{-1}$
$\quad D_p$	Diffusionskonstante für Löcher	
$\quad D_n$	Diffusionskonstante für Elektronen	
$E, \boldsymbol{E}$	elektrische Feldstärke	$V\,m^{-1}$
$\quad E_m$	Maximalwert der elektrischen Feldstärke	
E	Energie	J, eV
$\quad E_v$	Energie der Valenzbandkante	
$\quad E_c$	Energie der Leitungsbandkante (c = conduction)	
$\quad E_F$	Fermi-Niveau	
$\quad E_{F_n}$	Quasi-Fermi-Niveau für Elektronen	
$\quad E_{F_p}$	Quasi-Fermi-Niveau für Löcher	
$\quad E_i$	Eigenleitungs-Fermi-Niveau	
$\quad E_D$	Donatoren-Energieniveau	
$\quad E_A$	Akzeptoren-Energieniveau	
E_g	Bandabstand (g = gap)	J, eV
$\quad E_{g0}$	der zu $T = 0$ extrapolierte Bandabstand	
f	Frequenz	Hz
G	Generationsrate	$m^{-3}\,s^{-1}$
$\quad G_{\text{th}}$	thermische Generationsrate	
g	zusätzliche Generationsrate	$m^{-3}\,s^{-1}$
g	Anzahl der „günstigsten" Fälle (Abschn. 8.3)	
g	Kleinsignalleitwert (Realteil)	Ω^{-1}
$\quad g_0$	Kleinsignalleitwert für $f \to 0$	
g_u	Anzahl der unterscheidbaren „günstigen" Fälle	
$H, \boldsymbol{H}$	magnetische Feldstärke	$A\,m^{-1}$
I	Strom	A
I_s	Sättigungsstrom des pn-Übergangs	A
$i, \boldsymbol{i}$	Konvektionsstromdichte	$A\,m^{-2}$
$\quad i_n, \boldsymbol{i}_n$	Elektronenstromdichte	
$\quad i_p, \boldsymbol{i}_p$	Löcherstromdichte	
$\quad \boldsymbol{i}_{\text{ges}}$	Gesamtstromdichte (Konvektions- plus Verschiebungsstrom)	
K_B	Lorentz-Kraft	N
$k = 2\pi/\lambda$	Wellenzahl	m^{-1}
L	Länge	m
L_D	Debye-Länge	m
L_n	Diffusionslänge der Elektronen im p-Material	m
L_p	Diffusionslänge der Löcher im n-Material	m

12

Physikalische Größen (Fortsetzung)

Größe	Bedeutung	Einheit
l	Länge, Weite der Raumladungszone	m
l_n	Weite der Raumladungszone im n-Bereich	
l_p	Weite der Raumladungszone im p-Bereich	
m	Masse	kg
m^*	effektive Masse	
m_n^*	effektive Masse der Elektronen	
m_p^*	effektive Masse der Löcher	
m	Anzahl der „möglichen" Fälle (Abschn. 8.3)	
m_u	Anzahl der unterscheidbaren „möglichen" Fälle	
$N,\ N_i$	Anzahl	
N	Dotierungsdichte (N_D oder N_A)	m^{-3}
N_D	Donatorendichte	m^{-3}
N_D^+	Dichte der ionisierten Donatoren	
N_A	Akzeptorendichte	m^{-3}
N_A^-	Dichte der ionisierten Akzeptoren	
N	Zustandsdichte (besetzbar durch 1 Elektron)	m^{-3}
$N^* = N/2$	Zustandsdichte (besetzbar durch 2 Elektronen)	
N_v	äquivalente Zustandsdichte an der Valenz-bandkante	m^{-3}
N_c	äquivalente Zustandsdichte an der Leitungs-bandkante	m^{-3}
n	Laufzahl, Hauptquantenzahl	
n	Elektronendichte (Anzahldichte der Leitungs-elektronen)	m^{-3}
n_0	Elektronendichte bei thermischem Gleichgewicht	
n_{n0}	Elektronendichte im n-Material bei thermischem Gleichgewicht (Majoritätsträgerdichte)	
n_{p0}	Elektronendichte im p-Material bei thermischem Gleichgewicht (Minoritätsträgerdichte)	
$n' = n - n_0$	Überschußelektronendichte	m^{-3}
n_i	Eigenleitungsträgerdichte (i = intrinsic)	m^{-3}
n_E	Elektronendichte je Energieeinheit	$J^{-1}\,m^{-3}$
p	Löcherdichte	m^{-3}
p_0	Löcherdichte bei thermischem Gleichgewicht	
p_{p0}	Löcherdichte im p-Material bei thermischem Gleichgewicht	
p_{n0}	Löcherdichte im n-Material bei thermischem Gleichgewicht	
$p' = p - p_0$	Überschußlöcherdichte	m^{-3}
p_E	Löcherdichte je Energieeinheit	$J^{-1}\,m^{-3}$
p	Impuls	$kg\,m\,s^{-1}$
Q	Ladung	C
R	Rekombinationsrate	$m^{-3}\,s^{-1}$
r	Rekombinationskoeffizient	$m^3\,s^{-1}$
R_H	Hall-Konstante	$m^3\,C^{-1}$
R_n	Hall-Konstante für Elektronen	
R_p	Hall-Konstante für Löcher	
r	Korrekturfaktor für Hall-Konstante	
r	Ortsvektor	m
T	absolute Temperatur	K

13

Physikalische Größen (Fortsetzung)

Größe	Bedeutung	Einheit
U	Spannung, Potentialdifferenz	V
$\tilde{U}$	Wechselspannung	
$\hat{U}$	Scheitelwert einer Wechselspannung	
U_b	Durchbruchspannung (b = breakdown)	
U_D	Diffusionsspannung	
T	Tunnelwahrscheinlichkeit (Abschn. 8.1)	
t	Zeitkoordinate	s
U	Gesamtenergie (Abschn. 8.3)	J
$U_T = kT/e$	Temperaturspannung	
u	Bloch-Funktion	
u	auf kT/e normiertes Potential	
V	Volumen	m³
V	potentielle Energie	J
V	elektrisches Potential	V
v	Geschwindigkeit, Teilchengeschwindigkeit	m s⁻¹
v_n	Elektronengeschwindigkeit	
v_p	Löchergeschwindigkeit	
v_g	Gruppengeschwindigkeit	m s⁻¹
$\langle v \rangle$	Mittelwert des Geschwindigkeitsvektors	m s⁻¹
v_{th}	thermische Geschwindigkeit	m s⁻¹
v_s	Sättigungsgeschwindigkeit	m s⁻¹
$W(E)$	Fermi-Verteilungsfunktion	
W	Wahrscheinlichkeit	
x, y, z	Ortskoordinaten	m
Z	Kernladungszahl	
α	Dämpfungskonstante, Absorptionskonstante	m⁻¹
α	Ionisationskoeffizient	m⁻¹
α_n	Ionisationskoeffizient für Elektronen	
α_p	Ionisationskoeffizient für Löcher	
$\varepsilon = \varepsilon_0 \varepsilon_r$	Dielektrizitätskonstante, Permittivität	F m⁻¹
ε_r	relative Dielektrizitätskonstante, Permittivitätszahl	
μ	Beweglichkeit	m² V⁻¹ s⁻¹
μ_n	Beweglichkeit der Elektronen	
μ_p	Beweglichkeit der Löcher	
μ_H	Hall-Beweglichkeit (μ_{Hn}, μ_{Hp})	
ϱ	Ladungsdichte	C m⁻³
ϱ^*	Ladungsdichte der freien Ladungsträger eines Typs	
ϱ	spezifischer Widerstand	Ω m
σ	Leitfähigkeit	Ω⁻¹ m⁻¹
τ_c	freie Flugzeit (Stoßzeit)	s
τ	Relaxationszeitkonstante	s
τ_d	dielektrische Relaxationszeitkonstante	
τ_n	Minoritätsträgerlebensdauer (Elektronen im p-Material)	
τ_p	Minoritätsträgerlebensdauer (Löcher im n-Material)	
Φ_n	Quasi-Fermi-Potential für Elektronen	V
Φ_p	Quasi-Fermi-Potential für Löcher	V

Physikalische Größen (Fortsetzung)

Größe	Bedeutung	Einheit
ψ	Wellenfunktion	
ψ^*	zu ψ konjugiert komplexe Wellenfunktion	
ψ_x	ortsabhängiger zeitlich konstanter Anteil der Wellenfunktion	
$\omega = 2\pi f$	Kreisfrequenz	s^{-1}

5. Einheiten

Die Zahlenwerte physikalischer Konstanten und Größen sind in SI-Einheiten angegeben. Alle Einheiten in der Elektrotechnik lassen sich auf die 4 Basiseinheiten Meter, Kilogramm, Sekunde und Ampere zurückführen (s. z. B. [43] und [88]). Um Kontrollen zu ermöglichen, werden nachstehend die wichtigsten Einheiten angegeben.

Basiseinheiten		Abgeleitete Einheiten	
Länge	m	Ladung	$1\ C = 1\ As$
Masse	kg	Spannung	$1\ V = 1\ kg\ m^2\ A^{-1}\ s^{-3}$
Zeit	s	Kapazität	$1\ F = 1\ As\ V^{-1} = 1\ A^2\ s^4\ kg^{-1}\ m^{-2}$
Stromstärke	A	Leistung	$1\ W = 1\ VA = 1\ kg\ m^2\ s^{-3}$
		Energie	$1\ J = 1\ Ws = 1\ kg\ m^2\ s^{-2}$
		Widerstand	$1\ \Omega = 1\ VA^{-1} = 1\ kg\ m^2\ A^{-2}\ s^{-3}$

Einleitung

Unter Halbleitern versteht man die Elemente oder Verbindungen, deren spezifischer Widerstand zwischen dem der Metalle und dem der Isolatoren liegt, d.h., Werte zwischen etwa 10^{-4} und 10^{+12} Ω cm hat. Abb. 1 zeigt den spezifischen Widerstand einiger Elemente und Verbindungen.

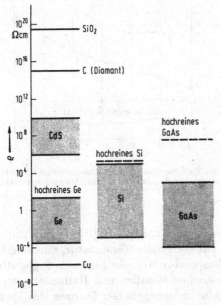

Abb. 1. Spezifischer Widerstand ϱ verschiedener Stoffe bei Zimmertemperatur.

Bei den heute technisch bedeutsamen Halbleitern Silizium (Si), Germanium (Ge), Galliumarsenid (GaAs) usw. erfolgt der Ladungstransport durch Elektronen, weshalb diese auch *elektronische Halbleiter* genannt werden, im Gegensatz zu den Ionenhalbleitern, bei denen mit dem elektrischen Strom ein Materialtransport verbunden ist.

17

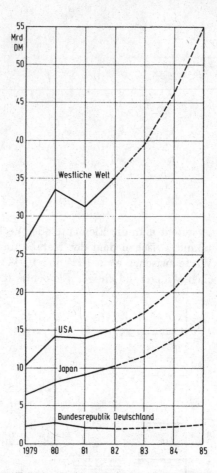

Abb. 2. Jahresumsatz der Halbleiter-Bauelemente [Quelle: Siemens]. Es ist bemerkenswert, daß
der Anteil der BR.Deutschland in den Jahren von 1979 bis 1983 von nahezu 10 % auf etwa 5 %
zurückgegangen ist.

Der spezifische Widerstand der Halbleiter ist stark temperaturabhängig. Er sinkt mit steigender Temperatur, zumindest bei sehr hohen
und sehr tiefen Temperaturen. Diese Eigenschaft gestattet eine exaktere
Unterscheidung zwischen Metallen und Halbleitern, als dies auf Grund
der ziemlich willkürlich angegebenen Grenzen des spezifischen Widerstandes möglich ist. Metalle werden bei der Annäherung an den absoluten
Nullpunkt immer besser leitend und gehen schließlich in den supra-
leitenden Zustand über, während Halbleiter bei ausreichender Reinheit
— „Entartung" ausgenommen — wie erwähnt immer schlechter leitend
und schließlich bei sehr tiefen Temperaturen zu Isolatoren werden. Die
Grenze zwischen Halbleiter und Isolator bleibt willkürlich. Der spezifische Widerstand der Halbleiter kann durch Zugabe von Fremdatomen

18

in weiten Grenzen verändert werden, was durch die schraffierten Bereiche in Abb. 1 angedeutet ist. Die Leitfähigkeit kann auch durch elektrische Größen beeinflußt werden; darauf beruht z.B. die Verstärkung im Feldeffekttransistor.

Einmalig ist jedoch im Halbleiter die Tatsache, daß es zwei Arten elektronischer (nicht ionischer) Ladungsträger gibt. Einmal die *Leitungselektronen* mit einer *negativen* Ladung und zum zweiten die Lücken im elektronischen Gefüge der Valenzbindungen, die sog. *Löcher*, welche durch Teilchen mit *positiver* Ladung beschrieben werden können. Dadurch ergeben sich weitreichende Konsequenzen: Die beiden Ladungsträgerarten können miteinander in Wechselwirkung treten, wie das z.B. in den optoelektronischen Bauelementen der Fall ist, und Zonen mit unterschiedlicher Leitungsart können benachbart angeordnet werden, wie das in bipolaren Bauelementen (*pn*-Diode, Injektionstransistor, Thyristor) genutzt wird.

Die Bedeutung der Halbleiter-Bauelemente für die Nachrichtentechnik und Datenverarbeitung, die nur durch die Verwendung von Transistoren ihren heutigen Umfang erreichen konnte, ist allgemein bekannt. Auch in der Energietechnik haben Halbleiterbauelemente seit langem ihren festen Platz. Den Hauptanteil haben die gesteuerten Gleichrichter (Thyristoren) mit Schaltleistungen bis in den Megawatt-Bereich. Die starke Zunahme der Automation bringt einen großen Bedarf an Fühlerelementen zur Messung nichtelektrischer Größen (Abstand, Dicke, Temperatur, Gaskonzentration usw.). Diese Sensoren werden in zunehmendem Maße aus Halbleitern hergestellt, vor allem weil dies meist preiswerter möglich ist.

Die wirtschaftliche Bedeutung der Halbleiter-Bauelemente (Transistoren, Thyristoren und integrierte Schaltungen) erkennt man aus ihrem Jahresumsatz, der im Jahre 1982 in der westlichen Welt über $3 \cdot 10^{10}$ DM lag (Abb. 2).

1 Bindungsmodell der Halbleiter

Eine sehr anschauliche, vorwiegend qualitative Beschreibung der elektrischen Leitungsvorgänge in Halbleitern ist mit Hilfe des *Bindungsmodells* möglich. Dabei geht man von dem in der Chemie gebräuchlichen Begriff der Valenzen, die durch die *Valenzelektronen* zustandekommen, aus. Diese Valenzen führen zu Bindungen zwischen den Atomen. Bei ihrem Aufbrechen — als Folge der endlichen Temperatur — werden Elektronen frei, die für einen Ladungstransport zur Verfügung stehen. Dabei werden den Elektronen im wesentlichen die Eigenschaften klassischer Teilchen zugeordnet.

Die Fragestellung nach der Ursache der Valenzen führt in das Gebiet der Atomphysik und kann nur durch die Quantenmechanik beantwortet werden (s. z.B. [1], S. 202 u. 419). Diese, angewandt auf Halbleiterkristalle, ergibt das *Bändermodell*, in welchem als entscheidende Größe die Energie der Elektronen, gegebenenfalls als Funktion des Impulses der Elektronen, betrachtet wird. Dieses Modell ermöglicht quantitative Aussagen.

Wegen der Anschaulichkeit wird zunächst das Bindungsmodell beschrieben. Das Bändermodell wird in Kap. 3 in groben Zügen erklärt. Diese einfache Darstellung reicht zur Beschreibung der meisten in Bd. 2 dieser Reihe beschriebenen Halbleiter-Bauelemente. Eine detaillierte Behandlung der Bänderstruktur der Halbleiter ist in Bd. 3 zu finden.

1.1 Gitterstruktur der Halbleiter

Der Aufbau der Materie ist gekennzeichnet durch eine Quantelung der Masse und der Ladung. Nach dem Bohrschen Atommodell wird ein positiv geladener Atomkern von Elektronen „umkreist". Die Masse ist zum größten Teil im Kern konzentriert, der „Abmessungen" der Größenordnung von 10^{-15} m hat. Die Elektronenhülle — und damit das Atom — hat „Abmessungen" der Größenordnung von 10^{-10} m (= 0,1 nm). Die chemischen und elektrischen Eigenschaften der Stoffe werden durch die Elektronenhülle bestimmt, deren Eigenschaften durch die Quantenmechanik zufriedenstellend beschrieben werden. Das Elektron hat eine Ruhemasse $m_0 = 9{,}11 \cdot 10^{-31}$ kg und eine Ladung $-e = -1{,}6 \cdot 10^{-19}$ C.

Die Elektronen der Elektronenhülle des Atoms sind in sog. Schalen angeordnet, wobei jeder Schale eine bestimmte, nicht überschreitbare Anzahl von Elektronen zugeordnet ist (Pauli-Prinzip; s. z. B. [1], S. 130). Ausgehend vom einfachsten Atom, dem Wasserstoffatom, füllen sich mit zunehmendem Atomgewicht die Schalen durch Elektronen von innen.

I	II	III	IV	V	VI	VII	VIII
H 1 1,008							He 2 4,002
Li 3 6,94		B 5 10,82	C 6 12,01				Ne 10 20,18
Na 11 22,99		Al 13 26,97	Si 14 28,06	P 15 31,02	S 16 32,06		Ar 18 39,94
		Ga 31 69,72	Ge 32 72,6	As 33 74,91			
	Cd 48 112,41	In 49 114,76		Sb 51 121,76			

Abb. 3. Auszug aus dem periodischen System der Elemente; Kernladungszahl Z rechts neben dem Symbol, Atomgewicht A unter dem Symbol.

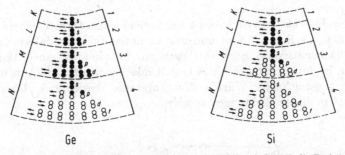

Ge   Si

Abb. 4. Elektronenanordnung für Ge und Si; die Elektronenschalen sind durch die Buchstaben K, L, M, N und die zugehörigen Hauptquantzahlen (rechts außen) gekennzeichnet (nach: Suchscheibe zur Verteilung der Elektronen im Periodensystem, Verlag Chemie, Weinheim/Bergstraße).

Wenn jeweils eine Schale vollständig gefüllt ist, erhält man ein chemisch besonders stabiles Element, ein Edelgas. Dieser Schalenaufbau erklärt das periodische System der Elemente. Abb. 3 zeigt einen Auszug aus dem periodischen System. Die Edelgase mit ihren abgeschlossenen Schalen gehören zur VIII. Gruppe. Elemente der I. Gruppe (die Alkalimetalle H, Li, Na usw.) haben außer abgeschlossenen Schalen gerade 1 Elektron, welches entweder relativ leicht abgetrennt werden kann (so daß ein positives Ion entsteht), oder welches zur Bindung mit einem anderen Atom dienen kann. Man nennt daher die Elemente der I. Gruppe einwertig, das Elektron in der nicht abgeschlossenen Schale Valenzelektron.

Der technisch wichtigste Halbleiter, Silizium, ist ebenso wie Germanium ein Element der IV. Gruppe, also 4wertig. Abb. 4 zeigt schematisch die Anordnung der Elektronen (dunkle Punkte) an den zur Verfügung stehenden „Plätzen" (leere Kreise) für Ge und Si. Man erkennt, daß die Anordnung in den nicht abgeschlossenen Schalen gleich ist. Abb. 5 zeigt schematisch Atomkern, abgeschlossene Elektronenschalen und Valenzelektronen von Si und Ge. Für die weiteren Betrachtungen ist es zulässig, den Atomkern und die abgeschlossenen Schalen als eine vierfach positiv geladene Einheit (Atomrumpf) anzusehen.

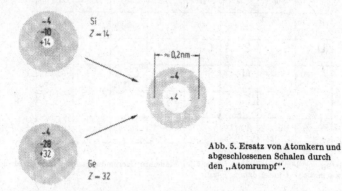

Abb. 5. Ersatz von Atomkern und abgeschlossenen Schalen durch den „Atomrumpf".

Sowohl Si als auch Ge haben 4 Valenzelektronen. Diese Valenzen sind gerichtet (s. z. B. [1], S. 426), und zwar in diesen Fällen so, daß sie zu den vier flächendiagonal gegenüberliegenden Eckpunkten eines Würfels zeigen, in dessen Mitte sich das betreffende Atom befindet (Abb. 6, gestrichelt gezeichneter Würfel). Nachbaratome werden sich daher bevorzugt in diesen Richtungen anlagern.

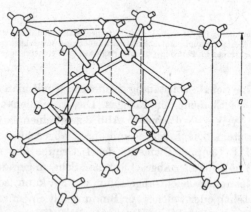

Abb. 6. Kristallgitter vom Diamant- bzw. Zinkblendetyp. Werte der Gitterkonstante: C: $a = 0,356$ nm, Si: $a = 0,543$ nm, Ge: $a = 0,566$ nm, GaAs: $a = 0,565$ nm.

Die Wechselwirkung zwischen den Atomen ist gekennzeichnet durch die abstoßenden Kräfte zwischen den gleichnamigen Ladungen und die Anziehungskräfte der Valenzelektronen aufgrund ihrer Wechselwirkung (s. z. B. [1], S. 207). Für ein Wasserstoffmolekül zeigt Abb. 7 die Energie in Abhängigkeit vom Abstand der Atomkerne; dies führt zu einem bevorzugten Abstand zwischen den Atomenkernen.

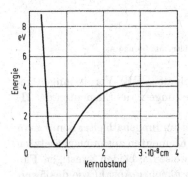

Abb. 7. Energie eines Wasserstoffmoleküls als Funktion des Abstandes der Atomkerne (nach Heitler und London).

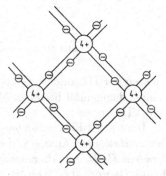

Abb. 8. Ebenes Schema für die Diamantgitterstruktur.

Diese Tatsache zusammen mit der bereits erwähnten gerichteten Valenz führt zu einem regelmäßigen Kristallaufbau, der unter geeigneten Erstarrungsbedingungen des Materials entsteht. In Abb. 6 ist eine sog. Elementarzelle des Kristallgitters abgebildet, die in jeder der bevorzugten Kristallachsen eine Periode des Kristallgitters umfaßt. Im Falle des hier gezeichneten für Ge und Si gültigen Diamantgitters, ist die Elementarzelle ein Würfel mit den angegebenen Kantenlängen, den sog. Gitterkonstanten a. Kohlenstoff als Einkristall (Diamant) hat zwar die gleiche Gitterstruktur wie Si und Ge; seine Leitfähigkeit ist jedoch so klein, daß er zu den Isolatoren gezählt wird.

Da die Darstellung des dreidimensionalen Kristallgitters umständlich ist, verwendet man meist ein ebenes Schema zur Beschreibung der Vorgänge im Kristallgitter. Abb. 8 zeigt dieses für Ge und Si gleichermaßen gültige Schema; gezeichnet sind die vierfach positiven Atomrümpfe und die jeweils zu zwei Atomen gehörenden einfach negativen Valenzelektronen.

Außer den *Elementhalbleitern* Ge und Si gibt es die *Verbindungshalbleiter*. Abb. 9 zeigt die Elektronenanordnung der beiden Elemente Ga (3wertig) und As (5wertig), die als stöchiometrische Verbindung den Verbindungshalbleiter GaAs ergeben. Das Kristallgitter für GaAs ist von der sog. Zinkblendestruktur. Man hat in Abb. 6 abwechselnd Si durch Ga und As zu ersetzen (Ga-Atome dunkel gezeichnet). Solche Verbindungshalbleiter gibt es in großer Zahl (s. z. B. [2], S. 7). Bestehen sie aus Ele-

23

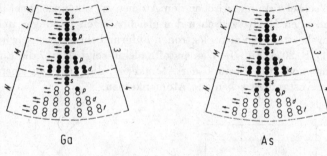

Ga   As

Abb. 9. Elektronenanordnung der Elemente Ga und As.

menten der III. und V. Gruppe, so werden sie $A^{III}B^V$-Verbindungen genannt; demgemäß bestehen $A^{II}B^{VI}$-Verbindungen aus Elementen der II. und VI. Gruppe.

Diese aus 2 Elementen bestehenden Verbindungshalbleiter nennt man *binäre Halbleiter*. Analog gibt es die aus 3 Elementen zusammengesetzten *ternären Halbleiter*. Hier werden beispielsweise die beiden 3wertigen Elemente Ga und Al (s. Abb. 3) zusammen in gleicher Anzahl wie das 5wertige Element As in ein Kristallgitter eingebaut; man erhält $Ga_xAl_{1-x}As$ mit $0 \leq x \leq 1$. Als entsprechende duale Möglichkeit existiert $Ga\,As_xP_{1-x}$.

Man kann dieses Aufbauschema zu quaternären Verbindungshalbleitern weiterführen. Die Herstellung wird jedoch mit zunehmender Komponentenzahl schwieriger. Die weitaus größte Verbreitung haben also die Elementhalbleiter und zwar wegen der besseren technischen Eigenschaften das Silizium (das abgesehen davon auch im Überfluß vorhanden ist). Wenn jedoch, wie z.B. in der Optoelektronik, Eigenschaften gebraucht werden, welche Elementhalbleiter nicht haben, so muß man diese binären bzw. ternären Verbindungshalbleiter benützen (s. z.B. [81]).

1.2 Eigenleitung

Die in 1.1 angestellten Überlegungen gelten für reines Halbleitermaterial bei der absoluten Temperatur $T \rightarrow 0$. Bei endlicher Temperatur T führen die Atome Schwingungen um ihre Ruhelage aus, und es besteht eine endliche Wahrscheinlichkeit für das Aufbrechen einer Bindung. Abb. 10 zeigt diese Verhältnisse. Ein ursprünglich an der Bindung beteiligtes Elektron ist losgelöst und „frei" im Kristallgitter beweglich, so daß es bei Anlegen eines elektrischen Feldes zu einem elektrischen Strom beitragen kann; aus dem Valenzelektron ist ein *Leitungselektron* geworden.

Andererseits hinterläßt dieses Elektron eine Lücke, die im ganzen gesehen — unter Einbezug der Ladungen der Atomrümpfe — einfach positiv geladen ist $(+ e)$. Eines der benachbarten Valenzelektronen kann nun (z.B. unter dem Einfluß eines elektrischen Feldes) diese Lücke schließen und dabei eine neue erzeugen. Diese Wanderung *verschiedener*

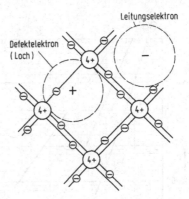

Abb. 10. Eigenleitung; sowohl
Leitungselektron als auch
Defektelektron sind nicht an-
nähernd so scharf lokalisiert,
wie hier durch die gestrichelten
Kreise angegeben.

Elektronen kann äquivalent ersetzt werden durch die Wanderung *einer* positiven Ladung, die ebenso wie das Leitungselektron zum Ladungstransport beiträgt. Dieses äquivalente, positiv geladene Teilchen nennt man *Defektelektron* oder *Loch*. (Für eine strengere Betrachtung dieser Äquivalenz s. S. 72 oder z.B. [3], S. 94.)

Man nennt den soeben geschilderten Leitungsmechanismus *Eigenleitung*, da er im vollkommen reinen Halbleitermaterial auftritt. Ein Kennzeichen der Eigenleitung ist die Tatsache, daß die Dichte der Leitungselektronen (Anzahl je Volumeneinheit) n gleich der Dichte der Defektelektronen p ist:

$$n = p.$$

In den bisherigen Betrachtungen wurden Elektronen und Löcher wie klassische Teilchen beschrieben. Eine Abschätzung der „Lokalisierung" dieser Teilchen mit Hilfe der Unschärferelation zeigt, daß man sich Leitungselektronen bzw. Löcher auf etwa 10^4 Atome „verschmiert" denken muß. Dies zeigt, daß das Bild des von Lücke zu Lücke springenden Valenzelektrons nur ein dürftiges Modell zur Erklärung des Begriffs Defektelektron ist. Das Konzept des positiv geladenen Defektelektrons hingegen kann in weiten Bereichen Verwendung finden (s. Abschn. 2.7).

Die mittlere kinetische Energie dieser Teilchen (Elektron, Loch) ist

$$m v_{\text{th}}^2 /2 = 3\,k\,T/2$$

(mit m als Elektronenmasse, v_{th} als mittlere thermische Geschwindigkeit, k als Boltzmann-Konstante, T als absolute Temperatur). Für Zimmertemperatur (300 K) erhält man aus obiger Energiegleichung $v_{\text{th}} \approx 1{,}2 \cdot 10^5$ m s^{-1}. Nimmt man eine Schwankungsbreite der Geschwindigkeit $\Delta v_{\text{th}} \approx v_{\text{th}}$ an, so erhält man eine Impulsunschärfe $\Delta p = m\,\Delta v_{\text{th}} \approx m\,v_{\text{th}}$.

Die Unschärferelation besagt, daß das Produkt aus Impulsunschärfe und zugehöriger Ortsunschärfe Δr mindestens gleich der Planckschen Konstante h ist (s. S. 169). Dies führt zu einer Ortsunschärfe $\Delta r = h/\Delta p \approx 6$nm. Der mittlere Abstand der Atome im Halbleiterkristall ist ca. 0,25 nm, so daß bei Zimmertemperatur ca. 10^4 Atome im Aufenthaltsbereich eines Leitungselektrons oder Loches sind.

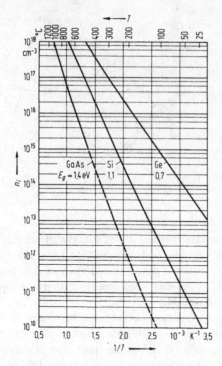

Abb. 11. Temperatur-
abhängigkeit der Eigen-
leitungsträgerdichten für Ge,
Si und GaAs, [6], [7], [8], [4].

Zur Erzeugung eines Elektron-Lochpaares ist eine bestimmte Mindestenergie E_g (g von *gap* = Bandabstand) erforderlich (Ionisierungsenergie im Kristall, Bandabstand); sie beträgt für 300 K ungefähr:

$$\text{Si}: E_g \approx 1{,}1 \text{ eV},$$
$$\text{Ge}: E_g \approx 0{,}7 \text{ eV},$$
$$\text{GaAs}: E_g \approx 1{,}4 \text{ eV}.$$

Je nach Meßbedingungen ergeben sich für E_g verschiedene Werte,
insbesondere ist zwischen „elektrischem" und „optischen" Bandabstand
zu unterscheiden (s. S. 63 und z. B. [4] oder [5]).

Auf S. 24 wurde gesagt, daß bei endlicher Temperatur eine endliche
Wahrscheinlichkeit für das Aufbrechen einer Bindung besteht. Stellt
man sich vor, daß man das Halbleitermaterial sprunghaft von der Temperatur 0 auf eine endliche Temperatur T gebracht hat, so wird pro
Zeiteinheit eine ganz bestimmte Anzahl von Bindungen aufbrechen.
Diese Rate ist konstant, solange — wie in der Praxis der Fall — die Anzahl der noch vorhandenen Bindungen praktisch unverändert ist. Die
Anzahl der Elektronen und Löcher wächst an, bis ein gegenläufiger
Prozeß, die *Rekombination*, der *Generation* das Gleichgewicht hält. Bei
der Rekombination wird ein Leitungselektron von einer Lücke eingefangen, und es wird Energie — meist Wärme — frei. Die Wahrschein-

lichkeit für einen Rekombinationsprozeß wächst proportional mit der Anzahl der verfügbaren Partner (Elektronen und Löcher). Es wird sich daher ein Gleichgewichtszustand mit einer ganz bestimmten Trägerkonzentration n und p einstellen, für den die Generationsrate gleich der Rekombinationsrate ist. Die Trägerdichte im eigenleitenden Halbleiter $n = p = n_i$ ist stark temperaturabhängig; sie hat für Zimmertemperatur die Werte:

$$Si: \quad n_i \approx 1{,}5 \cdot 10^{10} \, cm^{-3},$$
$$Ge: \quad n_i \approx 2{,}5 \cdot 10^{13} \, cm^{-3},$$
$$GaAs: \quad n_i \approx 1{,}8 \cdot 10^{6} \, cm^{-3}.$$

Der Index i kennzeichnet den eigenleitenden (intrinsic) Zustand. Abb. 11 zeigt die Temperaturabhängigkeit der Eigenleitungsträgerdichte im halblogarithmischen Maßstab*. Der starke Unterschied der Trägerdichten ist im wesentlichen eine Folge der verschiedenen erforderlichen Energien E_g für die Paarbildung. Bedenkt man, daß die Dichte der Atome bei etwa $5 \cdot 10^{22} \, cm^{-3}$ liegt, so erkennt man, daß bei eigenleitendem Si *eine* Bindung von etwa 10^{12} Bindungen gelöst ist (ein Leitungselektron auf 10^{12} Valenzelektronen); bei eigenleitendem Ge ist bei Zimmertemperatur etwa *ein* Leitungselektron auf 10^9 Valenzelektronen anzutreffen.

Obiges Gedankenexperiment sollte vor allem darauf hinweisen, daß nicht eine bestimmte Anzahl von Leitungselektronen gebildet wird und bestehen bleibt, sondern sich durch die gegenläufigen, ständig stattfindenden Prozesse der Generation und Rekombination ein Gleichgewicht einstellt. Diese Feststellung ist wichtig für Ausgleichsvorgänge (Relaxationen), bei denen durch das Überwiegen des einen oder anderen Effekts die Trägerdichten den angegebenen Gleichgewichtsdichten zustreben (s. S. 90).

Die bisherigen Überlegungen zeigen, daß die elektrischen Eigenschaften reiner Stoffe wegen der Bildung der beweglichen Ladungsträger aus den Bindungen entscheidend davon abhängen, ob das Material als Einkristall (mit abgesättigten Bindungen) vorliegt oder nicht. Ge und Si konnten daher erst ihre technische Bedeutung erlangen, nachdem die Herstellung geeigneter Kristalle möglich war. Als anschauliches Beispiel für den Einfluß der Gitterstruktur auf das elektrische und optische Verhalten von Stoffen möge Kohlenstoff dienen, der als Graphit elektrisch leitend und optisch absorbierend ist, während er als Einkristall (Diamant) ein hochwertiger Isolator und optisch transparent ist.

---

* Extrapoliert man die Kurven von Abb. 11 bis zu Werten $n_i \approx 5 \cdot 10^{22} \, cm^{-3}$ (alle Bindungen aufgebrochen), so erhält man Temperaturen, die nicht allzuweit von den Schmelztemperaturen entfernt sind. Wenn ein genügender Prozentsatz von Bindungen aufgebrochen ist, so geht das Material vom festen in den flüssigen Aggregatzustand über.

1.3 Störstellenleitung

Die Ladungsträgerdichte ist nach den eben geführten Überlegungen für ein bestimmtes hochreines Material nur von der Temperatur abhängig. Die Entwicklung der Halbleiter-Bauelemente war erst möglich, als man die Ladungsträgerdichte gezielt durch besondere Maßnahmen festlegen konnte. Der Einbau von Fremdatomen in reines Halbleitermaterial — die *Dotierung* — dient diesem Zweck.

n-Typ-Halbleiter

Wird an den Gitterplatz eines Halbleiteratoms — Ge oder Si — ein fünfwertiges Atom gebracht, so ist *ein* Valenzelektron nicht durch Bindungen abgesättigt. Dieses Elektron kann sehr leicht vom Dotierungsatom gelöst werden und ist dann als Leitungselektron (—) verfügbar (Abb. 12). Die für die Ablösung eines nicht an der Bindung beteiligten Elektrons erforderliche Energie liegt in der Größenordnung von 0,01 eV, ist also wesentlich kleiner als die zur Lösung einer Bindung erforderliche Energie. Nach der Ionisation bleibt außer dem Leitungselektron noch ein positiv geladenes, nicht bewegliches Ion bestehen.

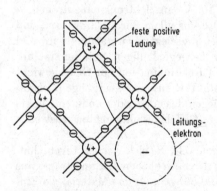

Abb. 12. *n*-Typ Störstellenleitung; Leitungselektron übertrieben lokalisiert.

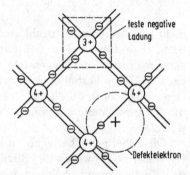

Abb. 13. *p*-Typ Störstellenleitung; Defektelektron übertrieben lokalisiert.

Der Halbleiter hat daher als freie Ladungsträger *negativ* geladene Teilchen, er wird *n-leitend* oder *n-Typ-Halbleiter* genannt. Das Dotierungsatom nennt man *Donator*, da es ein Elektron *gespendet* hat. Diese Bezeichnung ist allerdings etwas irreführend. Werden nämlich die von den Donatoratomen „gespendeten" Elektronen durch einen elektrischen Leitungsvorgang abgesaugt, so bleibt das Material durchaus *n*-leitend. Wesentlich ist die positive Ladung des festen Donatorions, welche dafür sorgt, daß sich Elektronen im Material aufhalten, um im Mittel Ladungsneutralität zu ergeben. Eine Abweichung von der Neutralität führt nämlich, wie noch genauer gezeigt wird, zu starken elektrischen Feldern,

28

die Konvektionsströme zur Folge haben, so daß innerhalb kürzester Zeit (Größenordnung 10^{-12} s) eine Rückkehr zur Neutralität erfolgt.

p-Typ-Halbleiter

Analog läßt sich reines Halbleitermaterial — Ge oder Si — durch Einbau eines dreiwertigen Atoms in ein *p-leitendes* Material dotieren. Durch den Einbau fehlt ein Valenzelektron zur Bindung. Diese Lücke ist allerdings zunächst noch nicht beweglich, da sie an das dreiwertige Atom gebunden ist. Die Zufuhr einer geringen Energie (Größenordnung 0,01 eV) führt jedoch dazu, daß ein normales Valenzelektron des Kristallgitters an das Dotierungsatom, den *Akzeptor*, gebunden wird. Es entsteht dadurch ein Defektelektron $(+)$ und ein unbewegliches negativ geladenes Ion (Abb. 13).

Der Unterschied zwischen den Ionisierungsenergien von Dotierungs-atomen und den Ionisierungsenergien im reinen Halbleiterkristall ergibt bereits bei geringen Dotierungsdichten ein Überwiegen dieser Störstellen-leitung gegenüber der Eigenleitung. Nimmt man an, daß bei Zimmer-temperatur jedes Dotierungsatom ionisiert ist (s. S. 82), so ergibt bei-spielsweise eine meist gar nicht vermeidbare Dotierungsdichte von 10^{13} cm^{-3} (ein Dotierungsatom auf ca. 10^9 Wirtsgitteratome) in Si bereits eine *n*- bzw. *p*-Leitung, die bedeutend wirksamer als die Eigenleitung ist.

Wesentlich an der Störstellenleitung ist einmal die Tatsache, daß die Leitfähigkeit durch die Anzahl der Dotierungsatome auf gewünschte Werte eingestellt werden kann, vor allem aber die Möglichkeit, *p*- und *n*-leitendes Material wahlweise herzustellen. Man nennt die Elektronen im *n*-Halbleiter *Majoritätsträger* und die Löcher *Minoritätsträger*; analog sind Löcher im *p*-Halbleiter Majoritätsträger und Elektronen Minori-tätsträger.

Verbindungshalbleiter

In Verbindungshalbleitern können Abweichungen von der stöchiometri-schen Zusammensetzung einen Einfluß auf das elektrische Verhalten erge-ben, da der Mangel des einen oder anderen Partners eine Störung erzeugt, die wie eine Dotierung wirkt. Die meisten Verbindungshalbleiter wachsen jedoch bevorzugt stöchiometrisch als Einkristalle, d. h. sie sind weit reiner darstellbar als es der Genauigkeit der Ausgangskonzentrationen der Komponenten entspricht. In diesen Fällen kann durch Zugabe einer weiteren Komponente eine gezielte Dotierung vorgenommen werden [5]. So wird beispielsweise Zink (Zn, 2wertig) in GaAs bevorzugt auf Ga-Plätzen eingebaut und wirkt, da dann ein Valenzelektron fehlt, als Ak-zeptor. Analog baut sich das 6wertige Element Selen (Se) bevorzugt auf As-Plätzen ein und wirkt als Donator. Der Einbau 4wertiger Elemente (z. B. Si in GaAs) ergibt je nach den Herstellungsbedingungen *n*-Leitung (Si auf Ga-Plätzen) oder *p*-Leitung (Si auf As-Plätzen). Solche Dotie-rungsstoffe nennt man *amphoter*.

Übungen

1.1

Erkläre den Begriff „Defektelektron" oder „Loch" und den damit zusammenhängenden Leitungsmechanismus.

Antwort: Das Fehlen eines Valenzelektrons ist äquivalent beschreibbar durch die Existenz eines frei beweglichen Teilchens mit positiver Ladung, eines sog. Defektelektrons. Durch diese beweglichen Ladungsträger kann Strom transportiert werden (p-Typ-Leitfähigkeit).

1.2

Über welche Prozesse stellt sich ein stabiler Gleichgewichtswert der Eigenleitungsträgerdichte in einem Halbleiter ein und wovon hängt er ab?

Antwort: Die Eigenleitungsträgerdichte ist stationär, wenn sich Generation und Rekombination das Gleichgewicht halten. Da die Rekombinationsrate mit der Trägerdichte zunimmt, ist dieses Gleichgewicht stabil. Der Gleichgewichtswert ist um so höher je kleiner das Verhältnis E_g/kT ist, nimmt also für einen gegebenen Halbleiter mit der Temperatur zu (s. S. 26).

1.3

Erkläre den Leitungsmechanismus, der dadurch entsteht, daß in einem Ge- oder Si-Kristall ein bestimmter Prozentsatz von Grundgitteratomen durch 3wertige Atome ersetzt wird.

Antwort: p-Typ-Halbleiter, s. S. 29.

1.4

Ein Ge-Einkristall sei mit $2,8 \cdot 10^{17}$ cm^{-3} P-Atomen dotiert.
a) Wie groß ist der mittlere Abstand zwischen den P-Atomen?
b) Welcher Bruchteil der Ge-Atome ist durch P-Atome ersetzt?

Lösung:

a) Auf die Längeneinheit entfallen $\sqrt[3]{2,8 \cdot 10^{17}}$ cm^{-1} = $6,54 \cdot 10^5$ cm^{-1}, der mittlere Abstand beträgt dann $1,53 \cdot 10^{-6}$ cm.

b) In 72,6 g Ge (1 Mol) sind $6,02 \cdot 10^{23}$ Ge-Atome (Loschmidt-Zahl) enthalten; mit der Dichte von Ge (5,33 g cm^{-3}) erhält man daraus $\dfrac{6,02 \cdot 10^{23}}{72,6} \cdot 5,33 = 4,42 \cdot 10^{22}$ Atome pro cm^3 (die Zahl der P-Atome ist dagegen zu vernachlässigen). Der Bruchteil der P-Atome beträgt dann $\dfrac{2,8 \cdot 10^{17}}{4,42 \cdot 10^{22}} = 6,33 \cdot 10^{-6}$.

2 Elektrische Eigenschaften der Halbleiter

2.1 Konvektionsstromdichte

Im Halbleiter bewegen sich die Ladungsträger als Folge der thermischen Energie und unter dem Einfluß elektrischer und magnetischer Felder. Den durch diesen Ladungsträgertransport verursachten Strom nennt man *Konvektionsstrom*. Im Gegensatz dazu ist der Verschiebungsstrom $\varepsilon (\partial E / \partial t) A$ (mit A als Querschnitt) nicht mit einer Bewegung freier Ladungsträger verbunden.

Die Konvektionsstromdichte i (Einheit: A m^{-2}) ist definiert als

$$i = \sum \varrho^* \langle v \rangle . \tag{2/1}$$

Dabei ist ϱ^* die Ladungsdichte der frei beweglichen Ladungsträger (Einheit: C m^{-3}) eines Ladungstyps (z. B. $\varrho^* = - e n$) und $\langle v \rangle$ deren mittlere Geschwindigkeit. Erfolgt die Ladungsträgerbewegung als Folge einer elektrischen Feldstärke, so spricht man im Halbleiter von einem *Driftstrom*; erfolgt ein Zerfließen von Ladungsträgeranhäufungen als Folge thermischer Bewegungen, so spricht man von einem *Diffusionsstrom*.

Der Kürze halber wird im folgenden oft von Strömen gesprochen, auch wenn die Beziehungen für Strom*dichten* gelten.

2.2 Driftstrom im homogenen Halbleiter

Vom makroskopischen Standpunkt betrachtet erhält man als Folge eines elektrischen Feldes E eine Konvektionsstromdichte i gemäß dem Ohmschen Gesetz

$$i = \sigma E . \tag{2/2}$$

Die Leitfähigkeit σ (Einheit: Ω^{-1} m^{-1}) ist ein Skalar, wenn das betrachtete Material isotrop ist. In einem anisotropen Festkörper ist σ ein Tensor, und Konvektionsstrom und Feldstärke werden allgemein verschiedene Richtungen aufweisen. Halbleiter sind wegen ihrer Kristallstruktur prinzipiell anisotrop. Wegen der vorhandenen Symmetrieeigenschaften, insbesondere bei den elementaren Halbleitern Ge und Si, bestehen jedoch bezüglich der Leitfähigkeit Verhältnisse wie in einem isotropen Medium, so daß im folgenden isotrope, d.h. richtungsunabhängige Eigenschaften des Halbleiters vorausgesetzt werden.

Vom atomaren Standpunkt ist die Konvektionsstromdichte in einem Halbleiter mit der Löcherdichte p und der Elektronendichte n gegeben durch Gl. (2/1):

$$i = e\,p\langle v_p \rangle - e\,n\langle v_n \rangle\,. \tag{2/3}$$

Die mittleren Geschwindigkeiten $\langle v_p \rangle$ (Löcher) und $\langle v_n \rangle$ (Elektronen) sind eine Folge des angelegten elektrischen Feldes. Wie auf S. 37 noch näher erläutert wird, erleiden die Ladungsträger Stöße am Kristallgitter. Unter dem Einfluß eines elektrischen Feldes werden sie in Richtung der Feldkraft beschleunigt, und durch Stöße abgebremst bzw. aus ihrer Richtung abgelenkt (*Streuung*). Dies ergibt im Mittel eine der elektrischen Feldstärke proportionale Geschwindigkeit in Richtung der Feldkraft:

$$\langle v_p \rangle = \mu_p E\;; \qquad \langle v_n \rangle = -\mu_n E. \tag{2/4}$$

Die Proportionalitätskonstante μ nennt man *Beweglichkeit* (Einheit: $\mathrm{m^2\,V^{-1}\,s^{-1}}$). Die Gln. (2/4) in Gl. (2/3) eingesetzt ergibt:

$$i = e\,(p\,\mu_p + n\,\mu_n)\,E\,. \tag{2/5}$$

Ein Vergleich mit Gl. (2/2) zeigt, daß die Leitfähigkeit gegeben ist durch:

$$\sigma = e\,(p\,\mu_p + n\,\mu_n)\,. \tag{2/6}$$

Die durch Elektronen und Löcher verursachten Stromanteile addieren sich, da Löcherbewegung und Elektronenbewegung in entgegengesetzten Richtungen elektrischen Strömen in der gleichen Richtung entsprechen. Die Leitfähigkeit hängt von den Trägerdichten (p und n) sowie den Beweglichkeiten (μ_p und μ_n) ab.

Im Abschn. 2.3 wird die Ladungsträgerdichte im thermodynamischen Gleichgewicht untersucht (im folgenden häufig einfach thermisches Gleichgewicht genannt). Es ist zulässig anzunehmen, daß sich die Trägerdichte bei Stromfluß nicht ändert (Quasigleichgewicht), so daß diese Gleichgewichtsdichten in Gl. (2/6) eingesetzt werden können, sofern keine anderen die Trägerdichte beeinflussenden Effekte — z.B Trägerinjektion — vorliegen.

Im Abschn. 2.4 (S. 37) wird die Abhängigkeit der Beweglichkeit von der Dotierung und der Temperatur untersucht. Für den an der Begründung dieser Abhängigkeiten nicht so interessierten Leser genügt es, die diesbezüglichen Abbildungen anzusehen. Schließlich wird die Dotierungs- und Temperaturabhängigkeit der Leitfähigkeit diskutiert (S. 44).

2.3 Ladungsträgerdichte im thermodynamischen Gleichgewicht (homogene Halbleiter)

Wie erwähnt, stellt sich die Trägerdichte so ein, daß zwischen den beiden gegenläufigen Prozessen Generation und Rekombination Gleichgewicht herrscht. Die *Generationsrate G*, definiert als die Anzahl der erzeugten Ladungsträgerpaare je Zeit- und Volumeinheit, hängt ab von der zur Trägererzeugung *erforderlichen* Energie (Ionisationsenergie), der *verfügbaren* Energie (Temperatur) und der Anzahl der für den Prozeß in Frage kommenden Kandidaten. Für einen gegebenen Halbleiter hängt die Generationsrate nur von der Temperatur ab, da die Anzahl der Kandidaten (ungebrochene Bindungen) praktisch konstant ist (die Anzahl der ungelösten Bindungen ist um mehrere Zehnerpotenzen größer als die Anzahl der freien Ladungsträger), also:

$$G = G(T).$$

Die *Rekombinationsrate R* hängt ebenfalls ab von der Ionisationsenergie (die in diesem Fall frei wird), der Temperatur, welche die Partner in den Bereich der Wechselwirkungen bringt, und den Anzahlen der Kandidaten n und p, die jedoch *nicht* als konstant angesehen werden dürfen. Da die Rekombinationsrate Null sein muß, wenn die Dichte einer der beiden erforderlichen Kandidaten (n oder p) Null ist, erhält man als erstes nicht verschwindendes Glied einer Taylor-Reihenentwicklung:

$$R(T, n, p) = r(T)\,n\,p\,.$$

Im thermischen Gleichgewicht (Index 0) halten sich Generationsrate und Rekombinationsrate das Gleichgewicht. Aus $G(T) = r(T)\,n_0 p_0$ erhält man für das Produkt der Trägerdichten

$$n_0\,p_0 = \frac{G(T)}{r(T)}\,,$$

eine für einen gegebenen Halbleiter nur von der Temperatur abhängige Funktion.

Obige Gleichung gilt auch für den Fall der Eigenleitung; hier ist $n_0 = p_0 = n_i$ und

$$n_i^2 = \frac{G(T)}{r(T)}\,.$$

Damit kann man das Ladungsträgerdichteprodukt für thermisches Gleichgewicht durch die Eigenleitungsdichte ausdrücken:

$$n_0\,p_0 = n_i^2\,. \tag{2/7}$$

Diese Beziehung sagt aus, daß bei Erhöhung der Dichte *eines* Ladungsträgertyps (durch Dotierung) sich die Dichte des anderen Ladungsträgertyps entsprechend verringert.

Diese Interpretation der Gl. (2/7) ist nur möglich, da Prozesse, welche die Dichte eines Ladungsträgertyps beeinflussen, den oben genannten, zu einem Gleichgewicht zwischen Generation und Rekombination führenden Prozeß nicht beeinflussen. Dies ist eine Folge des *Prinzips des detaillierten Gleichgewichts* (Massenwirkungsgesetz).

Dieses Prinzip sagt aus, daß jeder unterscheidbare physikalische Prozeß im thermischen Gleichgewicht im Mittel durch seinen gegenläufigen Prozeß kompensiert wird. In dem hier betrachteten Fall wird die Generation von Ladungsträgern als Folge des Aufbrechens von Bin-dungen kompensiert durch die Rekombination von Ladungsträgern, und zwar auch dann, wenn andere Prozesse der Ladungsträgerbildung und -vernichtung, z.B. Ionisation und Neutralisation von Donatoren, vorhanden sind; diese stehen für sich allein wieder im Gleichgewicht.

Man erkennt, daß eine Verletzung dieses Prinzips den zweiten Hauptsatz der Thermodynamik verletzt: Würden z.B. Leitungselektronen ständig durch Ionisation von Donatoren entstehen und durch Rekombination mit Löchern verschwinden, so würde die Zahl der ionisierten Donatoren ständig zunehmen und die der Löcher abnehmen, und es wäre ein stationäres Gleichgewicht nicht denkbar. Auch ist es nicht möglich, daß im thermischen Gleichgewicht Ladungsträger bei Rekombination mehr Strahlungsenergie abgeben als zur Trägererzeugung aufgenommen wird. Selbstverständlich gilt dies nicht bei Störung des thermischen Gleichgewichts wie z.B. bei elektrischer Anregung einer Lumineszenzdiode. Gl. (2/7) gilt daher allgemein auch für dotierte Halbleiter.

Nachfolgendes Schema zeigt das Gleichgewicht entsprechender gegenläufiger Prozesse am Beispiel eines n-Typ-Halbleiters:

$$\text{Leitungselektron} + \text{Loch} \underset{+E_g}{\overset{-E_g}{\rightleftharpoons}} \text{ungebrochene Bindung}$$

$$\text{Leitungselektron} + \text{ionisierter Donator} \underset{+E_D}{\overset{-E_D}{\rightleftharpoons}} \text{neutraler Donator}.$$

Ein homogen dotierter Halbleiter ist im thermischen Gleichgewicht elektrisch neutral. Wäre eine Überschußladung vorhanden, so würde ein elektrisches Feld einen Strom zur Folge haben, der innerhalb kürzester Zeit die Neutralität wieder herstellt (s. S. 91). Die Ladungsdichte ϱ ist mit N_D^+ als Dichte der (positiv) ionisierten Donatoren und N_A^- als Dichte der (negativ) ionisierten Akzeptoren:

$$\varrho = e(p + N_D^+) - e(n + N_A^-) = 0.$$

Unter der Annahme der vollen Ionisation aller Dotierungsatome (s. S. 82) erhält man für die Differenz der Ladungsträgerdichten aus obiger Beziehung:

$$n_0 - p_0 = N_D^+ - N_A^- \approx N_D - N_A. \tag{2/8}$$

Für die Trägerdichten hat man daher:

$$\boxed{\begin{aligned} n_0 - p_0 &= N_D - N_A, \\ n_0\, p_0 &= n_i^2. \end{aligned}} \tag{2/9}$$

Die Tatsache, daß die Trägerdichten nur durch die Differenz der Dichten der Dotierungsatome und nicht durch deren Werte bestimmt sind, zeigt deutlich, daß die Trägerdichten sich als Gleichgewicht gegenläufiger Prozesse einstellen.

34

Die in den Bauelementen verwendeten Halbleiterzonen sind meist entweder stark n-leitend oder stark p-leitend, d. h. die Dotierungsdichte ist wesentlich größer als die Eigenleitungsträgerdichte: $|N_D - N_A| \gg n_i$. Unter dieser Voraussetzung gilt:

$$n\text{-Typ:} \quad n_0 = N_D - N_A, \qquad p_0 = \frac{n_i^2}{N_D - N_A},$$

$$p\text{-Typ:} \quad p_0 = N_A - N_D, \qquad n_0 = \frac{n_i^2}{N_A - N_D}.$$

(2/10)

Trägt man die Trägerdichten in einem logarithmischen Maßstab auf, so erhält man für thermisches Gleichgewicht Kurven, die um n_i symmetrisch sind. Abb. 14 zeigt die Trägerdichten als Funktion des Ortes für einen pn-Übergang im stromlosen Zustand.

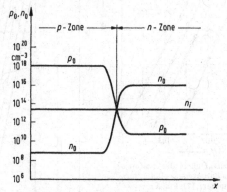

Abb. 14. Trägerdichten in einem pn-Übergang im stromlosen Zustand (Ge bei Zimmertemperatur).

Abb. 15 zeigt die Majoritätsträgerdichte in n-Typ-Silizium als Funktion der Temperatur für verschiedene Dotierungskonzentrationen. Die Majoritätsträgerdichte ist für mäßige Dotierung bei tiefen Temperaturen wegen der nur teilweisen Ionisation temperaturabhängig, im mittleren Temperaturbereich gemäß Gl. (2/10) annähernd konstant, um bei hoher Temperatur in die stark temperaturabhängige Eigenleitungsträgerdichte überzugehen. Für starke Dotierung tritt eine vollständige Ionisierung erst bei höherer Temperatur auf. Andererseits kann hier die Temperatur nicht so weit erhöht werden, daß der eigenleitende Bereich experimentell nachgewiesen werden kann. Schließlich erhält man bei extrem starker Dotierung eine temperaturunabhängige Trägerdichte (Entartung, s. S. 84). Man erkennt insbesondere aus der in anderem Maßstab gezeichneten Abb. 16, daß bei Zimmertemperatur die Majoritätsträgerdichte gemäß Gl. (2/10) gleich der Dotierungsdichte ist. Die Minoritätsträgerdichten stellen sich im thermischen Gleichgewicht jeweils so ein, daß Gl. (2/7) befriedigt ist.

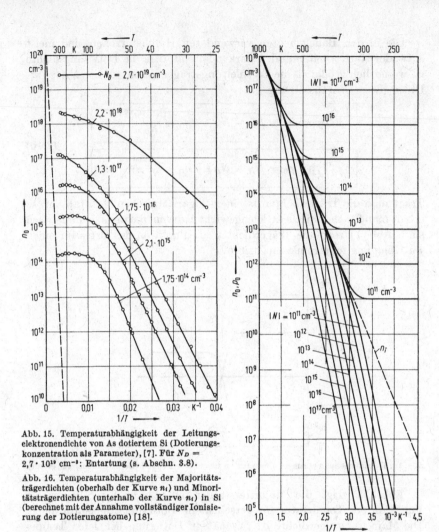

Abb. 15. Temperaturabhängigkeit der Leitungselektronendichte von As dotiertem Si (Dotierungskonzentration als Parameter), [7]. Für $N_D = 2,7 \cdot 10^{19}$ cm^{-3}: Entartung (s. Abschn. 3.8).

Abb. 16. Temperaturabhängigkeit der Majoritätsträgerdichten (oberhalb der Kurve n_i) und Minoritätsträgerdichten (unterhalb der Kurve n_i) in Si (berechnet mit der Annahme vollständiger Ionisierung der Dotierungsatome) [18].

2.4 Beweglichkeit

Die Einflüsse auf die Bewegung der Ladungsträger werden sinngemäß in drei Gruppen unterteilt

a) Einfluß des idealen störungsfrei angenommenen Gitters,

b) Einfluß der Abweichungen vom idealen Gitter,

c) Einfluß äußerer Kräfte als Folge angelegter Felder.

Zu a

Bei Beschreibung der Eigenleitung (s. S. 24) wurde gesagt, daß sich die Leitungselektronen unter dem Einfluß eines (äußeren) elektrischen Feldes „frei" im Kristall bewegen können. Diese einschränkende Hervorhebung ist notwendig, da außer den durch außen angelegte Felder verursachten

Kräften auf die Leitungselektronen die durch die nicht gleichmäßige, räumlich periodische Ladungsverteilung des Kristallgitters verursachten inneren Felder Kräfte wirken. Diese Wirkung der inneren Kräfte des (anderweitig störungsfrei angenommenen) Kristallgitters kann berücksichtigt werden durch die Einführung einer *effektiven Masse m** an Stelle der Masse m_0 der Elektronen.

Das Leitungselektron bzw. das Loch bewegt sich unter dem Einfluß der äußeren und inneren Kräfte so wie ein Teilchen der Ladung — e bzw. + e und der effektiven Masse m_n^* bzw. m_p^* unter dem Einfluß der äußeren Felder allein.

Da sich die Wechselwirkung mit dem idealen Gitter innerhalb atomarer Abstände abspielt, ist die Wellennatur der Elektronen zu berücksichtigen und eine effektive Masse nur mit Hilfe der Quantenmechanik zu berechnen (s. S. 69). Die quantenmechanischen Aspekte (die Bewegung eines Teilchens mit Wellennatur im periodischen Potential des Kristallgitters) sind in *m** berücksichtigt, der Rest ist eine klassische Rechnung.

Es zeigt sich, daß die effektive Masse im allgemeinen keine Konstante ist, sondern von den Bewegungsgrößen (kinetische Energie) des Elektrons abhängt und sogar negative Werte annehmen kann (s. S. 70). Der Nutzen des Begriffs „effektive Masse" liegt darin, daß man für Leitungselektronen bzw. Löcher bei kleinen Geschwindigkeiten (in Bandkantennähe) konstante Werte für die effektiven Massen angeben kann.

Tab. 1 (S. 191) gibt neben anderen Daten der technisch wichtigen Halbleiter Si, Ge und GaAs die effektiven Massen der freien Ladungsträger, bezogen auf die Ruhemasse des Elektrons, an.

Zu b

Im realen Halbleitermaterial sind folgende Abweichungen vom idealen Gitter vorhanden:

α) Die Gitteratome bewegen sich um ihre Ruhelage als Folge der thermischen Schwingungen. Diese Abweichung vom idealen Gitter führt dazu, daß die Ladungsträger Stöße erleiden, die sie aus ihrer Richtung ablenken. Man bezeichnet diesen Effekt als *thermische Gitterstreuung*.

β) Die eingebauten Fremdatome, insbesondere die ionisierten, führen ebenfalls zu Stößen. Dieser Effekt heißt *Störstellenstreuung*. Ähnlich wirken Störungen der Gitterstrukturen wie Fehlstellen und Versetzungen.

Stöße freier Ladungsträger gleichen Typs und gleicher effektiver Massen untereinander sind im Mittel ohne Einfluß auf den Ladungstransport, da der Gesamtimpuls erhalten bleibt.*

---

* Da jedoch bei komplizierter Bänderstruktur auch Ladungsträger gleichen Typs unterschiedliche effektive Massen haben können (z. B. Löcher in Si, s. S. 73), können Stöße zwischen freien Ladungsträgern ebenfalls einen (geringfügigen) Einfluß auf den Ladungsträgertransport haben.

Zu c

Die freien Ladungsträger führen bei Fehlen einer elektrischen Feldstärke eine thermische Bewegung aus; sie werden an den Störstellen gestreut (s. Abb. 17 links). Die Wahrscheinlichkeit für eine Bewegung ist in jeder

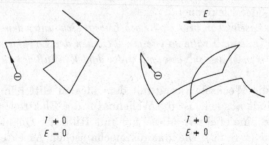

Abb. 17. Thermische Bewegung der Ladungsträger ohne und mit elektrischem Feld.

Richtung gleich, so daß der über alle Ladungsträger gebildete Mittelwert der Geschwindigkeit Null ist und kein Konvektionsstrom fließt. Legt man jedoch an den Halbleiter eine elektrische Spannung, so werden die Ladungsträger unter dem Einfluß des elektrischen Feldes zwischen den einzelnen Stößen jeweils beschleunigt. Anstelle der geradlinigen Bahnen bei fehlendem Feld erhält man parabolische Bahnen (sofern man wegen der geringen Lokalisierbarkeit von Bahn sprechen kann), und es entsteht eine mittlere Ladungsträgerbewegung in Richtung der Feldkraft. Die mittlere Geschwindigkeit ist ungleich Null, und man erhält einen Konvektionsstrom.

Um die wesentlichen Eigenschaften des Stromtransports im Halbleiter zu erklären, wird zunächst ein möglichst einfaches Modell untersucht. Angenommen wird ein n-Typ-Halbleiter und eine mittlere freie Flugzeit τ_c zwischen Stößen (unglücklicherweise meist als Stoßzeit bezeichnet) unabhängig von der kinetischen Energie der Leitungselektronen. Außerdem wird angenommen, daß das Elektron bei jedem Stoß mit

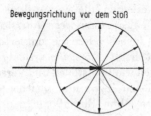

Bewegungsrichtung vor dem Stoß

Abb. 18. Isotrope Streuung; keine Richtungsabhängigkeit der Streuwahrscheinlichkeit.

gleicher Wahrscheinlichkeit in jede Richtung gestreut wird (isotrope Streuung; s. Abb. 18). Besteht also als Folge des elektrischen Feldes eine Vorzugsbewegung der Ladungsträger in einer bestimmten Richtung, so ist im Mittel nach jedem Stoß diese Vorzugsrichtung verschwunden.

Die Änderung der Geschwindigkeit als Folge des elektrischen Feldes ist gegeben durch die Kraftgleichung:

$$\frac{d\langle v\rangle}{dt}\bigg|_{\text{Feld}} = -\frac{e}{m^*}\,E\,. \tag{2/11}$$

Der Einfluß der Kräfte des idealen Gitters ist durch m^* berücksichtigt.

Die Änderung des Mittelwertes der Geschwindigkeit als Folge der Stöße ermittelt man durch folgende Überlegung: Es sei n_1 die Anzahl der Gruppe von Elektronen, die zur Zeit $t=0$ gerade einen Stoß erlitten haben. Die Anzahl $-dn_1$ der Stöße dieser Gruppe innerhalb dt ist proportional dt und $n_1(t)$, der Anzahl der Elektronen dieser Gruppe, die zur Zeit t noch keinen Stoß erlitten haben:

$$-dn_1 = a\,dt\,n_1(t)\,.$$

Die Lösung lautet:

$$n_1(t) = n_1(0)\exp(-at)\,.$$

Die Wahrscheinlichkeit $w(t)$, daß ein Stoß *nicht* erfolgt ist, daß sich das Elektron also noch innerhalb der freien Flugzeit aufhält, ist:

$$w(t) = \frac{n_1(t)}{n_1(0)} = \exp(-at)\,.$$

Die mittlere freie Flugzeit τ_c erhält man durch Mittelwertbildung:

$$a\,\tau_c = \int\limits_0^\infty a\,t\,w(a\,t)\,d(a\,t) = \int\limits_0^\infty a\,t\exp(-a\,t)\,d(a\,t) = 1\,.$$

Damit wird die Anzahl der Stöße $-dn_1$ dieser Gruppe:

$$-d\,n_1 = \frac{dt}{\tau_c}\,n_1\,.$$

Die *relative* Änderung der mittleren Geschwindigkeit innerhalb dt ist für dieses einfache Modell gleich der relativen Änderung der Teilchenzahl in dt, da ein Stoß im Mittel die Geschwindigkeit auf Null bringt:

$$\frac{d\langle v\rangle}{v} = \frac{dn_1}{n_1} = -\frac{dt}{\tau_c}\,,$$

$$\frac{d\langle v\rangle}{dt}\bigg|_{\text{Stoß}} = -\frac{\langle v\rangle}{\tau} \quad \text{mit} \quad \tau = \tau_c\,. \tag{2/12}$$

Die gesamte Änderung der Geschwindigkeit ist daher:

$$\frac{d\langle v\rangle}{dt} = \frac{d\langle v\rangle}{dt}\bigg|_{\text{Feld}} + \frac{d\langle v\rangle}{dt}\bigg|_{\text{Stoß}} = -\frac{e}{m^*}\,E - \frac{\langle v\rangle}{\tau}\,. \tag{2/13}$$

Im stationären Fall gilt:

$$\frac{d\langle v\rangle}{dt} = 0 \rightarrow \frac{\langle v\rangle}{\tau} = -\frac{e}{m^*}\,E\,,$$

$$\langle v\rangle = -\mu\,E\,, \quad \mu = \frac{e}{m^*}\,\tau\,. \tag{2/14}$$

Man erkennt, daß in einem Kristallgitter als Folge eines elektrischen Feldes wegen der Stöße der Ladungsträger an den Störungen im Kristallgitter eine mittlere *Driftgeschwindigkeit* entsteht, die proportional der elektrischen Feldstärke ist. Die Stöße wirken wie eine Reibung. Der Faktor μ ist die Beweglichkeit.

Für plötzliches Abschalten des elektrischen Feldes erhält man aus Gl. (2/13):

$$\frac{d\langle v\rangle}{dt} = -\frac{\langle v\rangle}{\tau}\,, \quad \langle v\rangle = \langle v(0)\rangle \exp\left(-t/\tau\right).\qquad (2/15)$$

Driftgeschwindigkeit und damit Konvektionsstrom nehmen also mit der Zeitkonstante τ, die deshalb Relaxationszeit (Impulsrelaxationszeit) genannt wird, exponentiell ab. Da τ in der Größenordnung von 10^{-12} s liegt, kann obiges Abschalten nur als gedachtes Experiment gelten.

Für das betrachtete einfache Modell (energieunabhängige freie Flugzeit und isotrope Streuung) ist die Relaxatiosnzeit τ gleich der mittleren freien Flugzeit τ_c. Dieses Modell beschreibt zufriedenstellend die thermische Gitterstreuung. Die Streuung an ionisierten Störstellen jedoch ergibt bevorzugt Ablenkungen um kleine Winkel (Abb. 19), so daß im

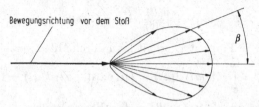

Abb. 19. Kleinwinkelstreuung; Richtungsabhängigkeit der Streuwahrscheinlichkeit.

Mittel die durch das elektrische Feld verursachte Geschwindigkeit nach einem Stoß nicht Null wird. Es gilt zwar ebenfalls Gl. (2/12), doch ist die Relaxationszeit τ größer als die mittlere freie Flugzeit τ_c (s. z. B. [10]):

$$\tau = \frac{\tau_c}{1 - \langle\cos\beta\rangle}\,.$$

$\langle\cos\beta\rangle$ ist der Mittelwert des cos des Streuwinkels.

Zur Vereinfachung der Schreibweise werden im folgenden die Mittelwertsklammern bei der Geschwindigkeit weggelassen.

Analoge Betrachtungen kann man für die Löcherbewegungen anstellen, so daß insgesamt gilt:

$$
\begin{aligned}
&\text{Elektronen:}\quad v_n = -\mu_n\,\boldsymbol{E}\,,\\
&\text{Löcher:}\qquad\quad v_p = \mu_p\,\boldsymbol{E}\,,\\
&\mu_n = \frac{e}{m_n^*}\,\tau_{(n)}\,;\quad \mu_p = \frac{e}{m_p^*}\,\tau_{(p)}\,.
\end{aligned}
\qquad (2/16)
$$

$\tau_{(n)},\ \tau_{(p)}$ sind Relaxationszeiten.

40

Abb. 20 zeigt die Ladungsträgergeschwindigkeit als Funktion der elektrischen Feldstärke. Bis zu Feldstärken der Größenordnung 1000 V cm^{-1} und bis zu Geschwindigkeiten um 10^6 cm s^{-1} ist die Geschwindigkeit proportional der Feldstärke (45°-Gerade). Darüber wird die mittlere Stoßzeit von der Teilchendriftgeschwindigkeit abhängig, und es entsteht eine Sättigung der Driftgeschwindigkeit bei etwa 10^7 cm s^{-1}.

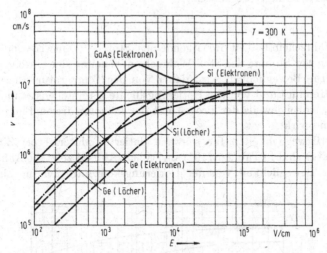

Abb. 20. Driftgeschwindigkeit als Funktion der elektrischen Feldstärke, [11]–[14].

Ein besonderes Verhalten zeigt GaAs; hier besteht ein Bereich negativer differentieller Beweglichkeit (negativer Widerstand), der eine Folge unterschiedlicher effektiver Massen der Leitungselektronen ist [79]. Auf besondere Effekte bei hohen Feldstärken wird auf S. 152 eingegangen.

Der Einfluß des regulären Gitters wurde durch die Einführung einer effektiven Masse berücksichtigt. Wegen des geringen Abstandes der Atome muß der Wellennatur der Elektronen Rechnung getragen, die effektive Masse quantenmechanisch ermittelt werden. Die Wechselwirkung der Elektronen mit den Gitterstörungen hingegen wurde klassisch durch Streuung beschrieben.

Folgende Abschätzung zeigt, daß dies gerechtfertigt ist: Ge hat bei Zimmertemperatur eine Beweglichkeit von 3900 cm^2 V^{-1} s^{-1} (s. S. 191). Mit einer effektiven Masse von 0,55 m folgt aus Gl. (2/16) eine Relaxationszeit von $1{,}2 \cdot 10^{-12}$ s. Die mittlere thermische Geschwindigkeit ist aus $1/2\, v_{\text{th}}^2\, m^* = 3/2\, kT$ abzuleiten; sie hat bei Zimmertemperatur etwa den Wert $1{,}6 \cdot 10^5$ m s^{-1}. Setzt man für diese Abschätzung die Relaxationszeit gleich der mittleren freien Flugzeit, so sieht man, daß die im Mittel zwischen zwei Stößen zurückgelegte Strecke von der Größenordnung 10^{-5} cm $= 10^3$ Å ist. Die mittlere freie Weglänge erstreckt sich daher über einige hundert Gitterkonstanten. Für diese, gegen atomare Abstände große Strecken ist es zulässig, Elektronen und Streuzentren als klassische Teilchen zu betrachten.

Wie erwähnt, entstehen Stöße der Ladungsträger nur an Störungen des Gitters. Die beiden wichtigsten Streuprozesse sind thermische Gitterstreuung und Störstellenstreuung. Sind mehrere Streuprozesse vorhanden (gekennzeichnet durch deren Stoßzeiten τ_{c1}, τ_{c2} usw.), so ist die reziproke mittlere freie Flugzeit (Stoßzeit):

$$\frac{1}{\tau_c} = \frac{1}{\tau_{c1}} + \frac{1}{\tau_{c2}} + \dots \tag{2/17}$$

(Die Wahrscheinlichkeit für irgendeinen Stoß — „entweder/oder" — ist gleich der Summe der Stoß-Wahrscheinlichkeiten der einzelnen Prozesse.) Die Beweglichkeit wird daher von der Temperatur (thermische Gitterstreuung) und von der Dotierungsdichte (Störstellenstreuung) abhängen, wobei jeweils der Prozeß mit der kürzeren freien Flugzeit bestimmend wirkt.

Die Beweglichkeiten für schwach dotiertes Material bei Zimmertemperatur sind in Tab. 1 (S. 191) angegeben. Abb. 21 zeigt die Abhängigkeit der Beweglichkeit von der Dotierungskonzentration für Zimmer-

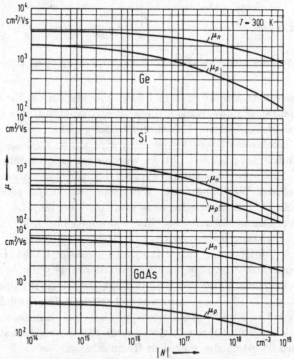

Abb. 21. Beweglichkeit als Funktion der Dotierungskonzentration für 300 K, [15]−[17]; (Ge, Si: Driftbeweglichkeit, GaAs: Hall-Beweglichkeit, s. S. 49). Für hohe Dotierungskonzentrationen stimmen wegen zusätzlicher Gitterstörungen die von verschiedenen Autoren gemessenen Beweglichkeitswerte schlecht überein.

temperatur. Man erkennt, daß bis zu Dotierungen der Größenordnungen 10^{16} cm^{-3} die thermische Gitterstreuung überwiegt und die Beweglichkeit nahezu unabhängig von der Trägerkonzentration (Dotierungskonzentration) ist. Für größere Dotierungskonzentrationen bewirkt die Störstellenstreuung eine starke Abnahme der Beweglichkeit.

Abb. 22 zeigt für das Beispiel eines dotierten GaAs-Kristalls die Temperaturabhängigkeit der Beweglichkeit, wobei die Dotierungskonzentration Parameter ist. Danach nimmt für geringe Konzentration die Beweglichkeit mit steigender Temperatur ab (thermische Gitterstreuung), während bei starker Konzentration wegen des Überwiegens der Störstellenstreuung die Beweglichkeit annähernd temperaturunabhängig ist. Die Temperatur- und Dotierungsabhängigkeit der Driftbeweglichkeit in Si ist in Abb. 23 gezeigt.

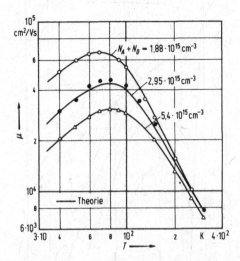

Abb. 22. Temperaturabhängigkeit der Hallbeweglichkeit in n-GaAs; Dotierungskonzentration als Parameter [9]. Deutung siehe [66].

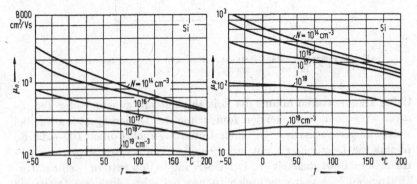

Abb. 23. Temperaturabhängigkeit der Driftbeweglichkeiten in Si; Dotierungskonzentration ($N = N_A + N_D$) als Parameter, [18].

2.5 Leitfähigkeit

Bei Vorhandensein von Elektronen und Löchern in Halbleitern ist die Driftstromdichte gegeben durch:

$$i_{\text{drift}} = \sigma E,$$
$$\sigma = e(\mu_p\, p + \mu_n\, n).$$

(2/18)

Aus der Temperatur- und Dotierungsabhängigkeit von Beweglichkeit und Trägerdichte erhält man die Temperatur- und Dotierungsabhängigkeiten der Leitfähigkeit. Abb. 24 zeigt diese für As-dotiertes Si. Bei

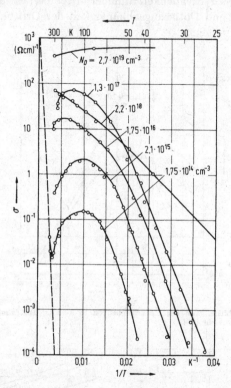

Abb. 24. Temperaturabhängigkeit der Leitfähigkeit von Arsen dotiertem Si [7]. Für $N_D = 2{,}7 \cdot 10^{19}$ cm^{-3}: Entartung (s. Abschn. 3.8).

tiefen Temperaturen nimmt die Leitfähigkeit mit zunehmender Temperatur wegen der zunehmenden Ionisierung der Dotierungsatome zu. Bei vollständiger Ionisation (je nach Dotierungsdichte über 100—200 K) nimmt die Leitfähigkeit mit zunehmender Temperatur wegen der Abnahme der Beweglichkeit ab. Der Übergang in den extrem temperaturabhängigen Eigenleitungsbereich ist nur bei sehr schwacher Dotierung experimentell nachweisbar, bei GaAs wegen des kleinen Wertes von n_i

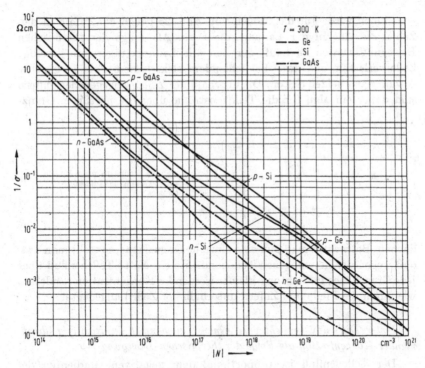

Abb. 25. Spezifischer Widerstand $\varrho = 1/\sigma$ von Ge, Si und GaAs bei Zimmertemperatur als Funktion der Dotierungskonzentration, [15], [19], [20].

überhaupt nicht. Abb. 25 zeigt für Zimmertemperatur die Abhängigkeit des spezifischen Widerstandes $(1/\sigma)$ von der Dotierung für Ge, Si und GaAs.

Vergleicht man Metalle mit Halbleitern, so stellt man fest, daß die größere Leitfähigkeit der Metalle dadurch zustande kommt, daß die Anzahl der freien Ladungsträger in ihnen wesentlich höher ist (ein Leitungselektron je Atom). Die Beweglichkeit ist hingegen geringer. Für Kupfer gilt beispielsweise $n_{Cu} \approx 8 \cdot 10^{22}$ cm^{-3}; $\mu_{Cu} \approx 40$ cm^2 V^{-1} s^{-1}; $\sigma \approx 5 \cdot 10^5$ Ω^{-1} cm^{-1}.

2.6 Diffusionsstrom

Gemäß Abb. 17 besteht eine Bewegung der Ladungsträger als Folge der thermischen Energie. Diese Ladungsträgerbewegung ergibt im Mittel keinen Stromanteil, wenn die Ladungsträgerkonzentration örtlich konstant ist. Ist dies jedoch nicht der Fall, so entsteht der *Diffusionsstrom*, dessen Zustandekommen mit Hilfe von Abb. 26 erklärt werden kann. Es sei besonders darauf hingewiesen, daß lediglich die Ladungsträgerverteilung inhomogen, jedoch kein elektrisches Feld an-

45

genommen wird. Für das Modell von Abb. 26 geben die Ziffern in den Zellen die Anzahl der Ladungsträger an. Als Folge der thermischen Bewegung werden im Laufe der Zeit alle Ladungsträger ihre jeweilige Zelle verlassen, und zwar bei fehlendem elektrischem Feld in gleicher Anzahl nach beiden Seiten. Die oberhalb der Zellen angegebenen Ziffern sind daher ein Maß für die Teilchenströme über die jeweiligen Grenz-

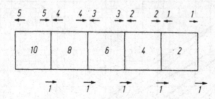

Abb. 26. Eindimensionales Modell zur Erklärung des Diffusionsstromes.

flächen. Betrachtet man nun eine einzelne Grenzfläche, so stellt man fest, daß wegen der inhomogenen Teilchendichte ein Netto-Teilchenfluß über jede Grenzfläche in Richtung kleiner werdender Konzentration resultiert, wie durch die Pfeile und Ziffern unterhalb der Zellen angedeutet.

Unter Diffusion versteht man einen Teilchenfluß in Richtung abnehmender Konzentration als Folge der thermischen Bewegung.

Der Teilchenfluß ist proportional dem negativen Gradienten der Konzentration n, also proportional $-D\,\mathrm{grad}\,n$. Die Proportionalitätskonstante D nennt man *Diffusionskonstante*.

Die Diffusionsstromdichte erhält man durch Multiplikation mit der Ladung des Ladungsträgers:

$$
\begin{aligned}
i_{n_{\text{diff}}} &= e\,D_n\,\mathrm{grad}\,n,\\
i_{p_{\text{diff}}} &= -\,e\,D_p\,\mathrm{grad}\,p.
\end{aligned}
\qquad (2/19)
$$

Es ist einzusehen, daß die Diffusionskonstante um so größer ist, je höher die Temperatur und die Beweglichkeit der Ladungsträger ist. Die Beziehungen

$$
D_n = \frac{kT}{e}\,\mu_n\;;\qquad D_p = \frac{kT}{e}\,\mu_p
\qquad (2/20)
$$

gelten für nicht degenerierte Halbleiter und werden Einstein-Beziehungen genannt (s. z. B. [36], S. 37 und Übungsaufgabe 5.1). Für degenerierte, d. h. extrem stark dotierte Halbleiter s. z. B. [4], S. 40.

Die Diffusionskonstante hat die Dimension $\mathrm{m^2 s^{-1}}$. Werte für schwach dotiertes Ge, Si und GaAs bei Zimmertemperatur sind in Tab. 1 (S. 191) angegeben.

Die thermische Bewegung der Ladungsträger bewirkt auch in einem homogen dotierten Halbleiter einen Teilchenstrom, wenn ein Temperaturgradient existiert (Thermodiffusion, s. z. B. [85]).

Die obere Grenze des Diffusionsstromes bei sehr hohem Konzentrationsgefälle, bei der sich „alle" Ladungsträger mit thermischer Geschwindigkeit in einer Richtung bewegen [80] wird in den Bauelementen im allgemeinen nicht erreicht.

2.7 Hall-Effekt

Bisher wurde die Ladungsträgerbewegung als Folge thermischer Energie (Diffusion) und als Folge einer elektrischen Feldstärke (Driftstrom) untersucht. Es wurde dabei festgestellt, daß die Ladungsträger im Mittel eine der Kraft (Feldstärke) proportionale Geschwindigkeit haben: $v = \pm \mu E$ (oberes Vorzeichen für p-Typ-Halbleiter, unteres für n-Typ-Halbleiter). Feldstärke und Geschwindigkeit sind Vektoren. Die elektrische Feldstärke und der Konvektionsstrom (Trägergeschwindigkeit) haben gleiche Richtung (gemäß der Annahme einer nicht tensoriellen Leitfähigkeit).

Es wird nun der Einfluß eines magnetischen Feldes auf die Ladungsträgerbewegung untersucht. Die durch das Magnetfeld verursachte sog. Lorentz-Kraft, steht senkrecht auf der Geschwindigkeit und der magnetischen Induktion:

$$K_B = \pm e(v \times B).$$

Betrachtet man einen n-Typ-Halbleiter (Abb. 27 links) so sieht man, daß die Ladungsträger bei Anlegen eines elektrischen Feldes zur positiven Elektrode hingezogen werden. Existiert senkrecht zu diesem elektrischen Feld ein Magnetfeld, welches gemäß Abb. 27 in die Zeichenebene hineinweist, so entsteht eine nach unten gerichtete Kraft auf die Ladungs-

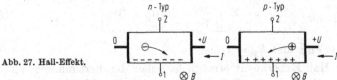

Abb. 27. Hall-Effekt.

träger, und es wird sich die untere Seite des Halbleiters solange negativ aufladen, bis eine elektrische Feldstärke entsteht, die der nach unten weisenden Lorentz-Kraft das Gleichgewicht hält. Es entsteht senkrecht zur angelegten Spannung die *Hall-Spannung*, die an den Elektroden 1,2 gemessen werden kann.

Bringt man in dieselbe Anordnung anstelle eines n-Typ-Halbleiters einen p-Typ-Halbleiter (Abb. 27 rechts), so bewegen sich die Ladungsträger (Löcher) von rechts nach links und werden wegen des entgegengesetzten Ladungsvorzeichens ebenfalls nach unten abgelenkt. Dadurch entsteht jedoch eine *positive* Aufladung der unteren Halbleiterzone und eine Hall-Spannung entgegengesetzten Vorzeichens wie beim n-Typ-Halbleiter. Der Hall-Effekt bietet also eine Möglichkeit, den Typ der Störstellenleitung experimentell zu ermitteln.

Zur Untersuchung des Hall-Effektes wird zunächst — ebenso wie bei der Untersuchung der Beweglichkeit — das einfache Modell der isotropen Streuung mit energieunabhängigen freien Flugzeiten zwischen Stößen angenommen und ein n-Typ-Halbleiter betrachtet. Ohne Magnetfeld gilt:

$$E = \frac{-v}{\mu}.$$

Existiert zusätzlich ein Magnetfeld, so hat man die elektrische Feldkraft durch die Lorentz-Kraft zu erweitern:

$$E + v \times B = \frac{-v}{\mu}.$$

Ersetzt man die Geschwindigkeit durch den Konvektionsstrom $i_n = - e\,n\,v$, so erhält man:

$$E = \frac{i_n}{\mu\,n\,e} + \frac{i_n \times B}{n\,e},$$

$$E = \frac{i_n}{\sigma_n} - R_n\,(i_n \times B) \qquad (2/21)$$

mit $\sigma_n = \mu\,n\,e$ und $R_n = 1/(- e\,n)$ als Hall-Konstante. Gl. (2/21) zeigt, daß bei Vorhandensein eines Magnetfeldes Strom- und Feldstärke einen endlichen Winkel, den sog. Hall-Winkel, miteinander einschließen (außer wenn der Strom in Richtung des Magnetfeldes fließt). Analog erhält man für p-Typ-Halbleiter:

$$E = \frac{i_p}{\sigma_p} - R_p\,(i_p \times B) \qquad (2/22)$$

mit $\sigma_p = e\,\mu\,p$ und $R_p = 1/(e\,p)$.

Das Hall-Experiment ermöglicht außer der Bestimmung der Leitfähigkeit (Produkt aus Trägerdichte und Beweglichkeit) auch die Ermittlung der Trägerdichte allein durch Messung der Hall-Spannung.

Gl. (2/22) erhält man, wenn man das Konzept des Defektelektrons bedenkenlos anwendet. Der Hall-Effekt ist eines der Experimente, welches die Zweckmäßigkeit dieses Konzepts bestätigt. Untersucht man für dieses Experiment die summarische Bewegung der Elektronen anstelle des Lochs, so erhält man nur dann das richtige Ergebnis, wenn man berücksichtigt, daß die effektiven Massen nicht konstante, sondern energieabhängige Größen sind, die im speziellen auch negative Werte annehmen können (s. S. 70).

Berücksichtigt man die schon bei der Diskussion der Beweglichkeit angegebenen Abweichungen vom idealen Modell, so ergibt sich bei der Hall-Konstante R_H ein Korrekturfaktor r aus folgendem Grund: Die Lorentz-Kraft hängt von der Teilchengeschwindigkeit und damit von der Teilchenenergie ab. Man hat daher für jede Geschwindigkeitsklasse der Ladungsträger zu Gl. (2/21) analoge Beziehungen aufzustellen und diese zu summieren. Eine Mittelwertsbildung fällt hier anders aus als für die energieunabhängige elektrische Feldkraft.

Dieser Faktor r hat für Halbleiter mit „parabolischem Band" (s. S. 66 und Bd. 3 dieser Reihe) den Wert 1,18 für thermische Gitterstreuung und 1,93 für Streuung an ionisierten Störstellen. Es ist verständlich, daß sich die richtungsabhängige Streuung an ionisierten Störstellen beim Hall-Effekt in einem größeren Korrekturfaktor äußert als die isotrope thermische Gitterstreuung. Die Hall-Konstante hat daher für Störstellenhalbleiter die Werte:

$$
\begin{array}{l}
n\text{-Typ:}\ \ R_H = r\,\dfrac{1}{-e\,n}\,, \\[2ex]
p\text{-Typ:}\ \ R_H = r\,\dfrac{1}{e\,p}\,.
\end{array}
\qquad (2/23)
$$

Für thermische Gitterstreuung ist $r = 1{,}18$ (parabolisches Band), für Störstellenstreuung $r = 1{,}93$ (parabolisches Band), für entartete Halbleiter und Metalle $r = 1$.

Das Produkt aus Hall-Konstante und Leitfähigkeit ist eine der Beweglichkeit proportionale Größe (mit der Dimension der Beweglichkeit) und wird als Hall-Beweglichkeit definiert:

$$
\mu_H = |R_H|\,\sigma. \qquad (2/24)
$$

Es sei darauf hingewiesen, daß auch im Hall-Experiment die tatsächliche Teilchengeschwindigkeit durch die Driftbeweglichkeit

$$
\mu = \frac{\mu_H}{r} \qquad (2/25)
$$

bestimmt ist.

Außer dem Auftreten einer Hall-Spannung bewirkt ein Magnetfeld eine Änderung des spezifischen Widerstandes des Halbleiters. Diese tritt auch dann auf, wenn das magnetische Feld parallel zum elektrischen Feld liegt; sie ist erklärbar aus der Anisotropie der Halbleitereigenschaften (s. Bd. 3 dieser Reihe). Da, abgesehen von Spezialbauelementen (Hall-Sonde, Feldplatte [21], [22]), die Wirkungen des magnetischen Feldes nicht ausgenützt werden, wird für die folgenden Betrachtungen $B = 0$ vorausgesetzt.

Die Wirkung des Magnetfeldes als Folge des eigenen Bauelementstromes kann allgemein vernachlässigt werden.

Übungen

2.1

Welche Beziehung verknüpft bei thermischem Gleichgewicht Minoritäts- und Majoritätsträgerdichte?

Antwort: $n_0 p_0 = n_i^2$, wobei n_i die Eigenleitungsträgerdichte bei der betrachteten Temperatur ist (s. S. 33).

2.2

Begründe, warum der Begriff der Beweglichkeit für ein Teilchen im Vakuum nicht sinnvoll ist!

Antwort: Wenn der Quotient aus der Geschwindigkeit eines Teilchens und der auf das Teilchen wirkenden Kraft eine Konstante ist, ist es sinnvoll, eine Beweglichkeit zu definieren. Bei der Bewegung im Vakuum handelt es sich um eine beschleunigte Bewegung, d.h. die Geschwindigkeit und damit auch der Quotient aus Geschwindigkeit und Kraft sind zeitabhängige Größen. Im Halbleiter liegt für die freien Ladungsträger wegen der Wechselwirkung mit dem Kristall im Mittel eine der Kraft proportionale Geschwindigkeit vor; die Beweglichkeit ist hier eine zeitunabhängige Konstante und wegen der Proportionalität auch von der Kraft unabhängig.

2.3

Warum bewegen sich die Ladungsträger im Halbleiter mit einer mittleren Geschwindigkeit, die proportional der elektrischen Feldstärke ist?

Antwort: Die freien Ladungsträger erleiden Stöße, bei denen die im elektrischen Feld aufgenommene kinetische Energie letztlich an das Gitter verloren geht. Aus der gleichförmig beschleunigten Bewegung zwischen den Stößen wird im Mittel eine Bewegung mit gleichförmiger Geschwindigkeit, die proportional der Feldstärke ist, solange die Stoßzeit geschwindigkeitsunabhängig ist (s. S. 39 und 41).

2.4

Wie verhält sich die Trägergeschwindigkeit bei hohen elektrischen Feldern?

Antwort: Bei Feldstärken über etwa 10^3 V cm^{-1} steigt die Trägergeschwindigkeit schwächer als proportional der Feldstärke an und strebt einem Sättigungswert von etwa 10^7 cm s^{-1} zu (s. Abb. 20).

2.5

Welche zwei Streumechanismen im Halbleiter sind wesentlich für die Ladungsträgerbewegung unter dem Einfluß eines elektrischen Feldes? Welche Temperaturabhängigkeiten können daraus erklärt werden?

Antwort: Thermische Gitterstreuung führt zur Abnahme der Beweglichkeit mit steigender Temperatur; Störstellenstreuung führt bei tiefen Temperaturen oder großen Störstellendichten zu nahezu temperaturunabhängiger Beweglichkeit (s. S. 43).

2.6

a) Wie groß ist die Beweglichkeit der freien Elektronen in Kupfer? Wie groß ist die mittlere Geschwindigkeit der freien Elektronen bei der in Cu-Leitungen maximal zulässigen Stromdichte von 6 A mm^{-2}? Welche Feldstärke herrscht bei dieser Stromdichte und welche Leistungsdichte ergibt sich daraus (Atomgewicht von Cu: 63,6; Dichte: 8,9 g cm^{-3}; spezifischer Widerstand: $1,7 \cdot 10^{-6}$ Ω cm)?

b) Wie groß sind bei derselben Leistungsdichte Feldstärke, Elektronengeschwindigkeit und Stromdichte in n-Germanium mit einer Dotierung $N_D = 10^{16}$ cm^{-3} (300 K, alle Donatoren ionisiert)?

Lösung:

a) 63,6 g Cu enthalten $6,02 \cdot 10^{23}$ Atome (Loschmidt-Zahl); jedes Atom trägt ein freies Leitungselektron zum Stromtransport bei. Deshalb beträgt die Dichte der freien Leitungselektronen $n = \dfrac{6{,}02 \cdot 10^{23}}{63{,}6} \cdot 8{,}9 \text{ cm}^{-3} = 8{,}43 \cdot 10^{22} \text{ cm}^{-3}$. Aus dem spezifischen Widerstand $\varrho = \dfrac{1}{e\,n\,\mu}$ erhält man damit $\mu = 44 \text{ cm}^2 \text{ V}^{-1} \text{ s}^{-1}$. Wegen $i = e\,n\,\mu\,E = e\,n\,v$ ergibt sich mit $i = 6 \text{ A mm}^{-2}$ und dem berechneten n die Elektronengeschwindigkeit zu $v = 0{,}44 \text{ mm s}^{-1}$ und mit $v = \mu E$ die elektrische Feldstärke zu 1 mV cm^{-1}. Die Leistungsdichte ist dann $iE = 0{,}6 \text{ W cm}^{-3}$.

b) $0{,}6 \text{ W cm}^{-3} = iE = e\,\mu_n\,n\,E^2$, $n = 10^{16} \text{ cm}^{-3}$, $\mu_n = 3{,}8 \cdot 10^3 \text{ cm}^2 \text{ V}^{-1} \text{ s}^{-1}$ (nach Abb. 21) ergibt $E = 0{,}314 \text{ V cm}^{-1}$, $v_n = \mu_n E = 1{,}2 \cdot 10^3 \text{ cm s}^{-1}$, $i = e\,n\,v_n = 1{,}91 \text{ A cm}^{-2}$.

2.7

Diskutiere die Temperaturabhängigkeit der Leitfähigkeit.
Antwort: s. S. 44.

2.8

An einer Si-Halbleiterprobe der Länge $L = 2 \text{ cm}$ und des Querschnitts $A = 1 \text{ cm}^2$ mit einer Dotierung von 10^{15} cm^{-3} Sb-Atomen werde ein Widerstand R von $10 \, \Omega$ gemessen (Zimmertemperatur, ideale Kontakte).
Wie groß ist die Beweglichkeit der für den Stromtransport verantwortlichen Ladungsträgersorte?

Lösung:
$R = 1/\sigma \cdot L/A$; Sb ist Donator, und bei Zimmertemperatur sind alle Sb-Atome ionisiert, also $\sigma = e\,\mu_n\,n_n$ mit $n_n = 10^{15} \text{ cm}^{-3}$. Damit $\mu_n = L/(R\,A\,e\,n_n) = 1250 \text{ cm}^2 \text{ V}^{-1} \text{ s}^{-1}$.

2.9

Infolge der unterschiedlichen Beweglichkeiten für Löcher und Elektronen wird der maximale spezifische Widerstand eines Halbleiters nicht bei Eigenleitung erreicht.
a) Welches Verhältnis ergibt sich für ϱ_{max}/ϱ_i?
b) Es sei $\mu_n = 3\,\mu_p$; für welche Dotierung wird der spezifische Widerstand maximal? Sind Donatoren oder Akzeptoren notwendig?

Lösung:

a) $\dfrac{1}{\varrho} = \sigma = e(\mu_n\,n + \mu_p\,p) = e\left(\mu_n\,n + \mu_p\,\dfrac{n_i^2}{n}\right)$, $\dfrac{d\sigma}{dn} = 0 = e\left(\mu_n - \mu_p\,\dfrac{n_i^2}{n^2}\right)$, erfüllt für $n = n_i \sqrt{\dfrac{\mu_p}{\mu_n}}$ und damit $p = n_i \sqrt{\dfrac{\mu_n}{\mu_p}}$. Damit wird $\dfrac{1}{\varrho_{max}} = 2\,e\,n_i \sqrt{\mu_n\,\mu_p}$.

Mit $\dfrac{1}{\varrho_i} = e\,n_i(\mu_n + \mu_p)$ ergibt sich $\dfrac{\varrho_{max}}{\varrho_i} = \dfrac{\mu_n + \mu_p}{2\sqrt{\mu_n\,\mu_p}}$.

b) Für $\mu_n = 3\,\mu_p$ ergibt sich der maximale Widerstand bei $n = n_i/\sqrt{3}$ und $p = n_i\sqrt{3}$. Wegen $p > n$ sind Akzeptoren erforderlich. Ihre Konzentration erhält man als Lösung der Gleichungen $p - n = N_A$ und $np = n_i^2$ zu $N_A = 2 n_i/\sqrt{3}$.

2.10

Worin besteht die Ursache eines Diffusionsstroms? Erkläre sein Zustandekommen!
Antwort: Durch die thermische Bewegung entsteht ein Netto-Teilchenstrom in Richtung abnehmender Teilchenkonzentrationen (s. S. 45).

2.11

Welche Dimension hat die Diffusionskonstante, und wie ist sie mit der Beweglichkeit verknüpft?
Antwort: $[D] = \text{cm}^2 \text{ s}^{-1}$, $e\,D = \mu\,kT$ (Einstein-Beziehung, s. S. 46).

2.12

Wenn man eine Beweglichkeit von 600 cm² V⁻¹ s⁻¹ bei 0 °C mißt, wie groß ist dann die Diffusionskonstante dieser Trägersorte bei 0 °C?

Lösung: s. S. 46. Einstein-Beziehung $D = \mu\, kT/e$ ergibt $D = 14$ cm² s⁻¹ (Löcher in Si).

2.13

Erkläre die Begriffe Konvektionsstromdichte, Driftstromdichte, Diffusionsstromdichte, Verschiebungsstromdichte und Gesamtstromdichte. Wie lauten die mathematischen Formeln dafür im Halbleiter?

Antwort: Die Konvektionsstromdichte ist die durch Ladungsträgertransport verursachte Stromdichte (s. S. 31); für einen Ladungsträgertyp gilt: $i = \varrho^* \langle v \rangle$; sind Elektronen und Löcher vorhanden, sind die Stromanteile zu addieren.

Die Konvektionsstromdichte setzt sich zusammen aus der Driftstromdichte, d.h. dem durch ein elektrisches Feld hervorgerufenen Ladungstransport $i_{\mathrm{Drift}} = e(p\,\mu_p + n\,\mu_n)\,\boldsymbol{E}$, und der Diffusionsstromdichte $i_{\mathrm{diff}} = e(D_n\,\mathrm{grad}\,n - D_p\,\mathrm{grad}\,p)$, die den Ladungstransport aufgrund der thermischen Bewegung in Konzentrationsgefällen erfaßt.

Die Verschiebungsstromdichte ist durch eine zeitliche Änderung des elektrischen Feldes gegeben $i = \varepsilon\,\partial\boldsymbol{E}/\partial t$ und nicht mit einem Transport freier Ladungsträger verbunden.

Die Gesamtstromdichte ist die Summe aus Konvektions- und Verschiebungsstromdichte.

2.14

Was ist der Hall-Effekt und wie kann er im Störstellenhalbleiter zur Messung der Trägerdichte verwendet werden?

Antwort: s. S. 49.

2.15

Das Konzept des positiv geladenen Defektelektrons als freier Ladungsträger im Halbleiter wird durch das Hall-Experiment bestätigt. Begründe dies anhand der Polarität beim n-Typ- und p-Typ-Halbleiter!

Antwort: p-Typ- und n-Typ-Halbleiter liefern unter gleichen Bedingungen entgegengesetzte Polarität der Hall-Spannung (s. S. 47).

2.16

Unter dem Einfluß eines Magnetfeldes sind Strom und elektrische Feldstärke nicht mehr in derselben Richtung, sondern es gilt (für den p-Halbleiter):

$$E = \frac{i_p}{\sigma_p} - R_p\, i_p \times \boldsymbol{B}. \qquad (2/22)$$

Berechne den Strom und den Winkel zwischen Feldstärke und Strom (Hall-Winkel) als Funktion von $\boldsymbol{E}$ und $\boldsymbol{B}$ unter den Annahmen $\boldsymbol{E} = (E, 0, 0)$, $\boldsymbol{B} = (0, 0, B)$!

Lösung:

$$E = \frac{i_x}{\sigma_p} - R_p (\boldsymbol{i} \times \boldsymbol{B})_x,$$

$$0 = \frac{i_y}{\sigma_p} - R_p (\boldsymbol{i} \times \boldsymbol{B})_y,$$

$$(\boldsymbol{i} \times \boldsymbol{B}) = (i_y\, B,\, -i_x\, B,\, 0),$$

damit

$$\sigma_p E = i_x - \sigma_p R_p i_y B,$$

$$0 = i_y + \sigma_p R_p i_x B.$$

Das Gleichungssystem wird gelöst durch

$$i_x = \frac{1}{1 + \sigma_p^2 R_p^2 B^2} \cdot \sigma_p E,$$

$$i_y = -\frac{\sigma_p R_p B}{1 + \sigma_p^2 R_p^2 B^2} \cdot \sigma_p E.$$

Der Hall-Winkel ist gegeben durch: $\tan \varphi = i_y/i_x = -\sigma_p R_p B$.

2.17

An einer Halbleiterprobe mit den Dimensionen $a = 1\,\text{mm}$ und $b = 0{,}25\,\text{mm}$ (s. Skizze) werde bei einem Strom $I = 0{,}1\,\text{A}$ und einem Magnetfeld $B = 10\,\text{kG}$

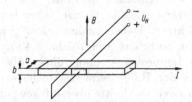

eine Hallspannung $U_H = 0{,}8\,\text{V}$ gemessen. Berechne die Hall-Konstante! Wie groß ist die Trägerdichte, wenn nur eine Trägersorte in Betracht gezogen wird und um welche Träger handelt es sich ($r = 1$ sei angenommen)?

Lösung:
Es handelt sich um Elektronen, da U_H für die angegebenen Richtungen von I und B positiv ist. $E_H = U_H/a = |R_n| i_n B$ ergibt mit $E_H = 8\,\text{V/cm}$, $i_n = 40\,\text{Acm}^{-2}$ und $B = 10^{-4}\,\text{Vs cm}^{-2}$, $|R_n| = 2 \cdot 10^3\,\text{cm}^3\,\text{A}^{-1}\,\text{s}^{-1}$. Aus $|R_n| = 1/en$ folgt $n = 3{,}1 \cdot 10^{15}\,\text{cm}^{-3}$.

2.18

Enthält eine Halbleiterprobe beide Trägersorten in vergleichbarer Dichte, so ergibt sich durch Überlagerung der Ströme i_n und i_p folgende Hall-Konstante:

$$R_H = \frac{1}{e} \frac{p\,\mu_p^2 - n\,\mu_n^2}{(p\,\mu_p + n\,\mu_n)^2}.$$

Bei welcher Löcherkonzentration kehrt sich die Richtung des Hall-Feldes um (Zahlenbeispiel Ge, 300 K)?

Lösung: Die Hall-Spannung ändert ihr Vorzeichen wenn die Hall-Konstante verschwindet. $R_H = 0$, wenn $p = n\mu_n^2/\mu_p^2$. Das ergibt: $p = n_i\mu_n/\mu_p$. Zahlenbeispiel Ge, 300 °K: $n_i = 2{,}5 \cdot 10^{13}\,\text{cm}^{-3}$, $\mu_n/\mu_p = 3900/1900$, $p = 5{,}13 \cdot 10^{13}\,\text{cm}^{-3}$ (s. Tab. 1, S. 191).

3 Bändermodell der Halbleiter

Das Bändermodell wird zunächst qualitativ beschrieben (Abschn. 3.1 bis 3.3), um das Verständnis für die nachfolgenden genaueren Untersuchungen zu erleichtern. Dabei werden später genauer erklärte und abgeleitete Tatsachen postuliert. Die Abschn. 3.4 und 3.5 setzen gewisse Kenntnisse der Quantenmechanik voraus, die im Abschn. 8.1 zusammengefaßt sind. Der an der Halbleiterphysik nicht so interessierte Leser kann die genannten zwei Abschnitte überspringen; die wesentlichen Ergebnisse werden in Abschn. 3.6 wiederholt.

Das in Abschn. 3.4 behandelte Kronig-Penney-Modell dient vor allem einem besseren Verständnis der Begriffe effektive Masse, Defektelektron (Loch) und Zustandsdichte. Wegen seiner Einfachheit ist das Kronig-Penney-Modell jedoch nicht in der Lage, genauere Aussagen über die Bänderstruktur zu liefern; diesbezüglich wird auf Bd. 3 dieser Reihe [66] verwiesen.

Sämtliche Überlegungen in Kap. 3 gelten für thermisches Gleichgewicht. Störungen des thermischen Gleichgewichts werden in den Kap. 4, 6 und 7 besprochen.

3.1 Valenzband und Leitungsband

Abb. 28 zeigt das Energiespektrum des Wasserstoffatoms (s. z.B. [23]). Es besagt, daß sein Elektron nur ganz bestimmte diskrete Energiewerte annehmen kann (s. Abschn. 8.2). Dies ist eine Folge der Welleneigenschaften der Elektronen und wird durch die Quantenmechanik beschrieben. Das unterste Energieniveau (Hauptquantenzahl $n = 1$) entspricht der Elektronenbahn mit kleinstmöglichem Radius (innerste Schale). Um das Elektron auf den nächsthöheren Energiezustand (zweite Schale) zu bringen, muß Arbeit gegen die anziehenden Kräfte der gegennamigen Ladungen (Kern und Elektron) geleistet werden; dieser Energieunterschied beträgt für Wasserstoff 10,15 eV (1 eV = $1,602 \cdot 10^{-19}$ Ws). Bei größerer Energiezufuhr kann das Elektron auf höhere Energieniveaus gehoben und schließlich ganz vom Atomkern getrennt werden. Diese

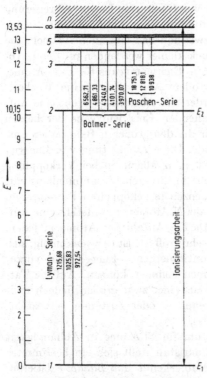

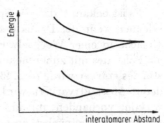

interatomarer Abstand

Abb. 29. Aufspaltung von Energiezuständen als Funktion des Abstandes
zweier Atome.

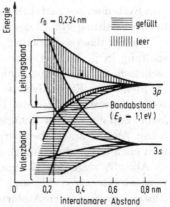

interatomarer Abstand

Abb. 30. Energiebänder in Silizium als
Funktion des interatomaren Abstandes;
die Bezeichnung der Energieniveaus der
entkoppelten Atome entspricht der in
Abb. 4.

Abb. 28. Energieniveauschema des H-Atoms;
Wellenlängen der Übergänge in 0,1 nm (Å).

Ionisierungsenergie beträgt für Wasserstoff 13,53 eV. Das vom Kern ge-
löste Elektron kann jede beliebige kinetische Energie annehmen, was
durch die Schraffur (Kontinuum) angedeutet ist.

Die Energiezufuhr zur Hebung des Elektrons von einem Niveau E_1 zu
einem höheren Niveau E_2 kann durch Strahlung erfolgen. Da die Strahlungsenergie quantisiert ist (s. Abschn. 8.1), muß die Frequenz der Strahlung der Energiedifferenz $E_2 - E_1$ entsprechen:

$$h f = E_2 - E_1$$

($h = 6{,}625 \cdot 10^{-34}$ Ws² ist die Plancksche Konstante). Dies gilt auch,
wenn das Elektron vom Energieniveau E_2 in das Niveau E_1 fällt und
dabei Strahlung emittiert. Die den einzelnen Übergängen entsprechenden
Wellenlängen der Strahlung sind in Abb. 28 eingetragen. Der Bereich
der sichtbaren Strahlung liegt zwischen 360 nm und 780 nm und entspricht daher Energiedifferenzen zwischen ca. 3,5 und 1,6 eV. Die an
Gasen (bei genügend kleinem Druck) feststellbaren Linienspektren be-
weisen die Existenz der scharfen Energieniveaus der Einzelatome.

Es ist bekannt, daß die Spektren von Gasen eine Linienverbreiterung erleiden, wenn der Druck der Gasentladung erhöht wird. Dies hat seine Ursache in einer Wechselwirkung zwischen den einzelnen Atomen, die als Folge des mit zunehmendem Druck kleiner werdenden mittleren Abstandes stärker wird. Abb. 29 zeigt die Energieniveaus für zwei Atome, deren Abstand variiert wird. Bei großem Abstand ist keine Wechselwirkung vorhanden; mit kleiner werdendem Abstand entsteht eine Aufspaltung der zunächst zusammenfallenden Energieniveaus der beiden gleichen Atome und zwar zuerst für die den größeren Bahnradien entsprechenden höheren Energiezustände. Diese Aufspaltung von Energiezuständen durch Wechselwirkung ist ganz allgemein bei Verkopplung von Systemen festzustellen und steht in direktem Zusammenhang mit der Aufspaltung von Resonanzfrequenzen in gekoppelten Resonatoren.

Besteht das verkoppelte System aus N Atomen, so entsteht eine Aufspaltung in je N Energieniveaus. Da die Anzahl der Atome in jedem technischen interessanten Volumen sehr groß ist, ist es zweckmäßig, sich an Stelle der Einzelniveaus ein kontinuierliches Energieband vorzustellen, in welchem sich die Elektronen befinden können. Auf die Tatsache, daß ein solches Energieband aus einer zwar großen, jedoch endlichen Anzahl unterscheidbarer Niveaus — oder Zustände — besteht, wird noch näher eingegangen (s. S. 67).

Abb. 30 zeigt das Energiespektrum für Si-Atome in Abhängigkeit vom interatomaren Abstand. Im Einkristall stellt sich ein bestimmter Abstand zwischen den Atomen ein. Man erkennt, daß *Bänder* existieren, welche durch Elektronen besetzt werden können (erlaubte Bänder) und welche durch eine sog. *verbotene Zone* voneinander getrennt sind. Die Weite dieser verbotenen Zone, der *Bandabstand*, ist kennzeichnend für jedes Halbleitermaterial. Für Si beträgt er ca. 1,1 eV (s. Tab. 1, S. 191). Abb. 31 zeigt dieses Bänderschema, wobei hier der Abszisse keine besondere Bedeutung zukommt.

Das untere der beiden erlaubten Bänder ist für genügend tiefe Temperaturen ($T \to 0$) vollständig mit Elektronen besetzt; es sind dies die Valenzelektronen, und man nennt dieses Band *Valenzband*. Ein vollständig mit Elektronen besetztes Band kann keinen Beitrag zu einem elektrischen Strom liefern, da die Elektronen keine zusätzliche (kinetische) Energie aufnehmen können. Das obere erlaubte Band ist für $T \to 0$ vollständig unbesetzt. Bei endlicher Temperatur können jedoch einige Elektronen die Energiedifferenz zwischen den erlaubten Bändern überwinden und in das obere Band (*Leitungsband*) gelangen, wo sie „frei" beweglich sind. Aus *Valenzelektronen* sind *Leitungselektronen* geworden. Durch das Anheben eines Elektrons aus dem Valenzband entsteht im ersteren eine Lücke. Die Elektronen des nicht vollständig besetzten Valenzbandes können einen Beitrag zum elektrischen Stromfluß liefern, der äquivalent durch positive Ladungsträger (Löcher) am oberen Rand des Valenzbandes beschrieben werden kann.

Vergleicht man diese Ausführungen mit denen zum Bindungsmodell, so sieht man, daß die zur Lösung einer Bindung erforderliche Energie gleich dem Bandabstand ist. Die Energie der Elektronen in Abb. 31 ist nach oben aufgetragen. Die Elektronen haben die Tendenz nach „unten" zu fallen und zunächst das Valenzband zu füllen. Bei endlicher Temperatur haben einige Elektronen genügend hohe Energie, um ins Leitungsband zu gelangen, wo sie sich in der Nähe des unteren Band-

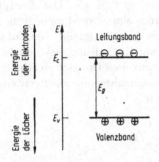

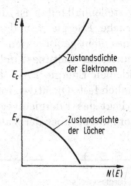

Abb. 31. Bänderschema eines eigenleitenden Halbleiters; $\ominus$ = Leitungselektron, $\oplus$ = Loch, E_v = (obere) Kante des Valenzbandes, E_c = (untere) Kante des Leitungsbandes (c = conduction).

Abb. 32. Zustandsdichte der Elektronen im Leitungsband und Zustandsdichte der Löcher im Valenzband.

randes aufhalten werden. Die Energie der Löcher (*fehlende* Elektronen) hingegen wird demgemäß nach unten aufgetragen. Man stelle sich die Löcher wie Luftblasen in einer Flüssigkeit vor, welche die Tendenz haben, nach oben zu steigen. Die Löcher liegen daher in der Nähe der oberen Bandkante des Valenzbandes.

Für *reines* Halbleitermaterial, also bei *Eigenleitung*, entsteht für jedes Elektron, welches aus dem Valenzband ins Leitungsband gelangt, ein Loch im Valenzband ($p = n$).

Außer den hier besprochenen beiden Bändern existieren im Halbleiter noch weitere, die jedoch ohne Bedeutung für die elektrischen Eigenschaften sind. Es interessiert nur das oberste, bei $T \to 0$ vollständig besetzte Band, das Valenzband, und das darüberliegende, bei $T \to 0$ unbesetzte Band, das Leitungsband.

Wenn von einem vollbesetzten Band die Rede ist, so setzt das die bisher noch nicht besprochene Tatsache voraus, daß die Anzahl der „verfügbaren Plätze" begrenzt ist und daß sich auf jedem „Platz" nicht mehr als ein Elektron befinden kann. Man nennt einen verfügbaren Platz im Band *Zustand* und benützt als maßgebende Größe die *Zustandsdichte* $N(E)$. Diese gibt die Anzahl der Zustände je Energieeinheit und Volumeneinheit an. $N(E)\,dE$ ist also die Anzahl der Zustände im Volumen 1 zwischen E und $E + dE$. Die Zustandsdichte wird in Abschn. 3.5 berechnet. Abb. 32 zeigt sie für Elektronen und Löcher.

Die zweite Tatsache ist eine Folge des *Pauli-Prinzips*, welches besagt, daß jeder quantenmechanische Zustand nur durch maximal zwei Elektronen unterschiedlichen Elektronenspins zu besetzen ist (s. z.B. [1], S. 130). Die Besetzungswahrscheinlichkeit $W(E)$ für die Zustände unter Berücksichtigung des Pauli-Prinzips wird im Abschn. 3.3 behandelt.

3.2 Donator- und Akzeptor-Terme

Im Störstellenhalbleiter ist die zur Ionisation eines Dotierungsatoms erforderliche Energie von der Größenordnung 0,01 eV. Das Energieniveau des nicht gebrauchten Valenzelektrons eines Donators liegt daher knapp unter der Leitungsbandkante, wie in Abb. 33 gezeigt. Die Zufuhr dieser kleinen Energie $E_C - E_D$ genügt, um ein Leitungselektron (und ein räumlich festes positives Ion) aus dem neutralen Donator zu erhalten. Analog liegt das Energieniveau für das aufzunehmende Elektron eines Akzeptors knapp über der Valenzbandkante.

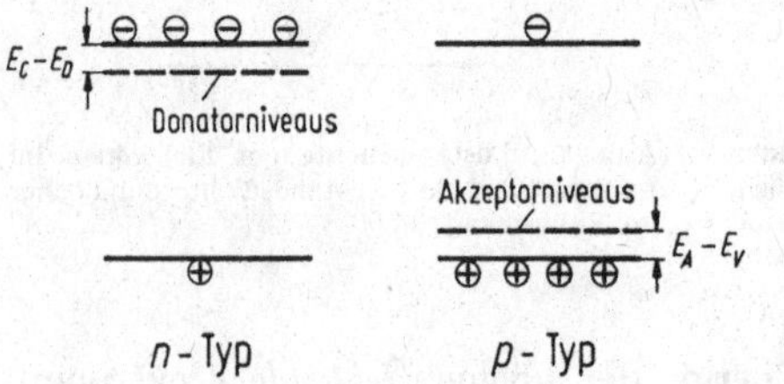

Abb. 33. Bänderschemata der Störstellenhalbleiter.

Abb. 34 zeigt die Donator- bzw. Akzeptorniveaus von Dotierungsatomen in Ge, Si und GaAs. Generell ergeben Elemente der V. Gruppe Donatoren mit Niveaus in der Nähe der Leitungsbandkante und Elemente der III. Gruppe Akzeptoren mit Niveaus in der Nähe der Valenzbandkante. Bemerkenswert ist das Verhalten von Gold, welches Niveaus in der Mitte des verbotenen Bandes ergibt. Bei der Beschreibung der Rekombinationsmechanismen (S. 97) wird darauf noch eingegangen.

3.3 Fermi-Verteilungsfunktion

Die bereits erwähnte Wahrscheinlichkeit $W(E)$ für die Besetzung eines Zustandes durch ein Elektron ist in Abb. 35 als Funktion der Energie gezeichnet. In Abschn. 8.3 sind die Grundgedanken für die Ableitung der Fermi-Verteilungsfunktion angegeben. Für $T \to 0$ ist $W(E)$ eine Sprungfunktion. Für alle Zustände unterhalb einer bestimmten Energie, dem *Fermi-Niveau* E_F, ist $W(E) = 1$, d.h. der Zustand ist sicher besetzt. Für Energien oberhalb dieses Fermi-Niveaus ist $W(E) = 0$, d.h. die Zustände sind unbesetzt. Diese Auffüllung aller Zustände bis zu einem bestimmten Niveau ist eine Folge des bereits erwähnten Pauli-Prinzips in Verbindung mit der Tendenz des Gesamtsystems, den energetisch tiefsten Zustand einzunehmen. Als Analogon stelle man sich einen Wasserbehälter vor, in welchem die Wahrscheinlichkeit, Wasser bis zu einer bestimmten Höhe (bzw. potentiellen Energie) anzutreffen, den Wert 1 hat und darüber den Wert Null. Auch hier gilt das Prinzip: „Wo ein Teilchen ist, kann kein zweites sein."

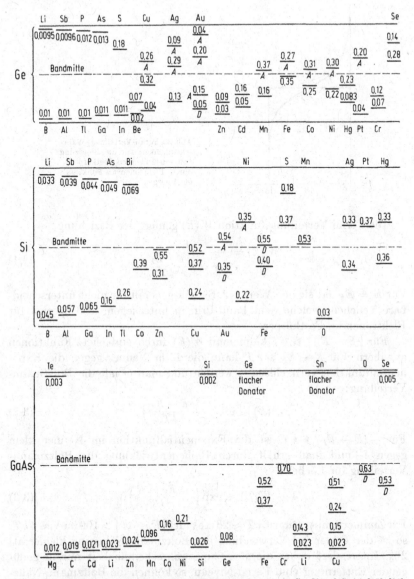

Abb. 34. Gemessene Ionisationsenergien einiger Dotierungselemente in Ge, Si und GaAs, [15], [24]; die Niveaus unter der Bandmitte sind von der oberen Bandkante des Valenzbandes gemessen und stellen Akzeptorniveaus dar, wenn nicht durch D (Donator) gekennzeichnet; die Niveaus über der Bandmitte sind von der unteren Bandkante des Leitungsbandes gemessen und stellen Donatorniveaus dar, wenn nicht durch A (Akzeptor) gekennzeichnet.

Bei endlicher Temperatur wird die Besetzungswahrscheinlichkeit nicht abrupt vom Wert 1 (sicher *ein* Elektron) zum Wert Null (sicher *kein* Elektron) springen, sondern stetig übergehen, wie in Abb. 35 ($T = T_1$) gezeigt.

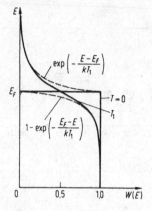

Abb. 35. Fermi-Verteilung; Wahrscheinlichkeit für die Besetzung von Zuständen im Festkörper durch Elektronen als Funktion der Energie.

Die Fermi-Verteilungsfunktion $W(E)$ genügt der Beziehung

$$W(E) = \frac{1}{1 + \exp\dfrac{E - E_F}{kT}} . \tag{3/1}$$

Für $E = E_F$ hat sie den Wert 1/2. Sie gilt generell für nicht unterscheidbare Teilchen, welche dem Pauli-Prinzip unterliegen, also speziell für Elektronen im Festkörper.

Für $|E - E_F| \gg kT$ kann man $W(E)$ durch einfachere Funktionen annähern. Für $E - E_F \gg kT$ kann die 1 im Nenner gegen die Exponentialfunktion vernachlässigt werden und man erhält die Boltzmann-Verteilung:

$$W(E) \approx \exp\left(-\frac{E - E_F}{kT}\right) . \tag{3/2}$$

Für $-(E - E_F) \gg kT$ ist die Exponentialfunktion im Nenner klein gegen 1, und man erhält durch Reihenentwicklung die Boltzmann-Verteilung für Löcher:

$$1 - W(E) \approx \exp\left(-\frac{E_F - E}{kT}\right) . \tag{3/3}$$

Für Zimmertemperatur ist $kT \approx 26\,\text{meV}$. Ist $|E_F - E| > 100\,\text{meV} \approx 4\,kT$, so ist der Fehler bei Verwendung der Boltzmann-Näherung kleiner als 2%. Interessiert daher die Besetzungswahrscheinlichkeit nur in genügender Entfernung vom Fermi-Niveau, so können die Boltzmann-Näherungen benutzt werden (s. Abb. 35).

Die Größe $W(E)$ gibt die Wahrscheinlichkeit für das Antreffen eines Elektrons bei der Energie E an. Demgemäß ist $1 - W(E)$ die Wahrscheinlichkeit für das *Nichtantreffen* von Elektronen, also für das Antreffen von Löchern. Man erkennt aus Gl. (3/2) und Gl. (3/3), daß die Wahrscheinlichkeit, ein Elektron *über* dem Fermi-Niveau anzutreffen, gleich der Wahrscheinlichkeit ist, ein Loch im gleichen Abstand *unter* dem Fermi-Niveau anzutreffen.

Im reinen Halbleiter ist für $T \to 0$ das Valenzband durch Elektronen voll besetzt und das Leitungsband leer; das Fermi-Niveau muß sich daher in der verbotenen Zone befinden. Abb. 36 zeigt die Zustandsdichte $N(E)$ und die Besetzungswahrscheinlichkeit $W(E)$ für einen eigenleitenden Halbleiter. Wegen $n_0 = p_0$ und ungefähr gleicher Zustandsdichten für Elektronen und Löcher (s. Abschn. 3.6) liegt das Fermi-Niveau im eigenleitenden Halbleiter etwa in der Mitte des verbotenen Bandes.

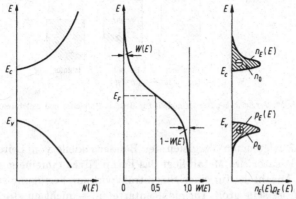

Abb. 36. Zustandsdichte $N(E)$, Besetzungswahrscheinlichkeit $W(E)$ und Trägerdichten $n_E(E)$ und $p_E(E)$ für eigenleitende Halbleiter.

Die Teilchendichte je Energieintervall erhält man durch Multiplikation der Zustandsdichte mit der Besetzungswahrscheinlichkeit des jeweiligen Trägertyps. Diese Teilchendichte (Einheit: $eV^{-1} m^{-3}$) ist in Abb. 36 rechts gezeichnet. Man sieht, daß die Leitungselektronen vorwiegend in der Nähe der Leitungsbandkante liegen und die Löcher vorwiegend in der Nähe der Valenzbandkante. Die Trägerdichten im thermischen Gleichgewicht sind gleich den Flächen unter $n_E(E)$ und $p_E(E)$[*]:

$$n_0 = \int_{E_c}^{\infty} n_E(E)\,dE, \qquad p_0 = \int_{0}^{E_v} p_E(E)\,dE.$$

Im dotierten Halbleiter überwiegt eine Trägerdichte; das Fermi-Niveau liegt im n-Typ-Halbleiter näher am Leitungsband, im p-Typ-

---

[*] Die Integration ist eigentlich nur über das Leitungsband bzw. das Valenzband zu erstrecken. Da jedoch $n_E(E)$ für hohe Energiewerte und $p_E(E)$ für kleine Energiewerte sehr klein werden, können die hier angegebenen Integrationsgrenzen verwendet werden.

Halbleiter näher am Valenzband. Für quantitative Aussagen ist es unerläßlich, die Lage des Fermi-Niveaus zu kennen. Generell stellt sich im homogenen Halbleiter bei thermischem Gleichgewicht das Fermi-Niveau so ein, daß der Halbleiter neutral ist. Die Ermittlung der Lage des Fermi-Niveaus wird in Abschn. 3.7 besprochen.

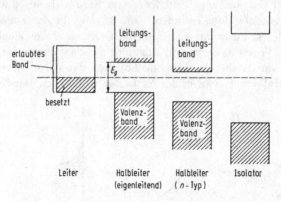

Abb. 37. Vergleich der Bändermodelle für Metalle, Halbleiter und Isolatoren.

Abb. 37 zeigt einen Vergleich der Bändermodelle von Leiter, Halbleiter und Isolator. Im Metall liegt das Fermi-Niveau in einem erlaubten Band. Die Anzahl der für einen Stromtransport zur Verfügung stehenden Elektronen ist sehr groß. Im nicht entarteten — nicht zu stark dotierten — Halbleiter liegt das Fermi-Niveau im verbotenen Band; bei endlicher Temperatur steht eine bestimmte Anzahl von Elektronen (n) und Löchern (p) zum Stromtransport zur Verfügung. Durch Dotierungen können diese Trägerdichten beeinflußt werden. Im Isolator liegt das Fermi-Niveau ebenfalls im verbotenen Band, welches jedoch so breit ist (z. B. ca. 7 eV für Diamant), daß keine freien Ladungsträger zur Verfügung stehen. (Der an sich nicht sehr drastische Unterschied im Bandabstand wirkt sich wegen der exponentiellen Abhängigkeit der Trägerdichten vom Bandabstand sehr stark aus.) Diese Gegenüberstellung zeigt den prinzipiellen Unterschied zwischen Halbleiter und Metall und den quantitativen Unterschied zwischen Halbleiter und Isolator.

Ebenso wie das Energieniveauschema des Einzelatoms die optischen Eigenschaften, d.h. die Linienspektren der Gase erklärt, so erklärt das Bändermodell die optischen Eigenschaften der Festkörper. Die Absorption von Strahlung tritt auf, wenn im energetischen Abstand $E = hf$ über einem besetzten Zustand ein unbesetzter Zustand existiert. Demgemäß absorbieren Metalle Strahlung niederer Frequenz bis hoher Frequenz; Halbleiter und Isolatoren lassen Strahlungen bis zu einer Frequenz $f = E_g/h$ hindurchtreten und absorbieren kurzwelligere Strahlung (s. Abb. 38). Diese Absorptionskante liegt für Halbleiter im infraroten Spektralbereich und für Isolatoren im ultravioletten; Isolatoren sind — als Einkristall — durchsichtig, Halbleiter nicht. Durch Messung der Absorptionskante kann der Bandabstand ermittelt werden. Da bei Absorption und Emission außer dem Energiesatz auch der Impulssatz erfüllt sein muß, ist die Bedingung $f > E_g/h$ wohl notwendig, aber nicht immer hinreichend.

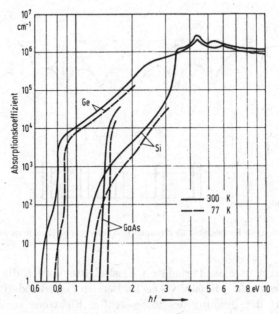

Abb. 38.
Gemessene Absorptionskoeffizienten von reinem Ge und Si und dotiertem GaAs, [25], [26], [27].

Der Unterschied zwischen „optischem" und elektrisch wirksamen Bandabstand wird in Bd. 3 dieser Reihe behandelt.

3.4 Kronig-Penney-Modell

Im Abschn. 3.1 wurde die Existenz der Bänder im Festkörper durch die Verkoppelung und daraus resultierende Aufspaltung der Energieniveaus der Einzelatome begründet. Für eine Berechnung der Eigenschaften der Elektronen in den Bändern ist dieses Verfahren jedoch ungeeignet. Es ist dazu vielmehr zweckmäßig, die Bewegung *eines* Elektrons in dem räumlich periodischen Potential der Gitteratome zu untersuchen. Die anderen Elektronen werden dabei als gleichmäßig „verschmiert" angenommen (sog. Ein-Elektronen-Näherung). Da diese Wechselwirkung im Bereich atomarer Abstände stattfindet, ist eine wellenmechanische

Rechnung erforderlich. Das einfachste diesbezügliche Modell ist das eindimensionale Kronig-Penney-Modell ([28], [29], [30]).

Das Potential eines Elektrons im elektrostatischen Kräftefeld eines Atomrumpfes hat einen Verlauf in Abhängigkeit vom Kernabstand, wie in Abb. 39a gestrichelt dargestellt ist. Für eine eindimensionale Folge von Atomen erhält man den voll gezeichneten Potentialverlauf. Aus Gründen der Rechnungsvereinfachung ersetzt man diesen Potentialverlauf durch den in Abb. 39b gezeichneten Verlauf (Kronig-Penney-

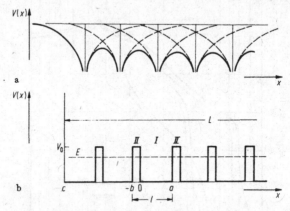

Abb. 39. Potentielle Energie eines Elektrons im Feld einer regelmäßigen Kette von Atomen.

Modell). Darin ist l die Periode im Kristallgitter und L die Länge des („eindimensionalen") Kristalls. Das im Bereich II wirkende Potential V_0 repräsentiert die Bindung des untersuchten Elektrons an das Einzelatom, der Potentialanstieg bei $x = c$ und $x = c + L$ die Bindung an den Kristall. Die Rechnung wird später dadurch weiter vereinfacht, daß man den Grenzübergang $V_0 \to \infty$ mit $V_0 b = \text{const}$ vollzieht.

Da das Potential zeitunabhängig ist, gilt die „zeitunabhängige" (eindimensionale) Schrödinger-Gleichung (s. Abschn. 8.1):

$$\frac{d^2\psi}{dx^2} + \frac{2m}{\hbar^2}[E - V(x)]\,\psi = 0. \tag{3/4}$$

Darin ist E die Energie des Elektrons, welche besonders im Hinblick auf den noch zu vollziehenden Grenzübergang $V_0 \to \infty$ kleiner als V_0 angenommen wird (s. Abb. 39b). Man könnte mit den gegebenen Randbedingungen die Wellenfunktion ψ berechnen und daraus die beobachtbaren Größen bestimmen. Es wird sich jedoch zeigen, daß die Bedingung für die Existenz einer nichttrivialen Lösung von ψ zu einer Beziehung zwischen Energie E und Wellenzahl k führt, aus der wir die uns interessierenden Eigenschaften ableiten können. Es wird zunächst der unendlich lange Kristall untersucht.

3.4.1 Bänderstruktur; unendlich langer Kristall

Die Schrödinger-Gleichungen für die beiden Bereiche I und II der Abb. 39b lauten (α und β reell):

$$\text{Bereich I:} \quad \frac{d^2\psi}{dx^2} + \alpha^2\,\psi = 0, \quad \alpha^2 = \frac{2\,m\,E}{\hbar^2},$$

$$\text{Bereich II:} \quad \frac{d^2\psi}{dx^2} - \beta^2\,\psi = 0, \quad \beta^2 = \frac{2\,m\,(V_0 - E)}{\hbar^2}. \tag{3/5}$$

Man kann allgemein zeigen (Theorem von Bloch [31] oder Floquet), daß die Lösung der Schrödinger-Gleichung bei Vorhandensein eines periodischen Potentials $V(x) = V(x + l)$ folgende Form hat (s. z.B.: [32], S. 240):

$$\psi(x) = u(x)\exp(\pm\,\mathrm{j}\,k\,x) \tag{3/6}$$

mit $u(x) = u(x + l)$. D.h., die laufende Welle mit der Wellenzahl k ist durch eine periodische Funktion u, die auch von der Wellenzahl k abhängt, moduliert. Der Ansatz (3/6) ist unmittelbar physikalisch einzusehen, da die Aufenthaltswahrscheinlichkeit im periodischen Potential selbst eine periodische Funktion sein muß (gleiche Aufenthaltswahrscheinlichkeit für die entsprechenden Punkte in *jeder* Periode). Die Wellenfunktion $\psi(x)$ darf sich daher von $\psi(x + l)$ nur durch einen Phasenfaktor $\exp(\pm\,\mathrm{j}\,k\,x)$ unterscheiden, der bei Bildung von $\psi\,\psi^*$ herausfällt.

Mit diesem Ansatz erhält man für die Funktion $u(x)$ für

$$\text{Bereich I:} \quad \frac{d^2 u}{dx^2} + 2\,\mathrm{j}\,k\,\frac{du}{dx} + (\alpha^2 - k^2)\,u = 0,$$

$$\text{Bereich II:} \quad \frac{d^2 u}{dx^2} + 2\,\mathrm{j}\,k\,\frac{du}{dx} - (\beta^2 + k^2)\,u = 0. \tag{3/7}$$

Die Lösungen dieser Gleichungen sind:

$$\text{Bereich I:} \quad u_{\mathrm{I}} = A\exp\mathrm{j}(\alpha - k)\,x + B\exp[-\mathrm{j}(\alpha + k)\,x],$$

$$\text{Bereich II:} \quad u_{\mathrm{II}} = C\exp(\beta - \mathrm{j}\,k)\,x + D\exp[-(\beta + \mathrm{j}\,k)\,x]. \tag{3/8}$$

Die Integrationskonstanten A, B, C und D werden mit Hilfe von Stetigkeitsbedingungen ermittelt. Nach diesen müssen die Wellenfunktion (die Aufenthaltswahrscheinlichkeit) und deren räumliche Ableitung (der Impuls) stetig sein. Sie lauten speziell für diesen Fall:

$$u_{\mathrm{I}}(0) = u_{\mathrm{II}}(0), \quad u_{\mathrm{I}}(a) = u_{\mathrm{II}}(a);$$

$$\left(\frac{du_I}{dx}\right)_{x=0} = \left(\frac{du_{II}}{dx}\right)_{x=0}, \quad \left(\frac{du_I}{dx}\right)_{x=a} = \left(\frac{du_{II}}{dx}\right)_{x=a}. \tag{3/9}$$

Damit erhält man ein System von vier homogenen Gleichungen für A, B, C und D, die nur dann nichttriviale Lösungen haben, wenn die Determinante der Koeffizienten verschwindet. Dies führt zu der charakteristischen Gleichung:

$$\frac{\beta^2 - \alpha^2}{2\alpha\beta}\sinh\beta b \sin\alpha a + \cosh\beta b \cos\alpha a = \cos k(a + b). \tag{3/10}$$

Führt man nun den bereits erwähnten Grenzübergang durch, so erhält man:

$$P \frac{\sin \alpha a}{\alpha a} + \cos \alpha a = \cos k a, \qquad (3/11)$$

wobei

$$P = \lim_{\substack{V_0 \to \infty \\ V_0 b = \text{const}}} \frac{\beta^2 a b}{2} = \frac{m V_0 b a}{\hbar^2}$$

ein Maß für die Bindung der Elektronen durch die Potentialbarrieren ist.

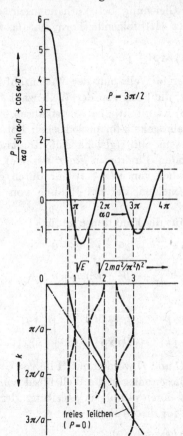

Abb. 40. Energie E als Funktion der Wellenzahl k nach dem Kronig-Penney-Modell.

Die Größe $\alpha\,a$ ist ein Maß für die Energie der Elektronen [Gl. (3/5)]. Für eine gegebene Potentialbarriere erhält man daher aus Gl. (3/11) einen Zusammenhang zwischen der Energie E der Teilchen und ihrer Wellenzahl k. Abb. 40 zeigt oben den linken Teil der Gl. (3/11). Reelle Lösungen existieren nur für Funktionswerte kleiner als 1, da die rechte Seite nur zwischen diesen Werten variieren kann. Man erhält als Lösung Abhängigkeiten $E(k)$, wie in Abb. 40 unten gezeigt, und erkennt daraus:

a) Das Energiespektrum ist nicht kontinuierlich, sondern weist Energiebänder auf, die durch verbotene Zonen getrennt sind.

b) Die Energie ist eine periodische Funktion der Wellenzahl k mit der Periode $2\pi/a$.

Die Größe P beeinflußt die Breite der Bänder (s. Abb. 41). Man erkennt, daß für den Grenzfall $P \to \infty$, also extrem starke Bindung, die Bänder zu einzelnen scharfen Niveaus entarten, wie es verständlich ist, da die Elektronen dann an die einzelnen Atome gebunden sind. Im anderen Grenzfall ($P \to 0$) erhält man ein Kontinuum der Energie und aus den Gln. (3/11) und (3/5) $k^2 = 2\,m\,E/\hbar^2$, d.h. die Verhältnisse des freien Teilchens ($p = \hbar\,k$).

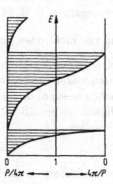

Abb. 41. Erlaubte (schraffiert) und verbotene Energiebereiche als Funktion von P (Gl. 3/11).

3.4.2 Zustandsdichte; endlich langer Kristall

Es wird nun ein Kristall endlicher Länge L betrachtet. Die einfachsten Randbedingungen ergeben sich, wenn man annimmt, daß der endlich ausgedehnte Kristall an beiden Seiten periodisch fortgesetzt wird und die Periodizität der Wellenfunktion die Periode L hat. Dies entspricht einem „Ringkristall" mit dem Umfang L. In diesem Fall gilt für die Wellenfunktion

$$\psi(x) = \psi(x + L)$$

und, da $\psi(x)$ eine Bloch-Funktion ist,

$$u(x)\exp j\,k\,x = u(x + L)\exp j\,k(x + L).$$

Wegen der Periodizität der Funktionen $u(x)$ und $\psi(x)$ muß gelten:

$$\exp j\,k\,L = 1\,; \qquad k = \frac{2\pi n}{L}. \tag{3/12}$$

Anstelle des Kontinuums innerhalb des erlaubten Bandes existiert jetzt ein diskretes Spektrum. Es sind nicht alle k-Werte möglich, sondern beim endlich ausgedehnten Kristall nur solche, die der Gl. (3/12) genügen. Da L gegenüber der Gitterkonstante $l \approx a$ sehr groß ist, wird die Anzahl der erlaubten Zustände innerhalb eines erlaubten Bandes sehr groß sein (s. Abb. 40). Die Anzahl der erlaubten Zustände im Bereich dk ist:

$$N*(k)\,dk = \frac{L\,dk}{2\,\pi}\,. \tag{3/13}$$

Die Größe $N*(k)$ nennt man Zustandsdichte im k-Raum. Die Gesamtanzahl der Zustände in einem erlaubten Band ist:

$$\int_{-\pi/a}^{+\pi/a} N*(k)\,dk = 2\int_{0}^{\pi/a} \frac{L}{2\,\pi}\,dk = \frac{L}{a}\,. \tag{3/14}$$

Die Anzahl der Zustände in einem erlaubten Band ist also gleich der Anzahl L/a der Einheitszellen. Auf den Begriff der Zustandsdichte wird noch genauer eingegangen (s. S. 74).

3.4.3 Bewegung von Elektronen im periodischen Potential

Obwohl das Kronig-Penney-Modell eine Übervereinfachung darstellt, sollen nun Konsequenzen dieser Theorie auf die Bewegung von Ladungsträgern besprochen werden, da sie das Wesentliche aufzeigen. Die Teilchengeschwindigkeit ist gemäß Gl. (8.3) gleich der Gruppengeschwindigkeit der Materiewellen:

$$v = \frac{d\omega}{dk}\,. \tag{3/15}$$

Hier ist ω die Kreisfrequenz der de-Broglie-Wellen. Sie ist durch die Beziehung $E = \hbar\omega$ mit der Energie der Teilchen verknüpft. Gl. (3/15) kann daher auch in der Form

$$v = \frac{1}{\hbar}\left(\frac{dE}{dk}\right) \tag{3/16}$$

geschrieben werden. Diese Beziehung kennzeichnet bereits die Bedeutung der Charakteristik E als Funktion der Wellenzahl k. Hat man freie Elektronen, so gilt $E = \hbar^2 k^2/2$ m und man erhält $v = \hbar k/m = p/m$.

Abb. 40 zeigt jedoch, daß E innerhalb des erlaubten Bandes nicht überall proportional k^2 ist. Man erhält daher eine Geschwindigkeit der Elektronen als Funktion der Wellenzahl k, wie in Abb. 42 dargestellt. Gestrichelt sind die Verhältnisse für freie Elektronen eingetragen.

Es ist interessant festzustellen, daß das Elektron im Kristall sich in der Nähe des Energieminimums wie ein freies Teilchen verhält. Bei weiterer Energiezufuhr jedoch nimmt die Geschwindigkeit zunächst langsamer als beim freien Teilchen zu, um schließlich sogar mit zunehmender Energie abzunehmen. Am oberen Rand der Bandkante ist trotz einer höheren Energie wieder die Geschwindigkeit 0 erreicht. Diese Eigenschaft ist nur zu erklären mit Hilfe der Welleneigenschaften. Mit zunehmender kinetischer Energie der Teilchen ändert sich die Wellenlänge, und man erhält schließlich eine Reflexion am periodischen Gitter (Bragg-Reflexion). Eine Analogie zu diesen Verhältnissen stellt die Ausbreitung elektromagnetischer Wellen in Leitungen dar, die periodisch belastet sind. Auch hier existieren Durchlaß- und Sperrbereiche, und es ist die Gruppengeschwindigkeit an den Grenzen der Durchlaßbereiche gleich 0.

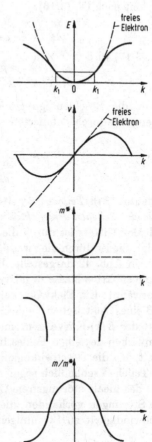

Abb. 42. Energie, Geschwindigkeit und effektive Masse als Funktion der Wellenzahl nach dem Kronig-Penney-Modell.

3.4.4 Effektive Masse

Es soll nun untersucht werden, wie sich ein Elektron verhält, wenn eine äußere Kraft darauf einwirkt. Dazu wird angenommen, daß nur ein einzelnes Elektron in einem erlaubten Band vorhanden ist, so daß auf das Pauli-Prinzip keine Rücksicht genommen werden muß (das Leitungsband ist schwach besetzt). Wenn eine Kraft F über einen Zeitabschnitt dt auf das Teilchen einwirkt, ist die Änderung seiner Energie gegeben durch:

$$dE = F\,v\,dt = F\,\frac{1}{\hbar}\,\frac{dE}{dk}\,dt\,.$$

Da $dE = (dE/dk)\, dk$, erhält man folgende Änderung des Wellenvektors:

$$\frac{dk}{dt} = \frac{F}{\hbar}\,. \tag{3/17}$$

Die Beschleunigung des Elektrons erhält man durch Differentiation der Geschwindigkeit nach Gl. (3/16):

$$\frac{dv}{dt} = \frac{1}{\hbar}\,\frac{d^2 E}{dk^2}\,\frac{dk}{dt}\,,$$

und mit Gl. (3/17) wird

$$\frac{dv}{dt} = \frac{F}{\hbar^2}\,\frac{d^2 E}{dk^2} = \frac{F}{m^*}\,. \tag{3/18}$$

Hierzu wurde die Beschleunigung gleichgesetzt dem Quotienten aus Kraft und einer dadurch definierten „effektiven Masse" m^*. Diese hat den Wert:

$$m^* = \frac{\hbar^2}{\dfrac{d^2 E}{dk^2}}\,. \tag{3/19}$$

Dies bedeutet: *Ein Teilchen der Masse m verhält sich im periodischen Potential wie ein Teilchen der effektiven Masse m* im Vakuum.* Die Wirkung des idealen Gitters ist durch die Einführung der effektiven Masse berücksichtigt. Sie ist durch die zweite Ableitung der Charakteristik $E(k)$ gegeben und in Abb. 42 dargestellt. Besonders interessant ist die Tatsache, daß die effektive Masse negative Werte annehmen kann. Dies bedeutet wie erwähnt: Ein Elektron, welches bei $k = 0$ startet, wird unter dem Einfluß eines elektrischen Feldes zunächst beschleunigt, bis es beim Wendepunkt der $E(k)$-Kurve seine maximale Geschwindigkeit hat. Ein weiteres Einwirken desselben Feldes bewirkt eine Verringerung der Geschwindigkeit, bis die Geschwindigkeit an der oberen Bandkante Null ist und das Teilchen schließlich sogar reflektiert wird (Bragg-Reflexion). Dies gilt für das ideale störungsfreie Gitter. Im realen Halbleiterkristall sind jedoch Störungen vorhanden, die bereits vor Erreichen der maximalen Geschwindigkeit zu Streuungen führen, wie in Abschn. 2.4 besprochen.

Der Wert des Konzepts der effektiven Masse liegt darin, daß für Elektronen, die im Ruhezustand an der unteren Grenze des Bandes liegen, die Zunahme der Wellenzahl wegen der Stöße an Gitterstörungen so klein ist, daß die effektive Masse als Konstante betrachtet werden kann. Dies gilt auch für den oberen Rand des erlaubten Bandes, also generell für Bandkantennähe; darauf kommen wir beim Konzept des Loches zurück. Werte für die effektiven Massen sind in Tab. 1 (S. 191) angegeben.

3.4.5 Stromtransport in einem nahezu vollständig gefüllten Band

Im Leitungsband sind wenige Elektronen in Bandkantennähe vorhanden; sie verhalten sich, abgesehen von Stößen an Störungen, wie freie Teilchen der Ladung $-e$ und der Masse m_n^*. Das Valenzband ist entweder vollständig $(T \to 0)$ oder bis auf einige Lücken an der oberen Bandkante mit Elektronen gefüllt. Dies soll nun näher betrachtet werden.

Der Anteil eines Ladungsträgers der Masse m^* am Stromtransport ist proportional $1/m^*$, da die Beschleunigung bzw. — bei Vorhandensein einer Reibungskraft — die Geschwindigkeit proportional $1/m^*$ ist (s. Abschn. 2.4). Die Größe $f = m/m^*$ ist daher ein Maß für den Anteil am Stromtransport bzw. dafür, „wie frei ein Elektron ist". Der Wert $f = 1$ entspricht einem freien Elektron, $f < 1$ einem schwereren Teilchen. Die Größe f ist in Abb. 42 ebenfalls eingetragen. Man erkennt, daß die Teilchen in Bandmitte keinen Anteil am Stromtransport haben und Elektronen an beiden Bandrändern entgegengesetzte Anteile liefern.

Obwohl eine Unterscheidung zwischen Metallen, Isolatoren und Halbleitern im Einzelfall erst dann nach theoretischen Gesichtspunkten vorgenommen werden kann, wenn das Bändermodell des *dreidimensionalen* Körpers untersucht wurde, können anhand dieses *eindimensionalen* Modells die Grundgedanken erläutert werden. Dazu wird ein Band untersucht, welches bis zu einem bestimmten Wert der Wellenzahl k_1 mit Elektronen gefüllt ist (s. Abb. 42). Man will bestimmen, wievielen äquivalenten „freien" Elektronen diese Elektronen im Kristall entsprechen. Aus dieser Anzahl können Schlüsse über den Stromtransport gezogen werden. Die effektive Anzahl freier Elektronen ist gegeben durch $n_{eff} = \sum f_k$, wobei die Summation über alle besetzten Zustände des Bandes zu erstrecken ist. Gemäß Gl. 3/13 ist die Anzahl der Zustände im Intervall dk für ein eindimensionales Kristallgitter der Länge L gleich $L\,dk/2\,\pi$. Da jeder Zustand durch zwei Elektronen (entgegengesetzten Spins) besetzt wird, gilt:

$$n_{eff} = \frac{L}{\pi} \int_{-k_1}^{+k_1} f(k)\, dk = \frac{2 L m}{\pi \hbar^2} \int_{0}^{k_1} \frac{d^2 E}{dk^2}\, dk ,$$

$$n_{eff} = \frac{2 m L}{\pi \hbar^2} \frac{dE}{dk}\bigg|_{k=k_1}. \tag{3/20}$$

Aus diesem Ergebnis kann man folgende Schlüsse ziehen:

a) Die Anzahl der äquivalenten „freien" Elektronen in einem vollständig gefüllten Band ist Null, da dE/dk am oberen Bandrand verschwindet. Dies bedeutet, daß ein vollständig besetztes Band keinen Zuschuß zu einem Stromtransport liefern kann.

b) Die Anzahl der äquivalenten „freien" Elektronen hat ein Maximum für Bänder, die bis zum Wendepunkt der $E(k)$-Charakteristik gefüllt sind.

Damit kann nochmals eine Gegenüberstellung der Bänderschema für Metalle, Halbleiter und Isolatoren nach Abb. 37 diskutiert werden. Man sieht, daß bei Metallen eine große Anzahl von Elektronen für den Stromtransport zur Verfügung stehen. Für Halbleiter und Isolatoren ist für $T \to 0$ ein Band vollständig besetzt (Valenzband) und ein Band vollständig frei (Leitungsband). Ein Stromtransport findet daher für $T \to 0$ nicht statt (Ausnahme bilden die sog. degenerierten Halbleiter, die durch extrem starke Dotierung metallähnliches Verhalten zeigen, s. Abschn. 3.8). Wenn der Bandabstand E_g einige eV beträgt (z. B. 7 eV für Diamant), so bleibt das Material auch bei Zimmertemperatur ein Isolator. Hat jedoch der Bandabstand einen Wert von etwa 1 eV, so werden bei Zimmertemperatur durch thermische Anregung einige Elektronen aus dem Valenzband in das Leitungsband gelangen, und es besteht ein Beitrag zum Stromfluß aus *beiden* Bändern.

3.4.6 Löcherkonzept

Der Beitrag der Leitungselektronen kann aus dem Vorhergehenden bereits ermittelt werden. Es soll nun der Beitrag der Valenzelektronen ermittelt werden und gezeigt werden, daß dieser äquivalent durch die Bewegung von Teilchen mit positiver Ladung $+e$ und der effektiven Masse $|\, m^* \,|$ am oberen Bandrand (Löcher) beschrieben werden kann. Die unbesetzten Zustände (Löcher) im Valenzband liegen an der oberen Grenze des Valenzbandes (Luftblasen im Flüssigkeitsgefäß), da die Elektronen die Tendenz haben, energetisch möglichst tiefe Zustände anzunehmen. Ist v_i die Geschwindigkeit der Elektronen, so gilt für den Strom eines vollständig besetzten Bandes:

$$i = - e \sum_i v_i = - e \left(v_j + \sum_{i \neq j} v_i \right) = 0 \,.$$

Für ein bis auf das Elektron j vollständig besetztes Band erhält man einen Stromfluß:

$$i' = - e \sum_{i \neq j} v_i = + e \, v_j \,. \tag{3/21}$$

Die Geschwindigkeit v_j ist beim Driftstrom eine Folge des elektrischen Feldes. Dieses bewirkt eine Feldkraft F, die für positive und negative Ladungsträger entgegengesetzte Vorzeichen hat. Ebenso wie in Abschn. 2.4 hat man die zeitliche Änderung des Stromes als Folge der Feldkraft zu untersuchen. Mit den Gln. (3/21) und (3/18) erhält man:

$$\frac{di'}{dt}\bigg|_{\text{Feld}} = e \, \frac{dv_j}{dt} = e \, \frac{F}{m_j^*} \,.$$

Die Masse m_j^* ist die effektive Masse des *fehlenden* Elektrons j am oberen Bandrand und hat einen negativen Wert.

Nimmt man ein elektrisches Feld in positiver Koordinatenrichtung an, so gilt für den Stromfluß bei fehlendem Elektron j:

$$E > 0 \,; \quad F = - e \, E < 0 \,; \quad m_j^* < 0 \to \frac{di'}{dt} > 0 \,.$$

Denselben Stromfluß erhält man bei Annahme eines *vorhandenen* Teilchens (Loch) j der Masse $|\, m_j^* \,|$ und der Ladung $+e$:

$$E > 0 \,; \quad F = e \, E > 0 \,; \quad |\, m_j^* \,| > 0 \to \frac{di'}{dt} > 0 \,.$$

72

Diese Überlegungen zeigen, daß die Stromtransporteigenschaften eines Bandes, welches bis auf das Elektron j in Nähe des oberen Bandrandes besetzt ist, äquivalent durch ein Band beschrieben werden kann, welches nur durch ein Teilchen der Ladung $+e$ und der Masse $|m_j^*|$ in Nähe des oberen Bandrandes besetzt ist. Dieses Teilchen nennt man Loch oder Defektelektron. Eindeutig bestätigt wird dieses Konzept durch das Hall-Experiment (s. S. 48).

3.4.7 Bänderstruktur für Ge, Si und GaAs

In dem behandelten eindimensionalen Modell zeigt der Wellenvektor k in Richtung dieser eindimensionalen Atomkette. In einem dreidimensionalen Kristallgitter hängt die Energie nicht nur vom Betrag, sondern auch von der Richtung des Ausbreitungsvektors ab; man erhält daher

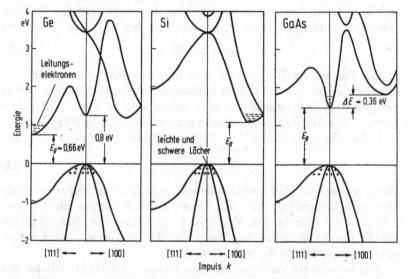

Abb. 43. Bänderstruktur von Ge, Si und GaAs, [33]. Die Werte für die Bandabstände in Ge sind [60] entnommen.

für verschiedene Richtungen verschiedene Abhängigkeiten $E(k)$. Abb. 43 zeigt die Bänderstruktur für Ge, Si und GaAs für zwei bevorzugte Richtungen (mit den Miller-Indizes 111 und 100; s. z. B. Bd. 4 dieser Reihe). Außer der Tatsache, daß für einen Energiewert mehrere k-Werte existieren (Überlappung von Bändern), fällt besonders auf, daß bei Ge und Si das Minimum des Leitungsbandes bei einem anderen k-Wert liegt als das Maximum des Valenzbandes. Dies bedeutet, daß sich bei Elektron-Loch-Paarerzeugung bzw. bei Rekombination sowohl die Energie als auch der Impuls ändert (indirekte Übergänge). Im Gegensatz dazu hat GaAs einen „direkten Übergang", d. h. die Impulsänderung ist Null bei Generation bzw. Rekombination. Konsequenzen dieser Tatsache werden in Abschn. 4.4 besprochen.

3.5 Zustandsdichte

Der Begriff der Zustandsdichte ist von Bedeutung, da wegen des Pauli-Prinzips jeder Zustand nur durch maximal 2 Elektronen besetzt werden kann. Die endliche Zustandsdichte hatte nach den Überlegungen von Abschn. 3.4.2 ihre Ursache in der Tatsache, daß bei endlicher Länge L des Kristalls nur dann von Null verschiedene Lösungen der Schrödinger-Gleichung möglich sind, wenn der Impuls (bzw. Wellenvektor) bestimmte Werte annimmt ($k = 2\pi\,n/L$). Da die Unschärferelation als Konsequenz der Welleneigenschaften der Elementarteilchen betrachtet werden kann (s. Abschn. 8.1), ermöglicht auch diese eine Ermittlung der Zustandsdichte. In einem eindimensionalen Kristall der Länge L ist das Elektron sicher innerhalb L, und man erhält daher für den Impuls die Unschärfe

$$\Delta p_x L \geqq h\,. \tag{3/22}$$

Ein Zustand im Impulsraum wird nun sinnvollerweise so definiert, daß er gegenüber einem anderen Zustand unterscheidbar ist. Die Dichte der Zustände im (eindimensionalen) Impulsraum ist daher: $N^*(p_x) = 1/\Delta p_x = L/h$. Die Anzahl der Zustände im Bereich dp_x ist $N^*(p_x)\,dp_x = (L/h)\,dp_x$. Mit $p_x = \hbar\,k_x$ wird die Zustandsdichte im k-Raum:

$$N^*(k) = \frac{L}{2\pi}\,. \tag{3/23}$$

Es ist zu beachten, daß sowohl k als auch p positive und negative Werte annehmen können (vgl. Abb. 42). Dieses Ergebnis stimmt mit dem von Abschn. 3.4.2 überein. Der Vorteil der Ermittlung der Zustandsdichte aus der Unschärferelation liegt darin, daß die Erweiterung auf den dreidimensionalen Fall leicht möglich ist.

Das betrachtete Teilchen (Leitungselektron oder Loch) befindet sich im Volumen $V = L_x L_y L_z$. Auf Grund der Unschärferelation können seine Impulskoordinaten nicht genauer als folgend bestimmt werden:

$$\Delta p_x \geqq \frac{h}{L_x}\,; \quad \Delta p_y \geqq \frac{h}{L_y}\,; \quad \Delta p_z \geqq \frac{h}{L_z}\,. \tag{3/24}$$

Man kann daher vom Impulsvektor nur sagen, daß er innerhalb eines Volumens $\Delta p_x \Delta p_y \Delta p_z = h^3/V$ endet (Abb. 44). Eine feinere Unterscheidung ist sinnlos. Bezeichnet man mit $N^*(p)$ die Zustandsdichte im Impulsraum, so liegen $N^*(p)\,dp$ Zustände zwischen p und $p + dp$. Alle Impulsvektoren für Impulse zwischen p und $p + dp$ enden in einer Kugelschale des Volumens $4\pi\,p^2\,dp$ (Abb. 44). Die Anzahl der Zustände zwischen p und $p + dp$ ist im Impulsraum (Phasenraum) daher gleich dem Quotienten aus Volumen der Kugelschale und Volumen *eines* Zustandes:

$$N^*(p)\, dp = \frac{4\pi p^2\, dp}{h^3}\, V.\tag{3/25}$$

Man erkennt zunächst, daß die Zustandsdichte proportional dem geometrischen Volumen V ist. Da auch die Anzahl der Leitungselektronen (oder Löcher) proportional V ist, werden die Zustände unabhängig von V jeweils bis zum gleichen Energieniveau besetzt. Diese Unabhängigkeit vom geometrischen Volumen muß sich für alle Materialeigenschaften ergeben, solange das Volumen genügend groß gegen atomare Abstände ist. Es ist üblich, $V = 1$ zu wählen. Jeder dieser Zustände kann nach dem Pauli-Prinzip mit *zwei* Elektronen entgegengesetzten Spins besetzt

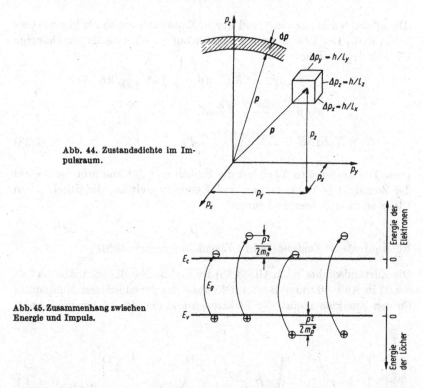

Abb. 44. Zustandsdichte im Impulsraum.

Abb. 45. Zusammenhang zwischen Energie und Impuls.

werden. Bezeichnet man mit $N(p)$ die Zustandsdichte (pro Volumeinheit), wobei jeder Zustand nur noch durch *ein* Elektron zu besetzen ist (verschiedene Elektronenspins als verschiedene Zustände bezeichnet), so gilt:

$$N(p)\, dp = \frac{8\pi p^2}{h^3}\, dp.\tag{3/26}$$

Gesucht ist jedoch die Zustandsdichte als Funktion der Energie. Abb. 45 zeigt, daß die Zuführung einer Energie $E_g = E_c - E_v$ (z.B. durch Einstrahlung eines Photons dieser Energie) ein Elektron-Loch-Paar erzeugt, sofern der Impulssatz erfüllt ist, wobei die kinetische

Energie beider erzeugter Ladungsträger Null ist. Wird eine größere Energie E_s zugeführt (z. B. kurzwelligeres Licht), so entstehen entweder Leitungselektronen mit einer kinetischen Energie $p^2/(2\,m_n^*) = E_s - E_g$ oder durch Lösen eines energetisch tieferliegenden Valenzelektrons ein Loch mit kinetischer Energie oder, wie in Abb. 45 ganz rechts gezeigt, ein Elektron-Loch-Paar, bei dem beide Ladungsträger von Null verschiedene kinetische Energie besitzen. Legt man den Nullpunkt der Energieskala für Elektronen auf den Wert E_c (Leitungsband) und für die Löcher auf den Wert E_v, so gilt generell in Bandkantennähe:

$$E = \frac{p^2}{2\,m^*} \,. \tag{3/27}$$

(Die effektiven Massen m^* sind nur in Bandkantennähe als konstant zu betrachten.) Der Übergang vom Impuls auf die Energie als unabhängige Variable ergibt daher:

$$p = \sqrt{2\,m^*\,E}\;; \qquad dp = \sqrt{2\,m^*}\,\frac{1}{2\sqrt{E}}\,dE\,,$$

$$p^2\,dp = \frac{(2m^*)^{3/2}\sqrt{E}}{2}\,dE\,,$$

$$N(E)\,dE = \frac{4\,\pi\,(2\,m^*)^{3/2}\sqrt{E}}{h^3}\,dE\,. \tag{3/28}$$

Diese Zustandsdichte $N(E)$ hat die Einheit $\mathrm{m^{-3}\,J^{-1}}$ und gibt die Anzahl der Zustände je Volumeinheit und Energieeinheit an, die durch je ein Elektron besetzt werden können.

3.6 Äquivalente Zustandsdichte, Eigenleitungsträgerdichte

Die Zustandsdichte nach Gl. (3/28) ist für die Bandkantennähe ($m^* =$ const) in Abb. 46 unter Berücksichtigung der verschiedenen Nullpunkte für den Energiemaßstab der Elektronen und den der Löcher gezeichnet.

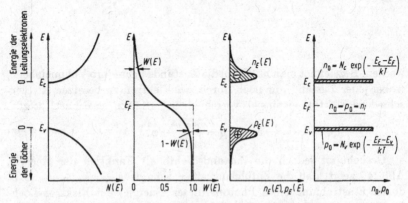

Abb. 46. Verteilung der Elektronen und Löcher über der Energie für eigenleitende Halbleiter.

Wegen der verschiedenen effektiven Massen für Elektronen und Löcher (vgl. Tab. 1, S. 191) besteht keine strenge Symmetrie zwischen Valenzband und Leitungsband.

Diese Zustände werden nach dem Pauli-Prinzip von unten her aufgefüllt. Die Wahrscheinlichkeit der Besetzung jedes Zustandes durch ein Elektron ist durch die in Abschn. 3.3 besprochene Fermi-Verteilung $W(E)$ gegeben. Diese ist in Abb. 46 ebenfalls (stark übertrieben hohe Temperatur) gezeichnet. Die Wahrscheinlichkeit für die Besetzung durch ein Loch ist gleich der Wahrscheinlichkeit für das *Fehlen* eines Elektrons, $W_p(E) = 1 - W(E)$. Die Multiplikation der Zustandsdichte mit der Besetzungswahrscheinlichkeit ergibt die ebenfalls in Abb. 46 eingetragene Verteilung der Elektronen $n_E(E)$ bzw. Löcher $p_E(E)$. Die Trägerdichte nimmt zunächst von der Bandkante an wegen der zunehmenden Zustandsdichte rasch zu, um jedoch bald wegen der exponentiell abnehmenden Besetzungswahrscheinlichkeit wieder zu sinken.

Die Integration über $n_E(E)$ bzw. $p_E(E)$ ergibt die Gesamtzahl der pro Volumeinheit vorhandenen Elektronen n bzw. Löcher p. Da es sich hier — wie in den vorhergehenden Untersuchungen — immer um thermisches Gleichgewicht handelt, wird der Index Null zur Kennzeichnung angebracht:

$$n_0 = \int\limits_{E_c}^{+\infty} N(E)\, W(E)\, dE\,. \tag{3/29}$$

Die Integration hat sich eigentlich nur über das Leitungsband zu erstrecken; da jedoch $n_E(E)$ sehr rasch mit E abnimmt, kann die Integration bis $+\infty$ erstreckt werden. Mit der für nicht zu starke Dotierung ($< 10^{18}\ \mathrm{cm^{-3}}$) gültigen Boltzmann-Näherung (s. S. 60) erhält man:

$$n_0 = N_c \exp\left(-\frac{E_c - E_F}{kT}\right),$$
$$N_c = 2\left(\frac{2\pi m_n^* kT}{h^2}\right)^{3/2}. \tag{3/30}$$

Man bezeichnet N_c als äquivalente Zustandsdichte. Diese (räumliche) Zustandsdichte denke man sich unmittelbar an der Bandkante (Abb. 46 ganz rechts); sie wird mit der für die Bandkante gültigen Wahrscheinlichkeit besetzt. Ganz analog erhält man für die Löcher:

$$p_0 = N_v \exp\left(-\frac{E_F - E_v}{kT}\right),$$
$$N_v = 2\left(\frac{2\pi m_p^* kT}{h^2}\right)^{3/2}. \tag{3/31}$$

Zur numerischen Auswertung dieser Beziehungen ist die Kenntnis der Lage des Fermi-Niveaus erforderlich, dessen Ermittlung im Abschn. 3.7 besprochen wird.

Abb. 47 zeigt schematisch Zustandsdichte, Verteilungsfunktion und Trägerdichten für n-Typ-Halbleiter im thermischen Gleichgewicht. Für n-Typ-Halbleiter liegt, wie noch gezeigt wird, das Fermi-Niveau in der Nähe der Leitungsbandkante. Da durch die Donatoren zusätzlich Elektronen in den Halbleiter gebracht werden, steigt das Fermi-Niveau an (Analogie Wasserbehälter).

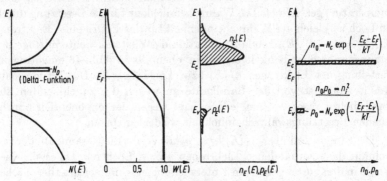

Abb. 47. Verteilung der Elektronen und Löcher über der Energie für n-Typ-Halbleiter.

Analoge Bilder erhält man für p-Typ-Halbleiter.

Aus obigen Beziehungen kann (zur Kontrolle) die mittlere Energie $<E>$ je Teilchen berechnet werden. Man erhält z. B. für die Elektronen:

$$<E_n> = \frac{1}{n_0} \int_{E_c}^{\infty} N(E)\ W(E)\ E\ dE = \tfrac{3}{2}\ kT.$$

Daraus kann man erkennen, daß die Breite der in Abb. 47 schraffiert gezeichneten Verteilung $n_E(E)$ von der Größenordnung kT ist (übertrieben breit gezeichnet).

Mit Hilfe der Gln. (3/30) und (3/31) kann man für $n_0 = p_0 = n_i$ ein sog. Eigenleitungs-Fermi-Niveau E_i definieren. Es liegt wegen $N_c \approx N_v$ etwa in der Mitte des verbotenen Bandes und ist in manchen Fällen (s. Abschn. 4.5) als Bezugsniveau von Vorteil:

$$n_0 = n_i = N_c \exp\left(-\frac{E_c - E_i}{kT}\right),$$
$$p_0 = n_i = N_v \exp\left(-\frac{E_i - E_v}{kT}\right). \tag{3/32}$$

Es wird nun die Temperaturabhängigkeit der Eigenleitungsträgerdichte behandelt. Nach Gl. (2/7) ist $n_0\, p_0 = n_i^2$. Mit den Gln. (3/30), (3/31) und $E_c - E_v = E_g$ erhält man:

$$n_0\, p_0 = N_c\, N_v \exp\left(-\frac{E_g}{kT}\right) = n_i^2,$$

78

$$n_i = 5{,}66 \left(\frac{\pi\, k\, m_0}{h^2} \right)^{3/2} \left(\frac{m_n^*\, m_p^*}{m_0^2} \right)^{3/4} T^{3/2} \exp\left(-\frac{E_g}{2\,kT} \right).$$

Gl. (3/32) gibt die Temperaturabhängigkeit der Eigenleitungsträgerdichte, wobei zu bedenken ist, daß der Bandabstand E_g schwach temperaturabhängig ist.

Abb. 48 zeigt die experimentell ermittelte Temperaturabhängigkeit des Bandabstandes von Ge, Si und GaAs. Für einen genügend weiten Temperaturbereich kann sie durch folgende lineare Näherung beschrieben werden:

$$E_g(T) = E_{g0} - \beta\, T. \tag{3/33}$$

Daraus erhält man die Temperaturabhängigkeit von n_i explizit:

$$n_i(T) = \left\{ 5{,}66 \left(\frac{\pi\, k\, m_0}{h^2} \right)^{3/2} \left(\frac{m_n^*\, m_p^*}{m_0^2} \right)^{3/4} \exp \frac{\beta}{2\,k} \right\} T^{3/2} \exp\left(-\frac{E_{g0}}{2\,kT} \right) \tag{3/34}$$

und nach [24] für

Ge: $\qquad n_i(T)/\text{cm}^{-3} = 1{,}76 \cdot 10^{16}\, (T/\text{K})^{3/2} \exp\left(\frac{-4550}{T/\text{K}} \right),$

Si: $\qquad n_i(T)/\text{cm}^{-3} = 3{,}88 \cdot 10^{16}\, (T/\text{K})^{3/2} \exp\left(\frac{-7000}{T/\text{K}} \right).$

Für 300 K ergibt dies die Werte:

Ge: $\qquad n_i = 2{,}4 \cdot 10^{13}\ \text{cm}^{-3}$

Si: $\qquad n_i = 1{,}5 \cdot 10^{10}\ \text{cm}^{-3}.$

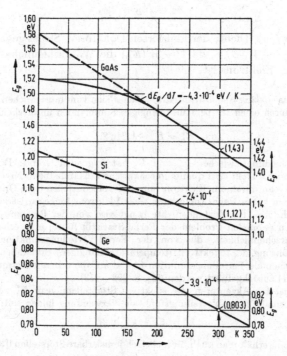

Abb. 48. Bandabstand von Ge, Si und GaAs als Funktion der Temperatur, [34], [35]. Für Ge ist der direkte Bandabstand angegeben: vgl. Abb. 43 und 38.

79

Die entscheidende Temperaturabhängigkeit ist, wie auch Abb. 11 zeigt, durch die Exponentialfunktion gegeben; für kleine Temperaturänderungen ΔT erhält man daher folgende Näherung:

$$T = T_1 + \Delta T, \qquad \Delta T \ll T_1,$$

$$\frac{1}{T} \approx \frac{1}{T_1}\left(1 - \frac{\Delta T}{T_1}\right),$$

$$n_i(T) \approx n_i(T_1)\exp\frac{E_{g0}\,\Delta T}{2\,k\,T_1^2}. \tag{3/35}$$

Wählt man beispielsweise $T_1 = 273$ K, so ist ΔT die Temperatur in °C.

3.7 Bestimmung der Lage des Fermi-Niveaus

In Kap. 4 werden Störungen des thermischen Gleichgewichts behandelt. Es wird dabei gezeigt, daß im homogenen Halbleiter Störungen der Neutralität innerhalb kürzester Zeit (Dielektrische Relaxationszeit, typische Größenordnung 10^{-12} s) abklingen. Abgesehen von dieser kurzen Zeitspanne *nach* einer Störung ist ein homogenes Halbleitermaterial elektrisch neutral. Diese Neutralitätsbedingung ermöglicht die Bestimmung der Lage des Fermi-Niveaus. Sie lautet für das Beispiel eines homogen dotierten n-Typ-Halbleiters mit nur einem Donatortyp:

$$n_0 = N_D^+ + p_0. \tag{3/36}$$

Darin ist N_D^+ die Dichte der ionisierten Donatoren. Sie ist gegeben durch $N_D^+ = N_D\{1 - W(E_D^*)\}$, da $1 - W(E_D^*)$ die Wahrscheinlichkeit für das *Fehlen* eines Elektrons ist.

E_D^* ist das *effektive Störstellenniveau*, welches sich vom tatsächlichen Störstellenniveau E_D durch einen temperaturabhängigen Summanden unterscheidet:

$$E_D^* = E_D - kT \ln 2.$$

Die Unterscheidung zwischen E_D^* und E_D hat folgenden Grund: Der (einfach) ionisierte Donator stellt *zwei* quantenmechanische Zustände (beim Niveau E_D) dar, da dieses Niveau durch ein Elektron mit *zwei* verschiedenen Spin-Orientierungen besetzt werden kann. Nach Anlagerung *eines* Elektrons hingegen ist kein weiterer Zustand mehr frei. Die Zustandsdichte hängt also von der Besetzungsdichte ab, was zu einem anomalen Problem der Fermi-Statistik führt; man erhält eine Besetzungswahrscheinlichkeit, die von der Fermi-Verteilungsfunktion abweicht. Durch Einführung des effektiven (temperaturabhängigen) Störstellenniveaus E_D^* kann diese anomale Verteilungsfunktion formal auf die normale Fermi-Verteilung nach Gl. (3/1) zurückgeführt werden ([3], S. 392–413).

Analog ist für Akzeptoren ein effektives Störstellenniveau E_A^* zu benutzen, wenn die normale Fermi-Verteilungsfunktion Verwendung finden soll:

$$E_A^* = E_A + kT \ln 2.$$

Dieses Ergebnis erhält man auch für mehrfach ionisierbare Störstellen ([3], S. 407 ff.)

In der Literatur wird vielfach nicht zwischen E_D^* und E_D unterschieden. Die Kennzeichnung durch Stern wird daher im folgenden auch hier weggelassen. Es ist im Einzelfall zu entscheiden, ob die Auswertung einer Messung das tatsächliche Störstellenniveau ergibt (z. B. optische Anregung) oder das effektive (Trägerdichte).

Beschränkt man sich auf Fälle, in welchen das Fermi-Niveau in der verbotenen Zone genügend weit (mehr als ca. 100 meV bei Zimmertemperatur) von den Bandkanten entfernt ist, genügt die Verwendung der Boltzmann-Näherung für die Ermittlung der Dichten der freien Ladungsträger [Gln. (3/2) und (3/3)]. Das Donatorniveau liegt innerhalb des verbotenen Bandes, und man hat hier die Fermi-Verteilung zu berücksichtigen. Damit gilt:

$$n_0 = N_c \exp\left(-\frac{E_c - E_F}{kT}\right),$$

$$N_D^+ = N_D \frac{\exp\dfrac{E_D - E_F}{kT}}{1 + \exp\dfrac{E_D - E_F}{kT}}, \qquad (3/37)$$

$$p_0 = N_v \exp\left(-\frac{E_F - E_V}{kT}\right).$$

Die Neutralitätsbedingung lautet damit:

$$N_C \exp\left(-\frac{E_c - E_F}{kT}\right) = N_v \exp\left(-\frac{E_F - E_V}{kT}\right) + N_D \frac{\exp\dfrac{E_D - E_F}{kT}}{1 + \exp\dfrac{E_D - E_F}{kT}}.$$

$$(3/38)$$

Dies ist eine Bestimmungsgleichung für das Fermi-Niveau E_F (bezogen auf einen der anderen Energiewerte). Sie kann graphisch einfach gelöst werden. In Abb. 49 sind als Funktion von E_F zunächst n_0 und p_0 im logarithmischen Maßstab einzutragen; man erhält jeweils Geraden, welche von den Werten N_c bzw. N_v bei E_c bzw. E_v mit dem Neigungstangens $\pm 1/(kT)$ ausgehen. Ist $N_D = 0$, so ergibt der Schnittpunkt dieser Geraden bereits die Lage des Fermi-Niveaus etwa in der Mitte des verbotenen Bandes (E_i); die zugehörige Trägerdichte ist gleich der Eigenleitungsdichte n_i.

Ist der Halbleiter dotiert, so hat man die Kurve $N_D^+ (E_F)$ einzutragen, welche für $|E_F - E_D| \gg kT$ durch Geraden der Neigung Null bzw. $-1/(kT)$ angenähert werden kann. Durch Addition kann man die Kurve $p_0 + N_D^+$ erhalten, doch ist dies bei einer Dotierung, die etwa eine Zehnerpotenz höher als die Eigenleitungsdichte ist, zur Ermittlung des Fermi-Niveaus nicht erforderlich; der Schnittpunkt zwischen N_D^+ und n_0 ergibt dann das gesuchte Fermi-Niveau. Solange die Dotierungsdichte klein gegen die äquivalente Zustandsdichte ist, wird außerdem der Schnittpunkt auf der horizontalen Geraden $N_D^+ = N_D$ liegen; d. h. solange die Dotierung nicht sehr groß ist (z. B. $< 10^{17}$ cm^{-3} für Phosphor in Si), gilt die Annahme, daß alle Donatoren ionisiert sind (s. S. 34);

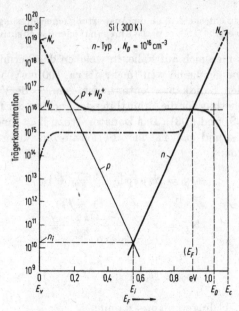

Abb. 49. Ermittlung der Lage des Fermi-Niveaus.

das Fermi-Niveau liegt mehr als etwa 100 meV unter dem Donator-niveau. Erst bei höherer Dotierung entsteht eine nur teilweise Ionisa-tion der Donatoren (vgl. Abb. 15). Wie Abb. 49 zeigt, ist in Si für den Bereich $10^{11} < N_D < 10^{17}$ die Elektronendichte n_0 gleich der Dotierungs-dichte N_D. Die Minoritätsträgerdichte p_0 erhält man aus dem in Abb. 49 unten nicht mehr eingezeichneten Wert der „Geraden" $p(E_F)$ für das ermittelte Ferminiveau (hier 0,9 eV.).

Ganz analog ermittelt man das Fermi-Nivau im p-Typ-Halbleiter (s. Übung 3.13).

Sind außer den Donatoren noch Akzeptoren vorhanden, so hat man in der Neutralitätsbedingung für die negativen Ladungen analog $N_A + n_0$ einzusetzen. Dies ergibt beispielsweise die in Abb. 49 strichpunktiert ein-gezeichnete Kurve. Für $N_A < N_D$ ändert dies praktisch nichts am Schnittpunkt der Kurven für positive und negative Ladungen. Für $N_A \approx N_D$ kippt jedoch der Halbleiter vom n-Typ in den p-Typ und ist für $N_A > N_D$ p-leitend unabhängig von der Donatorendichte. Maß-gebend für den Typ der Leitfähigkeit ist also praktisch nur die höhere Dotierungskonzentration (s. Übung 3.15), eine bei der Herstellung von Bauelementen häufig benutzte Tatsache. Der gesamte Einbau von Dotier-stoffen $(N_D + N_A)$ ist jedoch maßgebend für die Reduzierung der Be-weglichkeit (s. Abb. 21 und 22).

Rückt ein Donatoren- oder Akzeptorenniveau zur Bandmitte, so rückt das Fermi-Niveau ebenfalls zur Bandmitte und die Leitfähigkeit nimmt ab. Auf diese Weise kann man z.B. durch Dotierung von n-Typ GaAs mit Cr (Akzeptorenniveau etwa in Bandmitte, s. Abb. 34) semi-isolierendes GaAs herstellen. Es hat dann einen höheren spezifischen Widerstand ($\rho \approx 10^8\ \Omega$cm) als das mit bestmöglicher Reinheit herge-stellte undotierte GaAs (vgl. Abb. 1 und Übung 3.17).

Abb. 50 zeigt das Fermi-Niveau in Abhängigkeit von der Temperatur für Si mit der Dotierung als Parameter. Das Fermi-Niveau liegt für schwache Dotierung etwa in Bandmitte und bewegt sich mit zunehmender Dotierung zu den jeweiligen Bandkanten. Für n-Typ-Halbleiter liegt es näher am Leitungsband, n_0 ist wesentlich größer als p_0. Das Fermi-Niveau bleibt jedoch bis zu ziemlich hohen Dotierungskonzentrationen ($\approx 10^{18}$ bei Zimmertemperatur) unter dem Dotierungsniveau, d.h. die Dotierungsatome sind größtenteils „unbesetzt", also ionisiert.

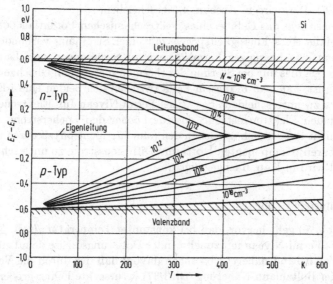

Abb. 50. Fermi-Niveau in Si als Funktion der Temperatur mit der Dotierungskonzentration als Parameter, [36].

Das Fermi-Niveau stellt denjenigen Energiepegel dar, bis zu dem sich als Folge des Pauli-Prinzips die Energiezustände füllen (vgl. elektro-chemisches Potential). Es stellt also eine Analogie zu dem Oberflächen-pegel einer Flüssigkeit dar, bis zu dem sich die Volumenelemente unter-schiedlicher potentieller Energie auffüllen.

Im thermodynamischen Gleichgewicht ist dieser Pegel räumlich kon-stant, d.h. das Fermi-Niveau ist unabhängig von der Ortskoordinate beim gleichen Energiewert. Dies gilt auch für inhomogene Halbleiter. Ist daher E_F an einer beliebigen Stelle, z.B. im (neutralen) homogenen Halbleiter hinsichtlich seiner Lage zu den Bandkanten bekannt, so kann aus dem räumlichen Verlauf der potentiellen Energie $-eU(xyz)$ die Lage des Fermi-Niveaus bezogen auf die Bandkanten an jeder beliebigen Stelle ermittelt werden (kinetische Energie an den Bandkanten = 0). Davon wird in Kap. 5 Gebrauch gemacht.

Wie in Abschn. 3.6 beschrieben, bestimmt das Fermi-Niveau die Konzentration von Elektronen *und* Löchern. Bei einer Störung des thermodynamischen Gleichgewichts können jedoch Elektronen und Löcher unabhängig voneinander von ihrer Gleichgewichtskonzentration abweichen. In diesem Fall kann eine einzige Größe, das Fermi-Niveau, nicht mehr die Konzentration beider Ladungsträgertypen kennzeichnen. Wenn hingegen (und dies ist meist der Fall) Elektronen für sich und Löcher für sich im Gleichgewicht stehen, so kann für jeden der Ladungsträgertypen wieder ein Fermi-Niveau, das sog. Quasi-Fermi-Niveau (Imref) definiert werden. Diese Definitionen erfolgen in Analogie zu den Gl. (3/37). Dies wird in Abschn. 4/5 beschrieben.

Ebenso wie das Gefälle eines elektrochemischen Potentials oder wie das Gefälle eines Flüssigkeitspegels mit einer Strömung verbunden ist, führt ein ortsabhängiges Fermi-Niveau zu Strömungen von Ladungsträgern. Da dies nur bei Störung des thermodynamischen Gleichgewichts möglich ist, hat man in diesem Falle zwischen den beiden Quasi-Fermi-Niveaus zu unterscheiden; das Quasi-Fermi-Niveau für Elektronen bestimmt den Elektronenstrom; das für Löcher den Löcherstrom. Dabei ist es nicht erforderlich, zwischen den (ohnehin nicht physikalisch unterscheidbaren) Komponenten Drift- und Diffusionsstrom zu unterscheiden. Darauf wird in Kap. 6 eingegangen.

3.8 Entartete Halbleiter

Aus Abb. 50 geht hervor, daß bei konstanter Temperatur (z. B. 300 K) sich das Fermi-Niveau mit zunehmender Dotierungsdichte dem Leitungs- bzw. Valenzband nähert. Abgesehen davon, daß der durch die Verwendung der Boltzmann-Näherung (Gl. 3/37) verursachte Fehler größer wird, entsteht durch die Wechselwirkung zwischen den Dotierungsatomen eine Aufspaltung der Donator- bzw. Akzeptorterme. Abb. 51 zeigt diese Aufspaltung zu Störbändern und die dadurch entstehende Überlappung der Störbänder mit Valenz- und Leitungsband des reinen Halbleiters. Abb. 52 zeigt die Zustandsdichte eines extrem stark n-dotierten Halbleiters; man erkennt die Verringerung des Bandabstandes von E_g auf E_g'. Diese Verringerung des Bandabstandes zusammen mit der Verschiebung des Fermi-Niveaus führt dazu, daß ab einer bestimmten Dotierung das Fermi-Niveau in einem erlaubten Band liegt (s. z. B. [4]). Der Halbleiter zeigt dann metallähnliches Verhalten, man bezeichnet ihn als entartet. Insbesondere ist die Dichte der freien Ladungsträger in erster Nährung *temperaturunabhängig* (s. Abb. 15, Parameterwert $N = 2,7 \cdot 10^{19}$ cm^{-3}), und die Leitfähigkeit bleibt auch bei tiefen Temperaturen erhalten (s. Abb.

24). Entartete Halbleiter finden Verwendung in der Tunneldiode und als Kontaktzone im Transistor (s. Bd. 2 dieser Reihe).

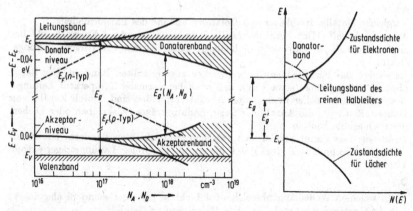

Abb. 51. Aufspaltung der Störstellenniveaus zu Störbändern und Überlappung mit dem Valenz- und Leitungsband in GaAs, [37], [38], [39].

Abb. 52. Zustandsdichte für einen n-degenerierten Halbleiter.

Übungen

3.1

Erkläre die Begriffe Valenzband, Leitungsband und Bandabstand.

Antwort: *Valenzband*: Erlaubter Energiebereich für den Aufenthalt von Valenzelektronen und damit von Löchern. Oberstes für $T \to 0$ vollständig besetztes erlaubtes Band.

Leitungsband: Erlaubter Energiebereich für den Aufenthalt von (freien) Leitungselektronen.

Bandabstand: Breite des verbotenen Bereichs zwischen Valenz- und Leitungsband.

3.2

Welcher mathematische Ausdruck gibt die Fermi-Verteilung wieder, was beschreibt diese und welche Bedeutung haben die dabei verwendeten Symbole?

Antwort: $W(E) = \dfrac{1}{1 + \exp\dfrac{E - E_F}{kT}}$ mit

$W(E)$ als Wahrscheinlichkeit, bei der Energie E ein Elektron anzutreffen;

E_F als Fermi-Energie: Energiepegel, bei dem die Wahrscheinlichkeit, ein Elektron anzutreffen, gleich $^1/_2$ ist;

kT als thermische Energie.

3.3

Was sind Donatoren und Akzeptoren? Wo liegen ihre Energieniveaus bezogen auf die Bandkante?

Antwort: Donatoren und Akzeptoren sind Dotierungsatome, die durch Abgabe bzw. Aufnahme von Elektronen unbewegliche positive bzw. negative Ladungen im Kristallgitter ergeben und dadurch Störstellenleitung bewirken. Das Donatorniveau liegt um den zur Elektronenabgabe benötigten Energiebetrag (meist nur einige Hundertstel eV) unter der Leistungsbandkante. Das Akzeptorniveau liegt um den zu Elektronenaufnahme erforderlichen Energiebetrag über der Valenzbandkante.

3.4

Vergleiche Metalle, Halbleiter und Isolatoren anhand des Bändermodells.

Antwort: *Metalle*: Das Fermi-Niveau liegt in einem erlaubten Energieband; dies ergibt eine nahezu temperaturunabhängige große Anzahl von (freien) Leitungselektronen.

Halbleiter: Das Fermi-Niveau liegt zwischen zwei erlaubten Bändern. Der Bandabstand ist so gering (etwa 1 eV), daß auch bei normaler Temperatur Leitungselektronen und Löcher in meßbarer Anzahl vorhanden sind. Durch Zugabe von Dotierstoffen kann die Anzahl der freien Ladungsträger (Elektronen oder Löcher) drastisch erhöht werden.

Isolatoren: Das Fermi-Niveau liegt zwischen zwei erlaubten Bändern. Der Bandabstand ist so groß (z. B. 5 eV), daß die Anzahl der freien Ladungsträger extrem klein ist.

3.5

a) In welchem Wellenlängenbereich wird Licht in reinem Ge und Si absorbiert? Gib die Grenzwellenlänge λ_g für beide Materialien an (300 K)!

b) Das Si-Material sei durch S-Atome verunreinigt. Diese schaffen im verbotenen Band Energieniveaus („Haftstellen“, s. Abschn. 4.4), aus denen sich durch IR-Strahlung von 6,9 µm Wellenlänge Elektronen freisetzen lassen. Welche energetische Lage haben die Haftstellen?

Lösung:

a) Zur Lichtabsorption s. Abb. 38 S. 63. Die Grenzwellenlänge für Grundgitterabsorption ergibt sich aus dem Bandabstand nach $hf_g = hc/\lambda_g = E_g$ zu $\lambda_g = 1{,}85\ \mu m$ für Ge ($E_g = 0{,}67$ eV) und $\lambda_g = 1{,}11\ \mu m$ für Si ($E_g = 1{,}12$ eV).

b) Der energetische Abstand der Haftstellenniveaus zur unteren Kante des Leitungsbandes beträgt 0,18 eV.

3.6

Für welches Energieniveau in einem Halbleiter (homogen, thermodynamisches Gleichgewicht) ist die Besetzungswahrscheinlichkeit für Elektronen und Löcher gleich groß?

Lösung: $W(E) = 1 - W(E) = 0{,}5$ für $E = E_F$, s. S. 60.

3.7

Wie groß ist die Besetzungswahrscheinlichkeit an der unteren Kante des Leitungsbandes für Si (300 K), wenn das Fermi-Niveau

a) in der Mitte des verbotenen Bandes liegt,

b) 0,05 eV unter dem Leitungsband liegt?

Lösung:

a)
$$E_c - E_F = \tfrac{1}{2} E_g = 0{,}56\ eV, \quad \frac{E_c - E_F}{kT} = \frac{E_g}{2kT} = 21{,}6,$$

$$W(E_c) = \frac{1}{1 + \exp\dfrac{E_c - E_F}{kT}} \approx \exp\left(-\frac{E_c - E_F}{kT}\right) \text{ für } \frac{E_c - E_F}{kT} \gg 1,$$

$$W(E_c) = \exp(-21{,}6) \approx 4 \cdot 10^{-10}.$$

b)
$$E_c - E_F = 0{,}05\ eV, \quad W(E_c) = \frac{1}{1 + \exp\left(\dfrac{E_c - E_F}{kT}\right)} = 0{,}127.$$

3.8

Welchen energetischen Abstand in Einheiten von kT muß das Fermi-Niveau in einem n-Halbleiter vom Donatorniveau haben, damit 90% aller Donatoren ionisiert sind?

Lösung: Die Wahrscheinlichkeit, daß ein Donator ionisiert ist, beträgt $1 - W(E_D)$ $= 0,9$. Mit

$$W(E_D) = \frac{1}{1 + \exp\left(\dfrac{E_D - E_F}{kT}\right)}$$

erhält man $E_D - E_F = 2,2\,kT$. Für E_D ist das effektive Donatorniveau einzusetzen (s. S. 80).

3.9

Welche Bedeutung hat der Begriff der äquivalenten Zustandsdichten N_c und N_v? Welche Voraussetzung bezüglich der Lage des Fermi-Niveaus wird bei der Berechnung von N_c und N_v meist gemacht?

Antwort: Die äquivalente Zustandsdichte ist die Zustandsdichte, welche man an der Bandkante annehmen muß, um — unter der Annahme einer Besetzung nach der Boltzmann-Statistik — an der Bandkante eine räumliche Ladungsträgerdichte zu erhalten, die gleich der Ladungsträgerdichte im Band ist. Um die Boltzmann-Näherung verwenden zu dürfen, muß das Fermi-Niveau mehrere kT-Einheiten von den Bandkanten entfernt sein.

3.10

Berechne die äquivalenten Zustandsdichten N_c und N_v bei 300 K und 77 K für Si und Ge!

Lösung: Berechnung nach Gln. (3/30) und (3/31):

	T [K]	N_c [cm^{-3}]	N_v [cm^{-3}]
Si	300	$2{,}92 \cdot 10^{19}$	$1{,}14 \cdot 10^{19}$
	77	$4{,}08 \cdot 10^{18}$	$1{,}49 \cdot 10^{18}$
Ge	300	$1{,}03 \cdot 10^{19}$	$5{,}7\ \cdot 10^{18}$
	77	$1{,}34 \cdot 10^{18}$	$7{,}3\ \cdot 10^{17}$

3.11

Wie viele Zustände pro cm^3 existieren im Energieintervall E_c bis $E_c + kT$ eines Si-Leitungsbandes? Vergleiche das Ergebnis mit der äquivalenten Zustandsdichte N_c!

Lösung: Nach Gl. (3/28) ist die Anzahl N_1 der Zustände zwischen E_c und $E_c + kT$:

$$N_1 = \int_0^{kT} N(E)\,dE = \frac{8\pi}{3}\left(\frac{2\,m_e^*\,kT}{h^2}\right)^{3/2},$$

nach Gl. (3/30)

$$N_c = 2\left(\frac{2\pi\,m_e^*\,kT}{h^2}\right)^{3/2},$$

also

$$\frac{N_1}{N_c} = \frac{4}{3\sqrt{\pi}}\;;\quad N_1 = 0,75\,N_c.$$

3.12

Welche Beziehung besteht zwischen äquivalenter Zustandsdichte im Leitungsband und Donatorkonzentration, wenn „vollständige Ionisation" der Donatoratome angenommen werden kann?

Antwort: Diskussion der Abb. 49: Die Donatoren sind vollständig ionisiert, solange der Schnittpunkt zwischen N_D^+ und n_0 auf der horizontalen Geraden liegt. Dies trifft zu für $N_D \ll N_C$. (Eine Ausnahme besteht nur bei tiefen Donatoren und sehr niedrigen Temperaturen).

3.13

a) Leite die implizite Bestimmungsgleichung für das Fermi-Niveau eines p-Halbleiters ($N_D = 0$) ab!

b) Bestimme E_F explizit für den Fall der Eigenleitung!

Lösung:

a) Neutralitätsbedingung [analog Gl. (3/36)] für den p-Leiter: $n_0 + N_A^- = p_0$; p_0 und n_0 nach Gl. (3/37); Anzahl der ionisierten Akzeptoren:

$$N_A^- = \frac{N_A}{1 + \exp[(E_A - E_F)/kT]}$$

p_0, n_0 und N_A^- in die Neutralitätsbedingung eingesetzt ergibt:

$$N_C \exp\left(-\frac{E_c - E_F}{kT}\right) + \frac{N_A}{1 + \exp\left(\dfrac{E_A - E_F}{kT}\right)} = N_V \exp\left(-\frac{E_F - E_v}{kT}\right).$$

b) $\qquad N_A = 0:$ $\quad N_C \exp\left(-\frac{E_c - E_F}{kT}\right) = N_V \exp\left(-\frac{E_F - E_v}{kT}\right).$

nach E_F aufgelöst:

$$E_F = \frac{E_v + E_c}{2} + \frac{kT}{2} \ln \frac{N_v}{N_c}.$$

$(E_V + E_C)/2$ ist die Energie der Bandmitte.

3.14

Eine n-Si-Probe ist mit 10^{15} Atomen Sb pro cm³ dotiert.

a) Kann man „vollständige Ionisation" der Donatoratome bei Zimmertemperatur annehmen ($N_c = 2{,}92 \cdot 10^{19}$ cm^{-3})?

b) Bestimme rechnerisch die Lage des Fermi-Niveaus (300 K)!

Lösung:

a) Vollständige Ionisation, da $N_D \ll N_c$, s. S. 81 und Übungsaufgabe 3.12.

b) $n = N_D^+ = 10^{15}$ cm^{-3}, $p = \dfrac{n_i^2}{N_D} \ll N_D^+$, Neutralitätsbedingung: $n = N_D^+ \approx N_D$,

$n = N_c \exp\left(-\dfrac{E_c - E_F}{kT}\right)$; $\quad E_c - E_F = kT \ln(N_c/N_D)$ ergibt $E_c - E_F = 0{,}27$ eV.

3.15

Bestimme das Fermi-Niveau für Si bei Zimmertemperatur (äquivalente Zustandsdichten, s. Übungsaufgabe 3.10).

a) bei einer Dotierung von 10^{16} B-Atomen pro cm³,

b) bei einer zusätzlichen Dotierung mit $7 \cdot 10^{16}$ P-Atomen pro cm³.

Lösung: Mit dem auf S. 81 beschriebenen Verfahren ergibt sich (s. Skizze):

a) $\quad E_F = E_v + 0{,}18$ eV, $\qquad$ b) $\quad E_F = E_v + 0{,}96$ eV.

3.16

Wie verändert sich das Fermi-Niveau bei einem n-Halbleiter mit Temperatur und Dotierung?

Lösung: s. Abb. 50.

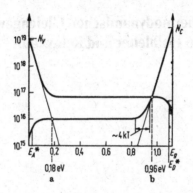

a   b

3.17

Bestimme schematisch die Lage des Fermi-Niveaus in einem n-Typ Halbleiter vor und nach Zugabe von Akzeptoren deren Niveau in Bandmitte liegt und deren Konzentration größer ist als die der Donatoren. Welche Konsequenzen hat diese Akzeptorzugabe?

Antwort: In Analogie zu Abb. 49 erhält man:

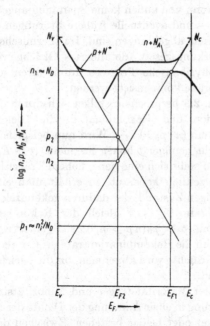

Vor Zugabe hat man die Trägerdichten n_1 und p_1, nach Zugabe die Werte n_2 und p_2. Durch die Zugabe des „tiefen Akzeptors" rückt das Fermi-Niveau zur Bandmitte, die Majoritätsträgerdichte (Gl. 3/37) und die spezifische Leitfähigkeit nehmen ab (z.B. Semiisolierende GaAs).

4 Störung des thermodynamischen Gleichgewichtes im homogenen Halbleiter und Relaxation

Die Überlegungen des Kap. 3 gelten für homogene Halbleiter im thermischen Gleichgewicht. Im homogenen Halbleiter sind sämtliche (makroskopischen) Materialeigenschaften *ortsunabhängig*. Thermisches Gleichgewicht liegt vor, wenn der Halbleiter auf gleicher Temperatur wie seine Umgebung liegt, wenn von außen keine Spannung angelegt wird — also kein Strom fließt — und eventuelle frühere Störungen des thermischen Gleichgewichts bereits abgeklungen sind. Im thermischen Gleichgewicht gilt das Massenwirkungsgesetz (detailliertes Gleichgewicht), nach dem unterscheidbare physikalische Prozesse durch ihren jeweiligen gegenläufigen Prozeß gerade kompensiert werden.

Wie in Abschn. 2.3 besprochen, stellen sich durch die gegenläufigen Prozesse Generation und Rekombination die Gleichgewichtsträgerdichten n_0 und p_0 ein ($n_0\,p_0 = n_i{}^2$). Wird nun beispielsweise durch Einstrahlung von Licht genügend hoher Frequenz ($f > E_g/h$) die Generationsrate erhöht, so stellt sich eine neue, höhere Trägerdichte ein. Ist die Lichteinstrahlung zeitlich konstant, so erhält man einen stationären, d.h. zeitunabhängigen Zustand, der dadurch gekennzeichnet ist, daß die Gesamtgenerationsrate $G_{th} + g$ gleich der Rekombinationsrate $r\,n\,p$ ist mit $n > n_0$ und $p > p_0$ ($np > n_i{}^2$); s. S. 93. Wird das Licht abgeschaltet, so ist nun die Rekombinationsrate größer als die Generationsrate, und die Trägerdichte wird abnehmen, bis die Gleichgewichtsdichten wieder erreicht sind.

Da im Halbleiter Majoritätsträger und Minoritätsträger vorhanden sind, kann die Störung in einer Änderung der Dichte der Majoritätsträger, der Minoritätsträger oder beider bestehen. Zwischen diesen drei Fällen wird im folgenden unterschieden, wobei jeweils angenommen wird, daß die entsprechende Dichte erhöht wird (Ladungsträger*injektion*); eine Verringerung der Ladungsträgerdichten führt zu analogen Resultaten.

Wenn ganz allgemein ein System aus dem thermischen Gleichgewicht gebracht wird, dann existieren Prozesse, welche die Rückkehr des wieder sich selbst überlassenen Systems ins thermische Gleichgewicht bewirken. Man nennt diesen Vorgang *Relaxation*.

4.1 Majoritätsträgerinjektion

Abb. 53 zeigt für das Beispiel eines n-Typ-Halbleiters ein Experiment, in welchem Majoritätsträger in einen bestimmten Bereich eines Halbleiters gebracht werden. Für die Überschußträgerdichten

$$n' = n - n_0 \; ; \qquad p' = p - p_0 \tag{4/1}$$

erhält man unmittelbar nach der Trägerinjektion die in Abb. 53 gezeigte Verteilung. Als Folge dieser Störung der Neutralität entsteht ein durch die Raumladung gegebenes elektrisches Feld (es breitet sich mit Lichtgeschwindigkeit aus), welches zu einer Verschiebung der Majoritätsträger (Driftstrom) führt, bis wieder Neutralität herrscht. Die Geschwindigkeit, mit der sich diese Neutralität einstellt, ist bestimmt durch die im Halbleiter gespeicherte Überschußladung und den spezifischen Widerstand, der diesen Ladungsabfluß hemmt. Der Halbleiter stellt eine Kapazität dar, die über einen Widerstand entladen wird. Der Vorgang klingt daher mit der RC-Zeitkonstante des Materials, die man *dielektrische Relaxationszeit* nennt, ab:

$$\tau_d = \frac{\varepsilon_r \varepsilon_0}{\sigma} \; . \tag{4/2}$$

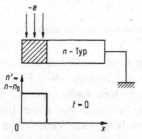

Abb. 53. Injektion von Majoritätsträgern (Elektronen in einen n-Typ-Halbleiter).

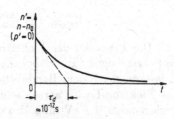

Abb. 54. Wiederherstellung der Neutralität; dielektrische Relaxation.

Wie folgende Abschätzung zeigt, ist diese dielektrische Relaxationszeit extrem kurz: Für beispielsweise Si mit $\sigma = 1 \; \Omega^{-1} \, cm^{-1}$ ist $\tau_d \approx 10^{-12}$ s. In normalen Halbleitern kann diese Zeit meßtechnisch gar nicht erfaßt werden. Man kann daher annehmen, daß im homogenen Halbleitermaterial Neutralität herrscht, da die Störungen dieser Neutralität sich in extrem kurzer Zeit ausgleichen (Abb. 54). In Isolatoren kann die dielektrische Relaxationszeit sehr große Werte annehmen.

Bei diesen Überlegungen wurde die Diffusion vernachlässigt; sie gelten also streng genommen für $T \to 0$. Für endliche Temperatur bewirkt die Diffusion ein noch rascheres Zerfließen der Ladungsanhäufung, so daß die dielektrische Relaxationszeit als obere Grenze für die Relaxationszeit zu betrachten ist.

Eine Ableitung von Gl. (4/2) aus den Maxwellschen Gleichungen ist in Abschn. 8.5 zu finden.

4.2 Injektion von Minoritäts- und Majoritätsträgern

Das folgend beschriebene Experiment führt zu einer Erhöhung der Minoritäts- und Majoritätsträgerdichten: Ein homogener Halbleiter-Stab der Dicke d wird von Licht durchstrahlt (Abb. 55), wodurch Elektron-Loch-Paare gebildet werden. Die Überschußträgerdichten n' und p' sind beide von Null verschieden und einander gleich:

$$n' = p'. \qquad (4/3)$$

Folgende Annahmen sollen gelten:

a) Die Probe sei optisch dünn, d.h. $\alpha\,d \ll 1$, wenn α die Absorptionskonstante des Lichtes im Halbleiter ist.

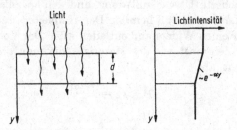

Abb. 55. „Injektion" von Minoritäts- und Majoritätsträgern durch Lichteinstrahlung.

b) Die Frequenz der Lichtstrahlung muß genügend hoch sein, um eine Paarerzeugung zu ermöglichen, d.h. die Energie eines Photons muß mindestens gleich dem Bandabstand (erforderliche Energie zur Bildung eines Elektron-Loch-Paares) sein. (Für Silizium mit einer Bindungsenergie von ca. 1,1 eV muß also die Strahlung eine Wellenlänge kleiner als 1,1 μm haben).

c) Es wird *schwache Injektion* angenommen. Sie soll definitionsgemäß vorliegen, wenn die Überschußminoritätsträgerdichten klein gegen die Majoritätsträgergleichgewichtsdichte sind, d.h. für n-Typ-Halbleiter:

$$p' = n' \ll n_0 \to n \approx n_0.$$

Man spricht von einer Minoritätsträgerinjektion, da die prozentuale Änderung der Majoritätsträger vernachlässigbar klein ist (s. Abb. 56). Analog gilt für p-Typ-Halbleiter bei schwacher Injektion:

$$n' = p' \ll p_0 \approx p.$$

Im Experiment nach Abb. 55 erhält man eine räumlich konstante Erzeugung von Elektron-Loch-Paaren, da die Strahlungsintensität in einer optisch dünnen Probe räumlich konstant ist. Die Neutralität des Materials bleibt wegen der paarweisen Erzeugung der Ladungsträger bestehen; das elektrische Feld ist Null, es fließt kein Driftstrom. Da kein Konzentrationsgefälle entsteht, fließt auch kein Diffusionsstrom. Eine Änderung der Trägerdichten ist nur durch Generation und Rekombina-

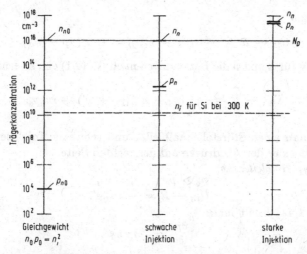

Abb. 56. Illustration der Elektronen- und Löcherkonzentration in einem n-Typ-Halbleiter für thermisches Gleichgewicht, schwache und starke Injektion. In allen Fällen ist $p' = n'$.

tion möglich. Wegen der paarweisen Erzeugung und Rekombination gilt in diesem Experiment ständig $n' = p'$.

Während der Bestrahlung stellt sich ein stationärer Zustand ($\partial/\partial t = 0$) ein mit den Trägerdichten n_s und p_s (bzw. den Überschußdichten n'_s und p'_s). Es wird nun nach dem Ausgleichsvorgang nach Abschaltung der Strahlung gesucht (Relaxation). Wenn die Generationsrate gleich der Rekombinationsrate ist, bleiben die Trägerdichten auf einem konstanten Wert. Ist dies nicht der Fall, so erhält man eine zeitliche Änderung der Trägerdichten, die gleich der Differenz von Generationsrate und Rekombinationsrate ist. Es gilt (kein Abwandern der Ladungsträger und keine zusätzliche, z.B. optische, Generationsrate):

$$R - G_{\text{th}} = -\frac{\partial n}{\partial t} = -\frac{\partial n'}{\partial t} = -\frac{\partial p}{\partial t} = -\frac{\partial p'}{\partial t}. \qquad (4/4a)$$

Die Rekombinationsrate R ist proportional der Anzahl der zur Rekombination erforderlichen Partner (wenn die Einzelvorgänge voneinander unabhängig sind). Da für die meisten Rekombinationsmechanismen ein Elektron und ein Loch erforderlich sind (s. z.B. [66]), gilt

$$R = rnp. \qquad (4/4b)$$

Im thermodynamischen Gleichgewicht ist das Produkt np gleich $n_0 p_0 = n_i^2$, außerdem ist dort die Rekombinationsrate R gleich der thermischen Generationsrate G_{th}, so daß gilt:

$$G_{\text{th}} = rn_0 p_0. \qquad (4/4c)$$

Für den Ausdruck $G_{\text{th}} - R$ (die Netto-Generationsrate ohne zusätzliche, z.B. optische, Generation, also für $t > 0$ gemäß Abb. 57) erhält

93

man daher:

$$G_{th} - R = - r (np - n_0 p_0) = - r (np - n_i{}^2). \qquad (4/4d)$$

Setzt man für n und p die Beziehungen nach Gl. (4/1) ein, so erhält man:

$$G_{th} - R = - r (n_0 + n') (p_0 + p') + r n_0 p_0. \qquad (4/4e)$$

Nimmt man einen Störstellenhalbleiter und schwache Injektion an, so überwiegt einer der Ausdrücke auf der rechten Seite.
Für *n-Typ-Halbleiter* ist:

$$n_0 \gg p_0 ; \quad n_0 \gg n',$$
$$G_{th} - R = - r n_0 p'.$$

Mit Gl. (4/4a) erhält man:

$$\frac{\partial p'}{\partial t} = - r n_0 p'. \qquad (4/5)$$

Die Geschwindigkeit, mit der die Trägerdichten den Gleichgewichtswerten zustreben, wird bestimmt durch die Rekombination der Überschußminoritätsträger mit den Majoritätsträgern. Durch Trennung der Variablen erhält man die Lösung der Differentialgleichung:

$$p' = C \exp(- r n_0 t),$$
$$p' = p'(0) \exp\left(- \frac{t}{\tau_p}\right), \qquad (4/6)$$
$$\tau_p = \frac{1}{r n_0}.$$

Die Zeitkonstante τ_p ist die *Minoritätsträgerlebensdauer* (hier Löcher, also Index p), die von den Rekombinationsmechanismen abhängt und Werte zwischen den Größenordnungen 10^{-11} und 10^{-3} s annimmt (s. S. 99). Abb. 57 zeigt für $t < 0$ die Überschußträgerdichte während der Bestrahlung und für $t > 0$ die Relaxation zum thermischen Gleichgewicht.

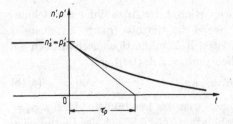

Abb. 57. Relaxation zum thermischen Gleichgewicht (n-Typ-Halbleiter). $p's = g\tau_p$ nach Gl. (4/8a).

Analog erhält man für *p-Typ-Halbleiter*:

$$n' = n'(0) \exp\left(- \frac{t}{\tau_n}\right), \qquad (4/7)$$
$$\tau_n = \frac{1}{r p_0}.$$

Die Gln. (4/6) und (4/7) beschreiben den Ausgleichsvorgang *nach* Abschalten der Lichtquelle. Den stationären Wert der Überschußdichten n'_s und p'_s *während* der Bestrahlung erhält man durch folgende Überlegung: Falls außer der thermischen Generationsrate G_{th} eine zusätzliche Generationsrate g vorhanden ist, ergibt sich

$$G - R = g - r(n_0\,p' + p_0\,n' + n'\,p')$$

und für beispielsweise n-Typ-Halbleiter gilt

$$G - R = g - \frac{p'}{\tau_p}. \tag{4/8}$$

Nach Gl. (4/4) ist die Trägerdichte konstant, wenn die Generationsrate gleich der Rekombinationsrate ist. Die sich einstellende stationäre Minoritätsträgerüberschußdichte ist daher gleich

$$p'_s = g\,\tau_p, \tag{4/8a}$$

d.h. gleich der Anzahl der innerhalb der Zeitdauer τ_p erzeugten Ladungsträger (pro Volumeinheit). Die Gl. (4/4) gilt in dieser Form nur, wenn keine Ladungsträger zu- oder abfließen. Die allgemeine Bilanz wird durch die Kontinuitätsgleichung beschrieben (S. 114).

4.3 Injektion von Minoritätsträgern

Bei einem Experiment nach Abb. 58 werden anstelle der Majoritätsträger Minoritätsträger in einen Bereich des Halbleiters injiziert. Die Überschußträgerdichte unmittelbar nach der Injektion ist eingezeichnet und

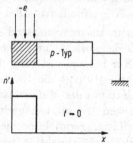

Abb. 58. Injektion von Minoritätsträgern
(Elektronen in einen p-Typ-Halbleiter).

führt ebenso wie bei der Injektion von Majoritätsträgern zu einem elektrischen Feld als Folge der Raumladung und zu einem *Majoritätsträgerstrom*, der innerhalb der dielektrischen Relaxationszeit den Halbleiter neutralisiert. Da es sich jedoch in diesem Beispiel um einen p-Typ-Halbleiter handelt, ist der Majoritätsträgerstrom ein Löcherstrom. Man hat dann in der linken Zone des Halbleiters zwar Neutralität, aber noch eine Überschußträgerdichte.

Während bei Majoritätsträgerinjektion die injizierten Majoritätsträger abfließen, werden hier die injizierten Minoritätsträger durch zufließende Majoritätsträger neutralisiert. Der Zustand entspricht *nach* der Neutralisation dem der Majoritäts- *und* Minoritätsträgerinjektion. Man hat dann Überschußdichten gleicher Höhe beider Trägerarten, so daß eine Relaxation durch Rekombination mit einer Zeitkonstanten erfolgt,

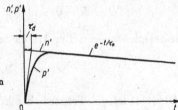

Abb. 59. Neutralisation und Relaxation zum thermischen Gleichgewicht nach einer Minoritätsträgerinjektion.

die gleich der Minoritätsträgerlebensdauer ist. Abb. 59 zeigt den zeitlichen Verlauf der Überschußträgerdichten im bestrahlten Teil des Halbleiters.

Auch hier wurde ebenso wie in Abschn. 4.1 ein Diffusionsstrom vernachlässigt. Der Einfluß auf die rasch erfolgende Neutralisierung ist gering (wenn auch hier im Gegensatz zu Abschn. 4.1 die Diffusion entgegengesetzt wirkt wie die Driftbewegung). Beim nachfolgenden langsamen Rekombinationsprozeß spielt die Diffusion eine wesentliche Rolle an der Grenzfläche zwischen schraffierter und unschraffierter Zone in Abb. 58 (man denke sich also den schraffierten Bereich ziemlich groß). Die Minoritätsträger verschwinden nicht nur durch Rekombination, sondern auch durch ein (im Vergleich zur dielektrischen Relaxation) langsames Wegdiffundieren. Dies wird in Abschn. 6.4 beschrieben.

Man kann zusammenfassend sagen, daß sich bei Störung des thermischen Gleichgewichts im homogenen Halbleiter „sofort" Neutralität einstellt. Nur bei einer Störung der Minoritätsträgerdichte (Minoritätsträgerinjektion) klingt die Überschußdichte beider Ladungsträger mit der Zeitkonstante der Minoritätsträgerlebensdauer ab. Man muß daher meist zwischen Minoritätsträgerinjektion und Minoritätsträgerinjektion plus Majoritätsträgerinjektion nicht unterscheiden und kann Wirkungen der Majoritätsträgerinjektion wegen der extrem schnellen Relaxation (10^{-12} s) vernachlässigen.

Eine Unterschreitung der Trägerdichten führt zu ganz analogen Verhältnissen.

4.4 Rekombinationsmechanismen

Die Minoritätsträgerlebensdauer spielt in der Halbleitertechnik eine sehr große Rolle. Sie hängt von den Rekombinationsmechanismen ab, die verschiedener Art sein können. Generell wird bei der Rekombination

Energie frei (z. B. 1,1 eV je Rekombinationsvorgang bei Si). Für die technisch wichtigen Halbleiter Ge und Si ist außerdem eine Impulsänderung des Elektrons bei der Rekombination erforderlich (s. Abb. 43); man spricht von Halbleitern mit *indirektem Übergang*. In einigen speziellen Halbleitern, z. B. bei GaAs, ist bei Rekombination keine Impulsänderung erforderlich, und man spricht von einem *direkten Übergang*. Die wichtigsten Rekombinationsmechanismen sind:

a) *Strahlende Rekombination*: Die bei Rekombination frei werdende Energie wird in Form von Licht emittiert. Wegen der extrem kleinen Photonenmasse ist eine Impulsänderung praktisch nicht vorhanden. Dieser Prozeß ist von Bedeutung in Halbleitern mit direktem Übergang wie z. B. GaAs, dessen Rekombinationslicht gemäß dem Bandabstand von 1,43 eV (300 K) bei einer Wellenlänge von 0,88 µm liegt (Infrarotlicht).

b) *Nichtstrahlende Rekombination*: Die Energie wird an das Kristallgitter abgegeben und führt zu einer Erwärmung (thermische Relaxation). Dieser Prozeß kann auch stufenweise unter Beteiligung von Störstellen (sog. Rekombinationszentren) oder über Energieabgabe an freie Ladungsträger (Auger-Effekt) erfolgen. Die thermische Relaxation ist der vorwiegende Prozeß in Halbleitern mit indirektem Übergang (Ge und Si).

Je nach den Zuständen, die bei einem Rekombinationsvorgang durchlaufen werden, unterscheidet man weiter zwischen:

α) *Band-Band-Rekombinationen*: Abb. 60 zeigt die direkte Rekombination zwischen einem Elektron und einem Loch. Dieser Übergang kann strahlend sein (links), insbesondere in Halbleitern mit direktem Übergang. Beim Auger-Prozeß (rechts) wird die Rekombinationsenergie an einen anderen freien Ladungsträger gegeben, der dann durch Stöße mit dem Gitter seine Energie an dieses abgibt. Da das angeregte Leitungselektron Energie *und* Impuls aufnehmen kann, ist dieser Prozeß in Halbleitern mit indirektem Übergang unter den Band-Band-Übergängen vorherrschend.

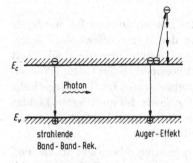

Abb. 60. Rekombinationsprozeß bei Band-Band-Rekombination.

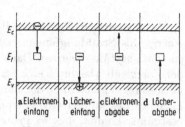

Abb. 61. Rekombinationsprozeß unter Mitwirkung eines Rekombinationszentrums, welches elektrisch neutral oder negativ geladen sein kann; der im Text beschriebene Rekombinationsprozeß entspricht den Vorgängen *b* und *a*.

97

β) Rekombination über Rekombinationszentren: In diesem Falle wird der Rekombinationsprozeß durch sog. Rekombinationszentren, d.h. Energieniveaus in der verbotenen Zone, ermöglicht. Abb. 61 zeigt die vier möglichen Vorgänge für eine Störstelle, welche elektrisch neutral oder negativ geladen sein kann. Solche Rekombinationszentren (Fangstellen, Haftstellen, Traps) entstehen entweder durch Kristallfehler oder durch Einbau von Fremdatomen [z.B. Gold (s. Abb. 34)] Beispielsweise ist Gold in *n*-Typ-Si meist negativ geladen. Injizierte Löcher können dann durch die negativ geladene Fangstelle eingefangen werden (Löchereinfang) und diese neutralisieren (äquivalent: das Elektron wird an das Valenzband abgegeben). Wird anschließend ein Leitungselektron von der Fangstelle eingefangen (Elektroneneinfang), dann ist der Rekombinationsprozeß vollständig.

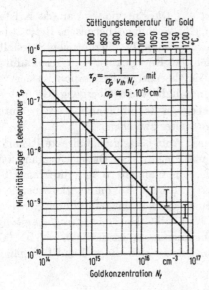

Abb. 62. Löcherlebensdauer in *n*-Si als Funktion der Goldkonzentration, [40].

Auch in diesem Fall kann die bei der Rekombination frei werdende Energie als Strahlungsenergie oder über den Auger-Effekt als Wärmeenergie abgeführt werden. Darüber hinaus besteht hier die Möglichkeit der Energieabgabe durch eine Serie von Phononen an das Gitter (Wärme) über Anregungszustände der Fangstelle (giant trap.) Da die energetische Lage des Rekombinationszentrums die Frequenz des emittierten Lichtes bestimmt, kommt diesem Prozeß große Bedeutung bei optoelektronischen Bauelementen (z.B. Lumineszenzdioden) zu.

Rekombination über Rekombinationszentren überwiegt in Ge und Si. Technische Bedeutung hat der Einbau von Gold zur Reduzierung der Minoritätsträgerlebensdauer. Abb. 62 zeigt die Löcherlebensdauer in

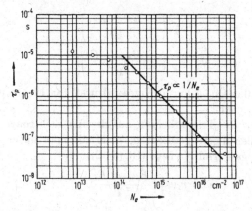

Abb. 63. Löcherlebensdauer τ_p in n-Typ-Silizium als Funktion der Bestrahlungsdosis hochenergetischer Elektronen, [41].

Abhängigkeit der Goldkonzentration in n-Typ-Si. Auch die Bestrahlung durch hochenergetische Teilchen (z. B. Elektronen) reduziert die Minoritätsträgerlebensdauer durch die Erzeugung von Kristallfehlern (Abb.63).

Typische Bereiche für die Minoritätsträgerlebensdauer sind:

$$\text{Ge: } 10^{-6} \text{ bis } 10^{-3} \text{ s } [4], [18],$$
$$\text{Si: } 10^{-10} \text{ bis } 10^{-3} \text{ s } [4], [36], [57],$$
$$\text{GaAs: } 10^{-10} \text{ bis } 10^{-8} \text{ s } [5].$$

Bemerkenswert ist der kleine Maximalwert der Lebensdauer für GaAs, der in der Bandstruktur (direkter Übergang) begründet liegt.

Eine ausführlichere Beschreibung der Rekombinationsmechanismen ist z. B. in [66] oder [81] zu finden. Das die Rekombination in Si am besten beschreibende Modell, das Shockley-Read-Hall-Modell, ist in Anhang 8.6 beschrieben.

Außer dieser Volumenrekombination existiert eine meist hohe Rekombinationsrate an Grenzflächen (z. B. Kontakten), die durch eine sog. Oberflächen-Rekombinationsgeschwindigkeit s beschrieben wird [66]. Der zu dieser Grenzfläche fließende Strom ist dann gegeben durch

$$i = s \cdot n', \tag{4.9}$$

wobei n' die Überschußträgerdichte an der Grenzfläche ist.

4.5 Quasi-Fermi-Niveaus (nicht entartete Halbleiter)

Wie in Abschnitt 3.6 beschrieben, bestimmt im thermodynamischen Gleichgewicht das Fermi-Niveau sowohl die Elektronendichte als auch die Löcherdichte. Wenn die Leitungselektronen für sich und ebenfalls die Löcher für sich je eine Gleichgewichtsverteilung aufweisen, können in analoger Weise sog. Quasi-Fermi-Niveaus definiert werden.

$$n = N_c \exp\left(-\frac{E_c - E_{Fn}}{kT}\right),$$

$$p = N_v \exp\left(-\frac{E_{Fp} - E_v}{kT}\right). \tag{4/10}$$

Dabei ist E_{Fn} das Quasi-Fermi-Niveau (Imref) für Elektronen und E_{Fp} dasjenige für Löcher.

Bezieht man die Trägerdichten auf die für Elektronen und Löcher gleichen Eigenleitungsträgerdichten, so erhält man unter Verwendung des Eigenleitungs-Fermi-Niveaus (Gl. (3/32)):

$$n = n_i \exp\frac{E_{Fn} - E_i}{kT},$$

$$p = n_i \exp\frac{E_i - E_{Fp}}{kT}. \tag{4/11}$$

Die Quasi-Fermi-Niveaus sind von Nutzen, wenn als Folge einer Störung des thermodynamischen Gleichgewichts ein Strom fließt (Gefälle der Quasi-Fermi-Niveaus; s. Abschn. 6.1). Sie beschreiben aber auch die Nettorekombination (bzw. -generation): Für das Produkt np erhält man mit Gl. (4/11):

$$np = n_i^2 \exp\frac{E_{Fn} - E_{Fp}}{kT}. \tag{4/12}$$

Für $E_{Fn} = E_{Fp}$ (thermodynamisches Gleichgewicht) gilt $np = n_0 p_0 = n_i^2$ und der Generation hält die Rekombination das Gleichgewicht. Für $E_{Fn} < E_{Fp}$ ist $np < n_i^2$ und es überwiegt die Generation; für $E_{Fn} > E_{Fp}$ ist $np > n_i^2$ und es überwiegt die Rekombination.

Wie im nächsten Kapitel gezeigt wird, hängen die Ladungsträgerdichten n und p vom elektrischen Potential ab. Es ist dann von Vorteil anstelle der Quasi-Fermi-Niveaus E_{Fn} bzw. E_{Fp} die Quasi-Fermi-Potentiale zu benutzen (s. Gl. (5/5a)).

Übungen

4.1

Welche Größen beschreiben Rekombination und Generation von Elektronen und Löchern im Halbleiter bei gestörtem thermischen Gleichgewicht?
Antwort: Die Rekombinationsrate ist $R = r\,n\,p$. Maßgebend für die Trägerbilanz ist die Nettorekombinationsrate $R - G_{th}$, die im p-dotierten Halbleiter bei schwacher Injektion durch Überschußminoritätsträgerdichte n' und Minoritätsträgerlebensdauer τ_n gegeben ist zu $R_{netto} = n'/\tau_n$ (analog n-Typ). Die gesamte Generationsrate ist $G = G_{th} + g$ mit der thermischen Generationsrate G_{th} und der zusätzlichen Generationsrate g (z. B. Generation durch Lichteinstrahlung).

4.2

Welchen zeitlichen Verlauf hat die Majoritätsträgerüberschußdichte nach einer Majoritätsträgerinjektion in einem Halbleiter? Durch welchen Vorgang wird das Gleichgewicht wiederhergestellt? Mit welcher Zeitkonstante stellt sich das Gleichgewicht ein und welche Größenordnung hat diese? Vergleiche dies mit den Verhältnissen in SiO_2 ($\varepsilon_r = 3,9$; $\sigma \approx 10^{-16}\,\Omega^{-1}\,cm^{-1}$).
Antwort: Die Majoritätsträgerüberschußdichte klingt exponentiell mit der Zeit ab. Das Gleichgewicht stellt sich durch Abfließen der Überschußmajoritätsträger ein

(Driftstrom). Die Dauer des Ausgleichsvorganges wird durch die dielektrische Relaxationszeit in der Größenordnung 10^{-12} s bestimmt (s. S. 91, Abb. 54, und S. 192, Tab. 2). Mit Gl. (4/2) ergibt sich für SiO_2: $\tau_d \approx 3000$ s.

4.3

Der Absorptionskoeffizient einer Ge-Halbleiterprobe für Licht gegebener Wellenlänge betrage $\alpha = 100$ cm^{-1}. Die im Vergleich zu α^{-1} dünne Probe sei einer homogenen Strahlungsintensität I von 10^{16} Quanten cm^{-2} s^{-1} ausgesetzt. Die Minoritätsträgerlebensdauer sei 10^{-4} s und die **Majoritätsträgergleichgewichtsdichte betrage** $n_0 = 10^{15}$ cm^{-3}.

Wie groß ist die relative Änderung der Leitfähigkeit $\Delta\sigma/\sigma_0$?

Lösung: Die Bilanzgleichung für n-Typ-Halbleiter ohne Stromfluß (Gl. 4/8) für stationäre Bedingungen ($\partial/\partial t = 0$) lautet: $g = p'/\tau_p$.

Mit $g = \alpha I$ ergibt sich: $p' = \alpha I \tau_p = 100 \cdot 10^{16} \cdot 10^{-4} = 10^{14}$ cm^{-3} und

$$\frac{\Delta\sigma}{\sigma} = \frac{n'\mu_n + p'\mu_p}{n_0\,\mu_n} = \frac{p'}{n_0}\left(1 + \frac{\mu_p}{\mu_n}\right).$$

Beachte: Es gilt $p_0 \ll n_0$ und $p' = n'$.

Mit den Eigenleitungsbeweglichkeiten wird:

$$\frac{\Delta\sigma}{\sigma} = \frac{10^{14}}{10^{15}}\left(1 + \frac{1900}{3900}\right) = 0{,}15\,.$$

4.4

Wie ist der Ausgleichsvorgang nach einer Minoritätsträgerinjektion? Welche Zeit bestimmt die Dauer des gesamten Ausgleichsvorgangs?

Antwort: Zuerst fließen Majoritätsträger während der dielektrischen Relaxationszeit zu, bis die Überschußkonzentrationen beider Ladungsträger gleich sind (Zeitkonstante: dielektrische Relaxationszeit). Dann erfolgt Rückkehr zum thermischen Gleichgewicht durch Rekombination (Zeitkonstante: die im Vergleich zur dielektrischen Relaxationszeit große Minoritätsträgerlebensdauer). Außerdem können Minoritätsträger wegdiffundieren.

4.5

Wodurch unterscheidet sich der Ausgleichsvorgang nach Minoritätsträgerinjektion von dem nach gleichzeitiger (paarweiser) Injektion von Majoritäts- und Minoritätsträgern einsetzenden Ausgleichsvorgang?

Antwort: Bei Minoritätsträgerinjektion zuerst Einstellen der Neutralität durch Majoritätsträgerdriftstrom (τ_d), dann Rekombination (τ_p im n-Typ); bei paarweiser Injektion entfällt Neutralisationsvorgang (s. S. 192).

4.6

Durch Lichteinstrahlung werden in einem p-Halbleiter räumlich homogen g Trägerpaare pro cm^3 und Sekunde erzeugt (schwache Injektion, nur ein Rekombinationsmechanismus vorherrschend).

a) Wie lautet die Differentialgleichung für den zeitlichen Verlauf der Überschußkonzentrationen n' und p'?

b) g sei gleich Null für $t < 0$ und gleich g_0 für $t > 0$ (Einschaltvorgang). Wie lautet die Lösung der Differentialgleichung für $t \geq 0$? Welche stationäre Überschußkonzentration stellt sich nach genügend langer Zeit ein?

c) Wie lautet die Lösung der Differentialgleichung für einen analogen Abschaltvorgang $g = g_0$ für $t < 0$ und $g = 0$ für $t > 0$?

d) Wie lautet die Lösung der Differentialgleichung für sinusförmig modulierte Lichteinstrahlung $g = g_0[1 + \exp(j\omega t)]$? Welche Kreisfrequenz muß das anregende Licht haben, wenn die Phasenverschiebung zwischen Lichtmodulation und Überschußträgerdichte (Leitfähigkeit) gerade $45°$ betragen soll?

Lösung:

a) $\dfrac{dn'}{dt} = -\dfrac{n'}{\tau_n} + g$, $p' = n'$,   s. Gl. (4/4) und (4.8).

b) $n'(t) = g_0\,\tau_n\left[1 - \exp\left(-\dfrac{t}{\tau_n}\right)\right]$,   für $t \gg \tau_n$: $n' = g_0\,\tau_n$.

c) $n'(t) = g_0\,\tau_n \exp\left(-\dfrac{t}{\tau_n}\right)$.

d) $\dfrac{dn'}{dt} = -\dfrac{n'}{\tau_n} + g_0[1 + \exp(j\,\omega t)]$. Der Ansatz: $n' = n_0' + n_1'\exp(j\,\omega t)$ führt zu

$n_0' = g_0\,\tau_n$ und $j\,\omega\,n_1' = -\dfrac{n_1'}{\tau_n} + g_0$ mit der Lösung

$n_1' = g_0\,\tau_n\,\dfrac{1 - j\,\omega\,\tau_n}{1 + \omega^2\,\tau_n^2}$,   d.h. $n_1' = \dfrac{g_0\,\tau_n}{\sqrt{1 + \omega^2\,\tau_n^2}}\exp(-j\,\varphi)$ und $\tan\varphi = \omega\,\tau_n$.

Zusammengefaßt ergibt sich

$$n'(t) = g_0\,\tau_n\left(1 + \dfrac{\exp j\,(\omega t - \varphi)}{\sqrt{1 + \omega^2\,\tau_n^2}}\right) \text{ und } \tan\varphi = \omega\,\tau_n.$$ Mit $\tan 45° = 1$ wird die

gesuchte Kreisfrequenz $\omega = 1/\tau_n$.

4.7

Durch Lichteinstrahlung werden in einer Si-Probe ($p_0 = 10^{15}$ cm^{-3}, 300 K) Überschußladungsträgerpaare erzeugt. Für $1{,}8 \cdot 10^{-6}$ s nach Abschalten des Lichtes sei die Minoritätsträgerüberschußdichte um den Faktor $1/e$ gesunken. Wie groß ist die thermische Generationsrate des Materials, wenn schwache Injektion angenommen wird und nur ein Rekombinationsmechanismus vorherrscht?

Lösung: $\tau_n = \dfrac{1}{r\,p_0} = 1{,}8 \cdot 10^{-6}$ s,

$$G_{th} = r\,n_0\,p_0 = r\,p_0\,\dfrac{n_i^2}{p_0} = 1{,}25 \cdot 10^{11}\ \text{cm}^{-3}\,\text{s}^{-1}.$$

4.8

Wodurch wird die Minoritätsträgerlebensdauer in einem homogenen Halbleitermaterial beeinflußt?
Antwort: Durch Rekombinationszentren wie Kristallfehler (z.B. durch Bestrahlung erzeugt, s. Abb. 63) und Fremdatome (z.B. Au in Si, s. Abb. 62).

4.9

Warum ist die Trägerlebensdauer in reinem GaAs kleiner als in reinem Si und Ge?
Antwort: In reinem GaAs ist direkte (strahlende) Band-Band-Rekombination möglich (s. S. 97).

4.10

Was beschreibt ein Quasi-Fermi-Niveau?
Antwort: Für solche Störungen des thermodynamischen Gleichgewichts, für die Elektronen für sich und Löcher für sich im Gleichgewicht stehen, beschreiben die Quasi-Fermi-Niveaus die Trägerdichten gemäß Gln. (4/10) oder (4/11). Die Elektronen müssen dabei nicht mit den Löchern im Gleichgewicht stehen. Dieser Fall tritt sehr häufig auf, z.B. bei stromdurchflossenen pn-Übergängen.

5 Inhomogene Halbleiter im thermodynamischen Gleichgewicht

Das Grundelement der wichtigsten Halbleiterbauelemente (Dioden und Transistoren) ist der Übergang von einem p-Typ-Halbleiter auf einen n-Typ-Halbleiter. In einem solchen pn-Übergang sind die Materialeigenschaften ortsabhängig; er stellt daher einen Spezialfall eines inhomogenen Halbleitermaterials dar. In diesem Kapitel wird der inhomogene Halbleiter im thermischen Gleichgewicht untersucht. Dieser Betriebszustand (angelegte Spannung und Strom gleich Null) ist zwar für die Anwendung unwichtig, doch wird noch gezeigt (Kap. 7), daß viele Beziehungen, die für thermisches Gleichgewicht abgeleitet wurden, auch in technisch interessanten Betriebszuständen (mit von Null verschieden angelegten Spannungen) angewandt werden können.

5.1 Ladungsträgerdichte in Abhängigkeit vom elektrischen Potential

Abb. 64 zeigt einen stetigen Übergang von einem n-Typ-Halbleiter in einen p-Typ-Halbleiter im stromlosen Zustand. Vollzieht sich der Übergang in einer Strecke, die groß gegen atomare Abstände ist, so gilt an jeder Stelle das Bändermodell. (Mangels besserer Modelle findet das Bändermodell auch dann Anwendung, wenn dies eigentlich nicht mehr gerechtfertigt ist.)

In Abb. 64a ist die Ladung der vollständig ionisiert angenommenen Dotierungsatome angegeben. Wir werden nun feststellen, daß der inhomogen dotierte Halbleiter *nicht* überall elektrisch neutral bleibt. Nehmen wir zunächst Neutralität an, dann ergäbe sich die in b gestrichelt gezeichnete Dichte der freien Ladungsträger. Als Folge des Konzentrationsgefälles entsteht ein Diffusionsstrom, der zu einer Verminderung der jeweiligen Dichten freier Ladungsträger führt und beispielsweise die in b voll ausgezogene Trägerverteilung ergibt. Dies bedeutet jedoch, daß die Ladung der Dotierungsatome nicht mehr vollständig kompensiert ist; man erhält die in c gezeichnete Ladungsverteilung.

Da von elektrischen Ladungen Verschiebungslinien ausgehen (div $D = \varrho$), entsteht ein elektrisches Feld E (von $+$ nach $-$), wie in d gezeichnet. Dieses Feld bewirkt einen Driftstrom, der dem Diffusions-

strom des jeweiligen Ladungsträgertyps entgegenwirkt (s. Feldstärke-
richtung und Konzentrationsgefälle in Abb. 64). Ein stabiles Gleichgewicht stellt sich ein, wenn der Driftstrom gerade den Diffusionsstrom
kompensiert. (Durch Annahme einer Störung und Untersuchung der
Konsequenzen kann man zeigen, daß dieses Gleichgewicht stabil ist.)

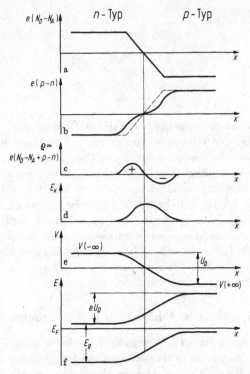

Abb. 64. Inhomogener Halbleiter im thermischen Gleichgewicht; a) Dotierungsverlauf (feste Raumladungsdichte), b) Raumladungsdichte der freien Ladungsträger, c) Raumladungsdichte, d) elektrische Feldstärke, e) elektrisches Potential, f) Bändermodell.

Physikalisch unterscheidbare Größen sind Löcherkonvektionsstrom
und Elektronenkonvektionsstrom. Nicht physikalisch (durch Messung)
unterscheidbar hingegen ist ein Driftstrom von einem Diffusionsstrom,
da dies nur eine Unterscheidung nach der Ursache ist. Da für den pn-
Übergang der stromlose Zustand vorausgesetzt wurde, müssen wegen der
Gültigkeit des detaillierten Gleichgewichts sowohl Löcherkonvektionsstrom als auch Elektronenkonvektionsstrom Null sein. Der Löcherstrom
kann nicht durch einen Elektronenstrom kompensiert werden, wohl aber
der Diffusionsstrom durch den zugehörigen Driftstrom.

Folge des elektrischen Feldes E ist ein Potentialunterschied U
($E = -\operatorname{grad} V$), der in Abb. 64e eingezeichnet ist. Da am Rande des
Leitungsbandes (Energie $E = E_c$) die kinetische Energie der Elektronen

Null ist (s. S. 75), bestimmt der Verlauf des elektrischen Potentials $V(x)$ den Verlauf der (potentiellen = gesamten) Energie an der Bandkante, $E_c(x)$. Es gilt:

$$E_c(x) = E_c(V = 0) - eV(x). \qquad (5/1)$$

Abb. 64f zeigt dieses Bänderschema des inhomogenen Halbleiters. Man erkennt, daß sich als Folge der Diffusion (wäre diese Null, wäre der Halbleiter überall neutral) die n-Zone positiv und die p-Zone negativ auflädt und daher die Energie der Elektronen in der p-Zone höher als in der n-Zone ist.

Die bisherige Untersuchung war qualitativ, da die Trägerdichten $n(x)$ und $p(x)$ noch nicht quantitativ bekannt sind. Für die weitere Argumentation werden zwei Beschreibungsmöglichkeiten verwendet:

a) Leitungselektronen und Löcher verhalten sich, sofern das Fermi-Niveau genügend weit in der verbotenen Zone liegt, wie klassische Teilchen der Masse m^*. Im elektrischen Potential $V(x)$ ist die potentielle Energie der Elektronen $-eV(x)$, die der Löcher $+eV(x)$. Für diese „klassischen" Teilchen gilt die Boltzmann-Verteilung (s. z. B. [42], S. 549):

$$n_0 = n_i \exp \frac{eV(x)}{kT} \; ; \qquad p_0 = n_i \exp\left(-\frac{eV(x)}{kT}\right). \qquad (5/2)$$

Dabei ist $V(x) = 0$ an der Stelle x_i, an der $n = n_i$ und $p = p_i (= n_i)$ ist. Diese für das weitere überaus wichtigen Gleichungen ermöglichen die Berechnung der Ladungsträgerdichten im thermischen Gleichgewicht, wenn das elektrische Potential gegeben ist. Für n-Typ-Halbleiter ist $n_0 \gg n_i$ und $V(x) > 0$; für p-Typ-Halbleiter ist $p_0 \gg n_i$ und $V(x) < 0$, bezogen auf das Potential des eigenleitenden Halbleiters.

b) Das Fermi-Niveau als Energiepegel, bis zu dem sich die Zustände mit Elektronen füllen, ist im thermischen Gleichgewicht (keine Teilchenströmung) überall auf gleicher energetischer Höhe (s. Abb. 64f). Jede Abweichung davon würde einen Teilchenfluß hervorrufen, der für das sich selbst überlassene System erst dann verschwindet, wenn das Fermi-Niveau gleiche Höhe hat. Dies ist eine Analogie zu den kommunizierenden Gefäßen in der Hydrostatik.

Die Äquivalenz beider Betrachtungsweisen erkennt man aus folgender Überlegung:

Es sei für

$$x = x_i: \quad E_c = E_c(x_i); \quad p = n_i; \quad n = n_i,$$
$$x \neq x_i: \quad E_c(x) = E_c(x_i) - eV(x); \quad p = p(x); \quad n = n(x).$$

Mit Gl. (3/30) gilt: $n_0(x) = N_c \exp\left(-\dfrac{E_c(x) - E_F(x)}{kT}\right)$

$$n_i = n_0(x_i) = N_c \exp\left(-\frac{E_c(x_i) - E_F(x_i)}{kT}\right)$$

$$\frac{n_0(x)}{n_i} = \exp\left(-\frac{E_c(x) - E_c(x_i) + E_F(x_i) - E_F(x)}{kT}\right)$$

$$= \exp\frac{eV}{kT} \cdot \exp\frac{E_F(x) - E_F(x_i)}{kT}.$$

Wenn Gl. (5/2) gilt, muß $E_F(x) = E_F(x_i)$ sein.

Da durch Gl. (5/2) die Trägerdichten als Funktion des Potentials bekannt sind, kann der inhomogene Halbleiter im thermischen Gleichgewicht unter Hinzunahme der Poisson-Gleichung berechnet werden (s. Abschn. 8.4). Für die drei Unbekannten $n_0(x)$, $p_0(x)$ und $V(x)$ gelten:

$$n_0 = n_i \exp\frac{eV}{kT} \, ;$$

$$p_0 = n_i \exp\left(-\frac{eV}{kT}\right) ; \qquad (5/3)$$

$$\Delta V = \frac{e}{\varepsilon}(n_0 - p_0 - N_D + N_A)$$

mit ε als Dielektrizitätskonstante des Halbleiters und $N_D \approx N_D^+$; $N_A \approx N_A^-$. Werden die Gleichungen für die Trägerdichten in die Poisson-Gleichung eingesetzt, so erhält man eine Differentialgleichung für das Potential im inhomogenen Halbleiter im thermischen Gleichgewicht:

$$\Delta V = \frac{2e\,n_i}{\varepsilon}\left(\sinh\frac{eV}{kT} - \frac{N_D - N_A}{2\,n_i}\right). \qquad (5/4)$$

Mit bekannter räumlicher Verteilung der Dotierung $N_D - N_A$ kann damit das Potential $V(x, y, z)$ ermittelt werden. Dabei ist zu beachten, daß $N_D - N_A$ die Nettodonatorenkonzentration am jeweiligen (gleichen) Ort ist. Im folgenden wird dies nur mehr mit N_D bezeichnet, um Verwechslungen mit der Dotierungskonzentration an verschiedenen Orten (z. B. N_D in einer n-Zone und N_A in einer p-Zone) zu vermeiden.

Wählt man das Potential allgemeiner als in Gl. (5/2) so, daß für $V = 0$ die Werte $n_0 = n_{00}$ und $p_0 = p_{00}$ gelten, so gilt:

$$n_0 = n_{00} \exp\left(\frac{eV}{kT}\right) ;$$

$$p_0 = p_{00} \exp\left(-\frac{eV}{kT}\right). \qquad (5/3a)$$

Die Festlegung des Nullpunktes für das elektrische Potential ist nur von Bedeutung für die Bestimmung der Ladungsträgerdichten (Gln. (5/2) und (5/3)). Hier wird meistens der Nullpunkt so gelegt wie bei Gl. (5/2) angegeben, d. h. $V = 0$ für $n_0 = p_0 = n_i$ (am Ort x_i). Für die Berechnung der Raumladungszone ist nur die Potential*differenz* von Bedeutung, der Nullpunkt ist unwesentlich. Um einfache Beziehungen bei der Berechnung zu haben, wird in diesen Fällen meist der Nullpunkt des Potentials am metallurgischen Übergang gewählt (s. z. B. Abb. 82, 86). Wegen ungleicher Eigenschaften für Elektronen und Löcher wird der Ort x_i, an welchem $n_0 = p_0 = n_i$ gilt, nicht mit dem metallurgischen Übergang zusammenfallen (s. Abb. 77).

5.2 Ladungsträgerdichten im inhomogenen Halbleiter bei Nicht-Gleichgewicht

Die Gln (5/2) beschreiben die Trägerdichten als Funktion des elektrischen Potentials V für thermodynamisches Gleichgewicht. Im Gegensatz zu allen übrigen Abschnitten dieses Kapitels, die alle für thermodynamisches Gleichgewicht gelten, wird hier die Abhängigkeit der Trägerdichten vom Potential für *Nicht-Gleichgewicht* angegeben. Das Eigenleitungs-Fermi-Niveau gemäß Gl. (4/11) hat im inhomogenen Halbleiter ebenso wie die Bandkanten einen Verlauf, der durch das Potential $V(x)$ gegeben ist. Damit erhält man aus Gl. (4/11) die Trägerdichten in Abhängigkeit vom Potential V. Definiert man Quasi-Fermi-Potentiale Φ_n und Φ_p so ergibt sich mit der Temperaturspannung $U_T = kT/e$ für die Trägerdichten:

$$n = n_i \exp \frac{V - \Phi_n}{U_T},$$

$$p = n_i \exp \frac{\Phi_p - V}{U_T},$$

mit

$$E_{Fn} = -e\Phi_n, \ E_{Fp} = -e\Phi_p,$$

$$E_i = -eV. \tag{5/5a}$$

mit den Gln. (5/5a) sind die Potentiale so festgelegt wie in Gl. (5/3).

5.3 Diffusionsspannung

Im vorhergehenden Abschnitt wurde gezeigt, daß in einem inhomogenen Halbleiter als Folge der Diffusion eine Potentialdifferenz zwischen verschieden dotierten Zonen entsteht; diese heißt *Diffusionsspannung* U_D.

In großer Entfernung von der Inhomogenität gilt (Abb. 64f): $n_0(-\infty) = N_D$ und $p_0(+\infty) = N_A$. Gl. (5/2) nach dem Potential aufgelöst, ergeben damit:

$$V(-\infty) = \frac{kT}{e} \ln \frac{N_D}{n_i} \ ; \ -V(+\infty) = \frac{kT}{e} \ln \frac{N_A}{n_i},$$

und mit $U_D = V(-\infty) - V(+\infty)$ (Abb. 64e):

$$\boxed{U_D = \frac{kT}{e} \ln \frac{N_D N_A}{n_i^2}.} \tag{5/6}$$

kT/e hat für Zimmertemperatur den Wert 26 mV.

Abb. 65 zeigt die Diffusionsspannung nach Gl. (5/6) für Zimmertemperatur in Ge, Si und GaAs als Funktion der mittleren Dotierung $\sqrt{N_A N_D}$.

Diese Diffusionsspannung ist auch aus dem Unterschied der Lage des Fermi-Niveaus bezogen auf eine der Bandkanten zu ermitteln (Abb. 64 f); sie kann daher für Si aus Abb. 50 abgelesen werden. Für beispielsweise $N_D = 10^{18}\,cm^{-3}$ und $N_A = 10^{16}\,cm^{-3}$ ergibt sich für Zimmertemperatur $U_D = 0,83\,V$. Eine Diffusionsspannung tritt generell zwischen unterschiedlich dotierten Zonen auf, also auch z.B. zwischen schwach und stark dotierten Zonen des gleichen Typs (s. Übung 5.2).

Eine Messung der Diffusionsspannung an den Klemmen der verschieden dotierten Zonen ist im thermischen Gleichgewicht nicht möglich, da an den Kontakten zum Halbleiter (Abb. 66) unterschiedliche Kontaktspannungen entstehen, deren Differenz gleich der Diffusionsspannung ist. Sind alle Kontakte auf gleicher Temperatur, so ist in einem geschlossenen Kreis die algebraische Summe der Kontaktspannungen Null. Die Diffusionsspannung selbst ist die Kontaktspannung zwischen verschiedenen dotierten Halbleiterzonen. Die gegenseitige Kompensation der Kontaktspannungen folgt aus der konstanten Höhe des Fermi-Niveaus im thermischen Gleichgewicht.

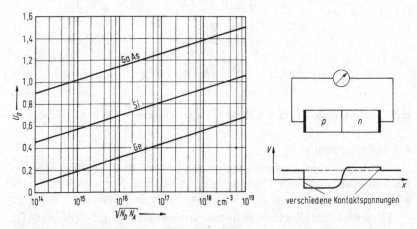

Abb. 65. Diffusionsspannung U_D in V für abrupte pn-Übergänge in Ge, Si und GaAs bei 300 K als Funktion der mittleren Dotierung $\sqrt{N_D N_A}$.

Abb. 66. Kontaktspannungen im thermischen Gleichgewicht.

5.4 Debye-Länge

Abb. 67 zeigt einen Halbleiter S (semiconductor), dessen Oberflächenpotential durch eine Metallelektrode M gesteuert werden kann. Sie ist durch einen Isolator vom Halbleiter getrennt. Handelt es sich bei diesem um Si, so wird als Isolator meist eine durch Oxidation erzeugte SiO_2-Schicht (O) benützt. Diese Anordnung findet beispielsweise beim MOS-Transistor Verwendung (siehe z.B. Bd. 2 und Bd. 7 dieser Reihe). Wird an die Klemmen M und S eine Spannung gelegt, so entsteht im Halbleiter

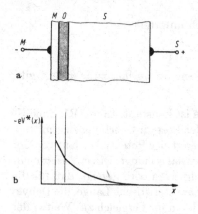

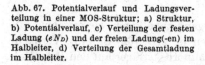

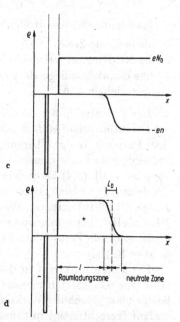

Abb. 67. Potentialverlauf und Ladungsverteilung in einer MOS-Struktur; a) Struktur,
b) Potentialverlauf, c) Verteilung der festen
Ladung ($e N_D$) und der freien Ladung(-en) im
Halbleiter, d) Verteilung der Gesamtladung
im Halbleiter.

an der Grenzschicht zum Isolator je nach Polung der Spannung eine An-
reicherung bzw. Verarmung der Majoritätsträgerladung. Für beispielsweise n-Typ-Halbleiter und positive Spannung an der Metallelektrode
werden die Elektronen zu dieser gezogen und reichern sich an der Grenzschicht an, da sie nicht durch den Isolator wandern können. Der stationäre Zustand ist erreicht, wenn der Betrag der zusätzlichen Grenz-
schichtladung gleich der Ladung an der Metallelektrode ist, da dann die
Feldstärke im Halbleiter Null ist und sich dann keine Ladungsträger
mehr bewegen.

Für eine negative Spannung an der Metallelektrode werden im n-
Typ-Halbleiter Elektronen von der Grenzfläche weg bewegt, so daß in
diesem Bereich die ionisierten Donatoren nicht mehr vollständig neutralisiert sind. Der stationäre Zustand ist wieder dann erreicht, wenn die
Gesamtladung im Halbleiter dem Betrag nach gleich der Elektroden-
ladung ist. (Es wird hier angenommen, daß der Isolator elektrisch neutral ist.) Allerdings ist hier die Ladungs*dichte* im Halbleiter durch die
endliche Dotierungsdichte begrenzt, und man erhält eine relativ breite
Raumladungszone (RL-Zone), wie in Abb. 67d gezeigt. Abb. 67b zeigt
den zugehörigen Potentialverlauf und Abb. 67c die Verteilung der einzelnen Ladungsträgertypen. Die Dichte n der freien Ladungsträger hängt
gemäß Gl. (5/3) exponentiell vom Potential ab; sie ist im neutralen
Halbleiter gleich der Dotierungsdichte und nimmt dann in Richtung
zum Metall rasch ab. Wenn diese Trägerdichte klein im Vergleich zur
Dotierungsdichte ist, kann ihr Einfluß auf den Potentialverlauf vernachlässigt werden, und man erhält für konstante Dotierungsdichte in dieser
Zone einen parabolischen Verlauf des Potentials.

109

Man kann also den Halbleiterbereich unterteilen in:

1. die neutrale Zone,
2. die RL-Zone, in welcher $n \ll N$ gilt, und
3. eine dazwischenliegende Übergangszone, in welcher zwar $n < N$ gilt, aber nicht $n \ll N$.

Das Potential in der neutralen Zone ist konstant. In der RL-Zone ist der Potentialverlauf einfach mit Hilfe der Poisson-Gleichung zu ermitteln (hier Parabel). In der Übergangszone hängt der Potentialverlauf von der Trägerdichte ab, die ihrerseits vom Potential abhängt. Dieser Zusammenhang ist in Gl. (5/4) beschrieben. Im folgenden wird gezeigt, daß für die Ausdehnung der Übergangszone eine charakteristische Länge, die Debye-Länge, Gl. (5/10) existiert. Wenn diese klein im Vergleich zur Weite l der RL-Zone ist, kann angenommen werden, daß die RL-Zone sprunghaft in die neutrale Zone übergeht, wie in Abb. 67d gestrichelt gezeichnet (s. auch S. 130).

Der Potentialverlauf in der Übergangszone kann, wie erwähnt, mit Hilfe von Gl. (5/4) berechnet werden (s. z.B. [62] S. 149). Vernachlässigt man jedoch die Wirkung der Minoritätsträger auf den Potentialverlauf (gerechtfertigt in Störstellenhalbleitern), so kann der Potentialverlauf näherungsweise einfach wie folgt berechnet werden: Für Gl. (5/3) wurde angenommen, daß das Potential V an *der* Stelle gleich Null sei, an der die Trägerdichte gleich der Eigenleitungsdichte n_i ist. Legt man nun ein Potential $V^* = V - V_0$ so fest, daß es im neutralen Halbleiter gleich Null ist, so erhält man aus Gl. (5/3):

$$n_0 = n_i \exp \frac{e(V^* + V_0)}{kT} = n_i \exp \frac{eV_0}{kT} \exp \frac{eV^*}{kT}.$$

Da für $V^* = 0$ die Beziehung $n_0 = N_D$ gilt, erhält man daraus:

$$n_0 = N_D \exp \frac{eV^*}{kT}. \tag{5/7}$$

Setzt man Gl. (5/7) in die Poisson-Gleichung (5/3) unter Vernachlässigung der Minoritätsträger ein (dazu $N_A = 0$, da n-Typ), so erhält man:

$$\Delta V^* = \frac{e}{\varepsilon}(n_0 - N_D) = \frac{e}{\varepsilon} N_D \left(\exp \frac{eV^*}{kT} - 1 \right). \tag{5/8}$$

Für Potentialunterschiede, die klein im Vergleich zur Temperaturspannung sind ($eV^*/kT \ll 1$), kann die Exponentialfunktion in eine Reihe entwickelt und nach dem zweiten Glied abgebrochen werden. Man erhält damit für eindimensionale Verhältnisse die Differentialgleichung

$$\frac{d^2 V^*}{dx^2} = \frac{e^2 N_D}{\varepsilon kT} V^*, \tag{5/9}$$

mit der Lösung

$$\boxed{V^* = k_1 \exp \left(\frac{-x}{L_D} \right); \quad L_D = \sqrt{\frac{kT\varepsilon}{e^2 N_D}}.} \tag{5/10}$$

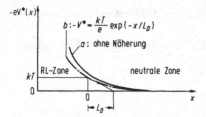

Mit Hilfe von Abb. 68 kann die Integrationskonstante k_1 ermittelt werden (die zweite Integrationskonstante ist bereits Null gesetzt, da für $x \to \infty$ das Potential gleich Null ist). Demnach wird der Ort $x = 0$ so festgelegt, daß dort das Potential gleich der Temperaturspannung kT/e ist:

$$x = 0 : \; -V^* = \frac{kT}{e} \to -V^* = \frac{kT}{e} \exp\left(\frac{-x}{L_D}\right). \tag{5/11}$$

Innerhalb einer Strecke der Größenordnung L_D ändert sich also das Potential um den Wert kT/e und damit sinkt die Trägerdichte nach Gl. (5/3) auf $1/e$ des Wertes im neutralen Halbleiter.

Die für die Lösung (5/10) eingeführte Näherung führt zu einer Krümmung der Potentialkurve, die *kleiner* als in Wirklichkeit ist. Eine Potentialdifferenz klingt daher in einem homogenen Halbleiter mit $\exp(-x/L_D)$ oder rascher ab. Die Debye-Länge ist ein allgemeines Maß dafür. Für beispielsweise $N = 10^{16}$ cm^{-3} ergibt sich bei Zimmertemperatur in Si ($\varepsilon = 12\,\varepsilon_0$) $L_D \approx 4 \cdot 10^{-6}$ cm.

Wie man sich durch Einsetzen überzeugen kann, ist die Debye-Länge auch durch die dielektrische Relaxationszeit und die Diffusionskonstante der *Majoritätsträger* ausdrückbar:

$$\begin{aligned} n\text{-Typ-Halbleiter:} \qquad & L_D = \sqrt{D_n \, \tau_d}, \\ p\text{-Typ-Halbleiter:} \qquad & L_D = \sqrt{D_p \, \tau_d}. \end{aligned} \tag{5/12}$$

Die Bedeutung der Debye-Länge erkennt man aus folgender Überlegung: Falls eine genügend große Potentialstörung im homogenen Halbleiter vorhanden ist, ändert sich das Potential innerhalb der Debye-Länge um mehr als kT/e. Nach Gl. (5/2) bedeutet dies weiter, daß mit der Potentialänderung eine entsprechend große Änderung der Trägerdichten verbunden ist. Wenn die Potentialstörung gegenüber dem elektrisch neutralen Halbleiter eine Trägerdichteverringerung bewirkt, so kann dann die Raumladung der freien Ladungsträger gegenüber der Raumladung der Dotierungsatome vernachlässigt werden, wenn die Potentialdifferenz groß gegen kT/e ist.

Abgesehen von einer Übergangszone der Größenordnung der Debye-Länge L_D kann man daher den homogenen Halbleiter als elektrisch neutral oder als von freien Ladungsträgern vollständig ausgeräumt betrachten, wenn

die Potentialstörung (am Rande des homogenen Halbleiters) eine Ladungs-
verringerung bewirkt.

Von diesen Überlegungen wird bei der Berechnung des pn-Überganges
Gebrauch gemacht (s. S. 133).

Übungen

5.1

Bestätige für den Sonderfall des Halbleiters im thermischen Gleichgewicht mit einer
eindimensionalen Potentialstörung die Einstein-Beziehung Gl. (2/20).
Lösung: Nach dem Prinzip des detaillierten Gleichgewichts müssen Elektronen-
stromdichte i_n und Löcherstromdichte i_p Null sein:

$$i_n = i_{n\,\text{diff}} + i_{n\,\text{drift}} = e\,D_n\,\text{grad}\,n_0 + e\,n_0\,\mu_n\,E = 0\,,$$

eindimensional:

$$D_n\,\frac{dn_0}{dx} - n_0\,\mu_n\,\frac{dV}{dx} = 0.$$

Andererseits ist die Trägerdichte nach Gl. (5/2) vom Potential V abhängig:

$$n_0 = n_i\,\exp\frac{e\,V}{k\,T} \rightarrow \frac{dn_0}{dx} = \frac{e}{k\,T}\,n_0\,\frac{dV}{dx}\,.$$

Der Vergleich zeigt:

$$D_n = \mu_n\,\frac{k\,T}{e}\,.$$

Analog für Löcher.

5.2

Innerhalb einer n-Ge-Probe steige die Dotierungskonzentration von $N_{D1} = 10^{15}\,\text{cm}^{-3}$
auf $N_{D2} = 10^{18}\,\text{cm}^{-3}$. Welcher Potentialunterschied ergibt sich zwischen der schwach
dotierten und der stark dotierten Seite (300 K)?

Lösung: Nach Gl. (5/2) gilt an den Enden der Probe:

$$N_{D1} = n_i\,\exp\frac{e\,V_1}{k\,T}\,, \qquad N_{D2} = n_i\,\exp\frac{e\,V_2}{k\,T}\,.$$

Daraus erhält man:

$$V_2 - V_1 = \frac{k\,T}{e}\,\ln\frac{N_{D2}}{N_{D1}} = 0{,}18\,\text{V}.$$

5.3

Welche Bedeutung hat die Debye-Länge für die Ladungsträgerkonzentration und
den Potentialverlauf in einem homogen dotierten Halbleiter im thermischen Gleichgewicht, wenn am Rande eine genügend große Potentialstörung vorliegt?
Antwort: Innerhalb einer Debye-Länge verändert sich die Ladungsträgerkonzentration um mehr als den Faktor e = 2,718 (bzw. 1/e) und das Potential um mindestens kT/e.

6 Ladungsträgertransport

6.1 Konvektionsströme

Wie beispielsweise in Abb. 47 gezeigt, weisen die freien Ladungsträger eine Verteilung ihrer (kinetischen) Energie auf. Die Boltzmann'sche Transportgleichung (s. z. B. [66]) beschreibt den Ladungstransport unter Berücksichtigung dieser Energieverteilung. Manche Effekte (z. B. Thermoelektrischer Effekt) können nur damit verstanden werden. Viele Effekte (Gunn-Effekt, Verhalten heißer Elektronen usw.) können nur so quantitativ richtig beschrieben werden. Für die hier gewählte einfachste Leschreibungsart wird jedoch (in Übereinstimmung mit dem Begriff der äquivalenten Zustandschichte) eine einheitliche gemittelte Driftgeschwindigkeit für die Ladungsträgerbewegung unter dem Einfluß einer äußeren Kraft angenommen. Es können die bereits beim Bindungsmodell besprochene Begriffe wieder aufgenommen werden, insbesondere gelten die Gln. (6/1) für die Stromdichten (s. Gl. (2/18) und 2/19)):

$$\text{Löcherstromdichte:} \quad i_p = e\,\mu_p\,p\,E - e\,D_p\,\text{grad}\,p\,,$$
$$\text{Elektronenstromdichte:} \quad i_n = e\,\mu_n\,n\,E + e\,D_n\,\text{grad}\,n\,, \tag{6/1}$$
$$\text{Konvektionsstromdichte:} \quad i = i_n + i_p\,. \tag{6/2}$$

Verzichtet man auf die Trennung zwischen Diffusions- und Driftstrom, so erhält man sehr einfache Stromgleichungen bei Benutzung der Quasi-Fermi-Niveaus. Für die Diffusionsströme erhält man aus den Gln. (2/19) mit Gl. (5/5) und der Einstein-Beziehung (2/20):

$$i_n\ \text{diff} = e\mu_n n\ \text{grad}\ (V - \Phi_n),$$
$$i_p\ \text{diff} = -e\mu_p p\ \text{grad}\ (\Phi_p - V).$$

Für die Driftstöme erhält man aus den Gln. (2/18) mit $E = -\text{grad}\ V$ die Beziehungen

$$i_n\ \text{drift} = -e\mu_n n\ \text{grad}\ V,$$
$$i_p\ \text{drift} = -e\mu_p p\ \text{grad}\ V.$$

Dies ergibt für den gesamten Elektron- bzw. Löcherstrom nachstehendes Gleichungspaar:

$$i_n = - e\mu_n n \ \mathrm{grad} \ \Phi_n, \qquad\qquad (6/3)$$
$$i_p = - e\mu_p p \ \mathrm{grad} \ \Phi_p.$$

Der Strom des jeweiligen Typs ist also bestimmt durch das Produkt aus Trägerdichte und Gradient des Quasi-Fermi-Niveaus. Es genügt also, außer dem Verlauf der Trägerdichten den Verlauf des Quasi-Fermi-Niveaus zu kennen (die Trägerdichten hängen vom Potential und vom Quasi-Fermi-Niveau ab). Der Zusammenhang zwischen den Strömen und der Verteilung der Ladungsträger wird durch die Kontinuitätsgleichung beschrieben.

6.2 Kontinuitätsgleichungen

Für die einzelnen Ladungsträgerarten (Elektronen und Löcher) gilt ganz allgemein (keine Beschränkung auf homogene Halbleiter oder thermisches Gleichgewicht):

$$\frac{1}{e} \ \mathrm{div} \ i_p + R - G = - \frac{\partial p}{\partial t}, \qquad\qquad (6/4)$$

$$- \frac{1}{e} \ \mathrm{div} \ i_n + R - G = - \frac{\partial n}{\partial t}. \qquad\qquad (6/5)$$

Diese Gleichungen besagen, daß eine Dichteänderung entsteht, wenn entweder aus dem betrachteten Volumenelement Ladungsträger abfließen (Divergenzterme) oder Rekombination und Generation einander nicht das Gleichgewicht halten. Sowohl der Abfluß der Ladungsträger als auch ein Überwiegen der Rekombination gegenüber der Generation bewirken eine Verminderung der Trägerdichten. Das negative Vorzeichen vor $\mathrm{div} \ i_n$ beruht darauf, daß für die Teilchendivergenz die Stromdivergenz durch die spezifische Ladung (in diesem Fall $-e$) zu dividieren ist.

Mit Hilfe des Gaußschen Satzes (Gl. 6/6) ergeben sich die Kontinuitätsgleichungen für ein endliches Volumen V:

$$\int \mathrm{div} \ i \ dV = \oint i \ df; \qquad\qquad (6/6)$$

$$\frac{1}{e} \oint i_p \ df + \int (R - G) \ dV = - \frac{\partial}{\partial t} \int p \ dV. \qquad\qquad (6/7)$$

Der erste Term in Gl. (6/7) gibt den Teilchenfluß pro Zeiteinheit aus dem betrachteten Volumen an (Abb. 69), der zweite die Differenz zwischen Rekombination und Generationsrate. Der Term auf der rechten Seite gibt die Änderung der Anzahl der Ladungsträger (in diesem Fall Löcher) im betrachteten Volumen an.

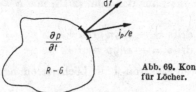

Abb. 69. Kontinuitätsbeziehung für Löcher.

Der für Rekombination und Generation maßgebende Ausdruck $R - G$ kann für Störstellenhalbleiter meist wie folgt dargestellt werden: Die Generationsrate G ist die Summe aus der thermischen Generationsrate G_{th} und einer zusätzlichen Generationsrate g, die beispielsweise durch Lichteinstrahlung verursacht wird:

$$G = G_{th} + g. \tag{6/8}$$

Unter den in Abschn. 4.2 genannten Voraussetzungen (ein vorherrschender Rekombinationsmechanismus und „schwache Injektion") gilt:

$$
\begin{aligned}
n\text{-Typ:} \qquad & R - G_{th} = \frac{p'}{\tau_p} \\
p\text{-Typ:} \qquad & R - G_{th} = \frac{n'}{\tau_n}.
\end{aligned}
\tag{6/9}
$$

Da diese Beziehungen für n-Typ- und p-Typ-Halbleiter verschieden sind (maßgebend sind jeweils die *Minoritätsträger*lebensdauern), erhält man je zwei (skalare) Gleichungen für n- und p-Typ-Halbleiter [Gln. (6/11) bis (6/14)].

Selbstverständlich muß die direkt aus den Maxwell-Gleichungen abgeleitete Kontinuitätsgleichung für Gesamtstrom und Gesamtladung (s. z.B. [43], S. 5 u. Abschn. 8.4) hier ebenfalls gelten:

$$\operatorname{div} i = -\frac{\partial \varrho}{\partial t}; \quad i = i_n + i_p; \quad \varrho = e(p - n) + eN. \tag{6/10}$$

Dies besagt, daß elektrische Ladung nicht erzeugt oder vernichtet werden kann. Die gespeicherte Ladung kann sich nur durch Zu- oder Abfluß ändern. Die Gln. (6/4) und (6/5) stellen die Bilanzen für jede Ladungsträgerart allein dar. Hier sind Generation und Rekombination zu berücksichtigen, da diese die Trennung bzw. Vereinigung von Ladungen beschreiben und die Einzelbilanzen beeinflussen (die Gesamtladung jedoch nicht). Die Addition der Gl. (6/4) und (6/5) ergeben Gl. (6/10).

Die Gl. (6/9) beschreibt die Nettorekombination für schwache Anregung. Für andere Rekombinationsgesetzmäßigkeiten s. z.B. [66] oder [81].

6.3 Gleichungssystem für Störstellenhalbleiter bei fehlendem Magnetfeld

Nachstehend sind die Gleichungen für Störstellenhalbleiter und schwache Injektion zusammengefaßt:

Stromgleichungen: s. Gln. (6/1) bis (6/3):

$$
\begin{aligned}
i_p &= e\mu_p pE - eD_p \operatorname{grad} p = -e\mu_p p \operatorname{grad} \varPhi_p, \\
i_n &= e\mu_n nE + eD_n \operatorname{grad} n = -e\mu_n n \operatorname{grad} \varPhi_n, \\
i &= i_n + i_p,
\end{aligned}
$$

mit
$$
\begin{aligned}
\varPhi_p &= V + U_T \ln (p/n_i), \\
\varPhi_n &= V - U_T \ln (n/n_i).
\end{aligned}
\tag{5/5b}
$$

Kontinuitätsgleichungen:

$$n\text{-Typ:} \qquad \frac{1}{e} \operatorname{div} \boldsymbol{i}_p + \frac{p'}{\tau_p} - g = -\frac{\partial p'}{\partial t}, \qquad\qquad (6/11)$$

$$-\frac{1}{e} \operatorname{div} \boldsymbol{i}_n + \frac{p'}{\tau_p} - g = -\frac{\partial n'}{\partial t}, \qquad\qquad (6/12)$$

$$p\text{-Typ:} \qquad \frac{1}{e} \operatorname{div} \boldsymbol{i}_p + \frac{n'}{\tau_n} - g = -\frac{\partial p'}{\partial t}, \qquad\qquad (6/13)$$

$$-\frac{1}{e} \operatorname{div} \boldsymbol{i}_n + \frac{n'}{\tau_n} - g = -\frac{\partial n'}{\partial t}. \qquad\qquad (6/14)$$

Poisson-Gleichung (s. Abschn. 8.4):

$$\Delta V = \frac{e}{\varepsilon}(n - p - N); \qquad \boldsymbol{E} = -\operatorname{grad} V; \qquad\qquad (6/15)$$

$$n = n_0 + n'; \qquad p = p_0 + p'.$$

Da die Gleichgewichtsdichten n_0 und p_0 zeitlich konstant sind, gilt immer:

$$\frac{\partial n}{\partial t} = \frac{\partial n'}{\partial t} \text{ und } \frac{\partial p}{\partial t} = \frac{\partial p'}{\partial t}. \qquad\qquad (6/16)$$

Im *homogenen* Halbleiter sind die Gleichgewichtsdichten abgesehen von Randzonen (s. S. 111) auch räumlich konstant, und es gilt:

$$\frac{\partial n}{\partial x_i} = \frac{\partial n'}{\partial x_i}, \qquad \frac{\partial p}{\partial x_i} = \frac{\partial p'}{\partial x_i}. \qquad\qquad (6/17)$$

Die Gln. (5/2) für die Trägerdichten können zunächst nicht mit herangezogen werden, da sie nur für thermisches Gleichgewicht gelten; in Abschn. 7.4 wird noch gezeigt, daß sie allgemeiner anwendbar sind.

In den Gln. (6/1) und (6/2) wurde der Einfluß eines Magnetfeldes vernachlässigt. Dies ist zwar prinzipiell nicht zulässig, wenn ein Strom fließt, da dann als Folge des Stromes Magnetfelder entstehen. In der Praxis jedoch wird die Wirkung dieses Eigenmagnetfeldes fast immer vernachlässigbar sein. Wenn ein starkes äußeres Feld vorhanden ist, sind die Stromgleichungen durch die Terme für den Hall-Effekt und die Magnetowiderstandsänderung (s. z. B. [66]) zu erweitern (s. S. 48).

Von Nutzen ist folgende, allgemein gültige Gleichung (s. Abschn. 8.4):

$$\operatorname{div} i_{\text{ges}} = 0; \qquad i_{\text{ges}} = i + \frac{\partial D}{\partial t}. \qquad\qquad (6/18)$$

Sie besagt, daß der Gesamtstrom (Konvektions- plus Verschiebungsstrom) quellenfrei ist.

Trotz Vernachlässigung des Magnetfeldes ist das Gleichungssystem ohne weitere Vereinfachungen kaum lösbar. Abb. 70 zeigt für n-Typ-Halbleiter schematisch die Verknüpfung der einzelnen Größen; die verknüpfenden Gleichungen sind links außen angegeben. Als bekannt sind jeweils die Gleichgewichtskonzentrationen n_0 und p_0 angenommen. Bei bekannten Trägerkonzentrationen p und n (als Funktionen des Ortes)

116

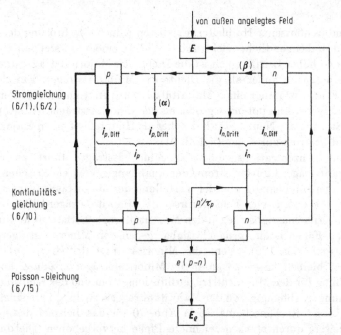

Stromgleichung
(6/1),(6/2)

Kontinuitäts-
gleichung
(6/10)

Poisson-Gleichung
(6/15)

Abb. 70. Schematische Darstellung der Zusammenhänge zwischen elektrischem Feld, Trägerdichten und Stromdichten für n-Typ-Halbleiter bei fehlendem Magnetfeld.

können die Diffusionsströme berechnet werden. Bei bekanntem elektrischem Feld E und bekannten Trägerkonzentrationen können die Driftströme und schließlich Elektronen- und Löcherstrom berechnet werden [Gln. (6/1)]. Über die Gln. (6/11) und 6/12) erhält man aus den Strömen wieder die Trägerdichten, wobei nur die Minoritätsträgerdichte (Überschußdichte p') bekannt sein muß. Mit Hilfe der Poisson-Gleichung (6/15) erhält man aus den Trägerdichten das durch die Raumladung verursachte elektrische Feld E_ϱ. Abb. 70 zeigt, daß die Schwierigkeit für die Lösung des Gleichungssystems darin besteht, daß sowohl die Diffusions- als auch die Driftströme die Trägerdichten und damit die Feldstärke beeinflussen, die ihrerseits den Driftstrom bestimmt.

Nachfolgend wird jedoch gezeigt, daß für Störstellenhalbleiter bei schwacher Injektion Näherungen zulässig sind, die eine Entkopplung des Gleichungssystems ermöglichen, so daß der Lösungsweg wesentlich vereinfacht wird. Die Verwendung dieses vereinfachten Gleichungssystems wird anhand von typischen Beispielen (Abschn. 6.5 bis 6.7) demonstriert.

6.4 Vereinfachtes Gleichungssystem für Störstellenhalbleiter genügend hoher Leitfähigkeit bei schwacher Injektion

Das homogene Halbleitermaterial ist im thermischen Gleichgewicht, abgesehen von Randzonen, elektrisch neutral. Im normalen Betriebszustand (stromdurchflossener Halbleiter) existieren jedoch eine Störung der Neutralität und ein endliches elektrisches Feld. In einem Störstellenhalbleiter genügend hoher Leitfähigkeit ist die Dichte der Majoritätsträger um viele Zehnerpotenzen höher als die Dichte der Minoritätsträger. Ein elektrisches Feld wird daher einen Majoritätsträgerdriftstrom hervorrufen, der um mehrere Zehnerpotenzen größer als der Minoritätsträgerdriftstrom ist. Eine Störung der Neutralität hat daher als Haupteffekt einen Majoritätsträgerdriftstrom zur Folge (vgl. S. 91).

Ein Konzentrationsgefälle der Minoritätsträger führt zu einem Minoritätsträgerdiffusionsstrom, der unabhängig vom elektrischen Feld und daher unabhängig von der Verteilung der Majoritätsträger ist. Der durch das elektrische Feld verursachte Minoritätsträgerdriftstrom ist sicher vernachlässigbar gegen den Majoritätsträgerdriftstrom und in den meisten Fällen auch vernachlässigbar gegen den Minoritätsträgerdiffusionsstrom (s. S. 120). Wenn der Minoritätsträgerdriftstrom unberücksichtigt bleiben kann, so kann die Minoritätsträgerverteilung aus der Gleichung für den Minoritätsträgerdiffusionsstrom und der Kontinuitätsgleichung unabhängig von der Majoritätsträgerverteilung berechnet werden. Dieses Rechenschema ist in Abb. 70 für das Beispiel des n-Typ-Halbleiters durch stark gezeichnete Pfeile hervorgehoben. Die durch α gekennzeichnete, gestrichelt eingetragene Verknüpfung bleibt unberücksichtigt.

Der Majoritätsträgerstrom stellt sich so ein, daß nahezu Neutralität vorherrscht ($n' \approx p'$). Die Majoritätsträger „schirmen" die Minoritätsträger ab. Dieses nicht unbedingt erwartete „zweitrangige" Verhalten der Majoritätsträger kommt dadurch zustande, daß bereits kleine Störungen der Neutralität wegen der hohen Trägerdichte Majoritätsträgerströme zur Folge haben.

Die Verwendung der Gl. (6/9) in den Kontinuitätsgleichungen setzt einen Störstellenhalbleiter und „schwache Injektion" voraus. Definitionsgemäß sind bei schwacher Injektion die Überschußträgerdichten ($n' \approx p'$) klein gegen die Majoritätsträgergleichgewichtsdichte. In diesem Fall ist der Majoritätsträgerdriftstrom durch das elektrische Feld und die bekannte Gleichgewichtskonzentration gegeben. Beispielsweise gilt für n-Typ-Halbleiter:

$$i_{n,\,\mathrm{Drift}} = e\,\mu_n\,n_0\,E. \tag{6/19}$$

Das Schema der Abb. 70 vereinfacht sich demnach durch Wegfallen der gestrichelt eingezeichneten Verknüpfung (β).

In den Gln. (6/1) äußern sich diese vereinfachenden Annahmen durch Wegfall der Minoritätsträgerdriftströme und Einsetzen der Gleichgewichtskonzentration in den Majoritätsträgerstromterm. Man erhält für n-Typ-Halbleiter:

$$\boxed{i_p = -\,e\,D_p\,\mathrm{grad}\,p}\,, \tag{6/20}$$

118

$$i_n = e\,\mu_n\,n_0\,\boldsymbol{E} + e\,D_n\,\mathrm{grad}\,n\,,\qquad\qquad (6/21)$$

$$i = i_n + i_p\,,\qquad\qquad (6/2)$$

$$\boxed{\frac{1}{e}\,\mathrm{div}\,\boldsymbol{i}_p + \frac{p'}{\tau_p} - g = -\frac{\partial p'}{\partial t}}\,,\qquad\qquad (6/11)$$

$$-\frac{1}{e}\,\mathrm{div}\,\boldsymbol{i}_n + \frac{p'}{\tau_p} - g = -\frac{\partial n'}{\partial t}\,,\qquad\qquad (6/12)$$

$$\varDelta V = \frac{e}{\varepsilon}\,(n - p - N)\,,\qquad\qquad (6/15)$$

$$\boldsymbol{E} = -\,\mathrm{grad}\,V\,.$$

Für p-Typ-Halbleiter ergibt sich:

$$i_p = e\,\mu_p\,p_0\,\boldsymbol{E} - e\,D_p\,\mathrm{grad}\,p\,,\qquad\qquad (6/22)$$

$$\boxed{i_n = e\,D_n\,\mathrm{grad}\,n}\,,\qquad\qquad (6/23)$$

$$i = i_n + i_p\,,\qquad\qquad (6/2)$$

$$\frac{1}{e}\,\mathrm{div}\,\boldsymbol{i}_p + \frac{n'}{\tau_n} - g = -\frac{\partial p'}{\partial t}\,,\qquad\qquad (6/13)$$

$$\boxed{-\frac{1}{e}\,\mathrm{div}\,\boldsymbol{i}_n + \frac{n'}{\tau_n} - g = -\frac{\partial n'}{\partial t}}\,,\qquad\qquad (6/14)$$

$$\varDelta V = \frac{e}{\varepsilon}\,(n - p - N)\qquad\qquad (6/15)$$

$$\boldsymbol{E} = -\,\mathrm{grad}\,V\,.$$

Die eingerahmten Gln. (6/20) und (6/11) bzw. (6/23) und (6/14) sind unabhängig vom übrigen System und beschreiben die Minoritätsträgerdiffusion (in Abb. 70 hervorgehoben). Die Majoritätsträgerverhältnisse können mit Hilfe der übrigen Gleichungen bestimmt werden. In sehr vielen Fällen genügt jedoch bereits die Kenntnis des Minoritätsträgerstromes. Die folgenden drei Abschnitte dienen der Demonstration dieses Verfahrens.

6.5 Minoritätsträgerdiffusion

Es wird ein homogenes Halbleitermaterial (n-Typ) betrachtet, in welchem räumlich begrenzt Ladungsträger erzeugt werden (Abb. 71). Diese Ladungsträgererzeugung, z.B. durch Licht, sei zeitlich konstant und es sei nach dem stationären Zustand ($\partial/\partial t = 0$) gefragt. Ferner wird Leerlauf ($i = 0$) angenommen, und Randeffekte werden vernachlässigt, so daß eindimensional gerechnet werden kann ($\partial/\partial y = 0$, $\partial/\partial z = 0$). Der Halbleiterstab sei optisch dünn, die Generationsrate durch Lichteinstrahlung g im Bereich I zeitlich und räumlich konstant. Der Halbleiterstab sei in x Richtung unendlich ausgedehnt.

Zunächst wird der Vorgang qualitativ beschrieben: Als Folge der Trägererzeugung im Bereich I entsteht dort eine Erhöhung der Träger-

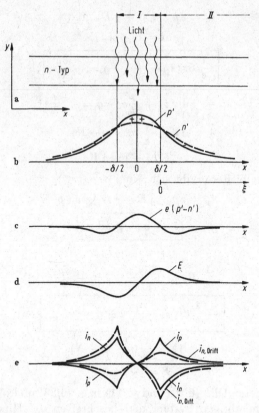

Abb. 71. Trägerdichten, elektrische Feldstärke und Stromdichten in einem lokal beleuchteten homogen dotierten Halbleiterstab.

dichten. Dadurch entsteht ein Gefälle der Konzentrationen und ein Diffusionsstrom (Teilchenstrom) nach außen in die Bereiche II. Wegen der endlichen Lebensdauer der Ladungsträger diffundieren diese nicht beliebig weit in den Bereich II, sondern rekombinieren mehr oder weniger weit vom Rand des Bereiches II entfernt. Die Überschußkonzentrationen werden etwa den in Abb. 71b gezeigten Verlauf haben.

Wären die Diffusionskonstanten beider Ladungsträger gleich, so würden die Ladungsträgerkonzentrationen einen identischen Verlauf zeigen. Die Neutralität wäre überall vorhanden, und es gäbe keinen Driftstrom; die Diffusionsströme wären entgegengesetzt gleich groß. Die Diffusionskonstanten sind jedoch nicht gleich groß; es gilt etwa $D_n \approx 2 D_p$ für Ge und $D_n \approx 3 D_p$ für Si. Aus diesem Grunde überwiegt die Elektronendiffusion, und man erhält für n' einen flacheren Verlauf als für p', wie Abb. 71b zeigt. Dadurch entsteht jedoch (trotz $n' \approx p'$) eine geringe Störung der Neutralität und die in c gezeichnete Ladungsdichteverteilung, welche das in d gezeichnete Feld zur Folge hat. Dieses bewirkt den in e gezeichneten Majoritätsträgerdriftstrom $i_{n \, \text{Drift}}$, der gerade so groß ist, daß wieder Elektronen- und Löcherstrom entgegengesetzt gleich groß sind und $i = 0$ gilt.

Der Minoritätsträgerstrom i_p muß aus Symmetriegründen in der Mitte ($x = 0$) verschwinden; er wird im Bereich der Trägererzeugung (Bereich I) zunehmen und wegen der Symmetrie der Teilchenbewegung einen schiefsymmetrischen Verlauf aufweisen. Im Bereich II nimmt der Diffusionsstrom wieder ab, da keine zusätzlichen Ladungsträger erzeugt werden, wohl aber welche wegen Rekombination verschwinden. Der Elektronendiffusionsstrom $i_{n \, \text{Diff}}$ hat ein entgegengesetztes Vorzeichen (gleiche Teilchenbewegungsrichtung) und ist dem Betrag nach größer als der Löcherstrom, da die Diffusionskonstante größer ist. Der Majoritätsträgerdriftstrom $i_{n \, \text{Drift}}$ schließlich ist gerade so groß, daß $i_n + i_p = 0$ erfüllt ist. Nach Gl. (6/18) ist der Gesamtstrom quellenfrei. Da hier $\partial/\partial t = 0$ gilt und Leerlauf angenommen wurde, muß $i = 0$ sein an jeder Stelle x. Der Minoritätsträgerdriftstrom ist klein gegen den Majoritätsträgerdriftstrom, der gleiche Größenordnung wie die Diffusionsströme hat, und daher zu vernachlässigen.

Die Ladungsträger werden im Bereich I paarweise erzeugt, wandern nach außen (Diffusion) und rekombinieren. In den Bereich II werden an der Stelle $x = \delta/2$ Minoritätsträger injiziert. Diese wandern durch Diffusion im Bereich II weiter und rekombinieren. Dieser Vorgang der Minoritätsträgerinjektion und -diffusion ist von entscheidender Bedeutung in der pn-Diode und im Transistor und wird daher im folgenden näher untersucht.

Für die quantitative Ermittlung der Minoritätsträgerverhältnisse im n-Typ-Halbleiter genügen die Gln. (6/20) und (6/11). Es gilt:

Bereich I: $\qquad i_p = - e D_p \dfrac{dp'}{dx}, \qquad \dfrac{1}{e} \dfrac{di_p}{dx} + \dfrac{p'}{\tau_p} = g \, .$ $\qquad$ (6/24)

Daraus folgt: $\qquad \dfrac{d^2 p'}{dx^2} - \dfrac{1}{D_p \tau_p} \, p' = - \dfrac{g}{D_p} \, .$

Bereich II: $\qquad \dfrac{d^2 p'}{dx^2} - \dfrac{1}{D_p \tau_p} \, p' = 0 \, .$ $\qquad\qquad\qquad$ (6/25)

Die Differentialgleichung für den Bereich II ist homogen; ihre Lösung lautet:

$$p' = A \exp\left(- \frac{x}{L_p} \right) + B \exp \frac{x}{L_p} \qquad\qquad (6/26)$$

mit $\qquad\qquad\qquad \boxed{L_p = \sqrt{D_p \, \tau_p}} \, .$

Mit den Randbedingungen

$$x = \delta/2: \quad p' = p'(0) \, ,$$
$$x \to \infty: \quad p' \to 0$$

erhält man mit der neuen Ortskoordinate $\xi = x - \delta/2$:

$$
\begin{aligned}
p' &= p'(0)\exp\left(-\frac{\xi}{L_p}\right),\\
i_p &= -eD_p\frac{\partial p'}{\partial x} = \frac{eD_p\,p'(0)}{L_p}\exp\left(-\frac{\xi}{L_p}\right)\\
&= i_p(0)\exp\left(-\frac{\xi}{L_p}\right).
\end{aligned}
\tag{6/27}
$$

Sowohl die Überschußkonzentration als auch der Minoritätsträgerstrom nehmen exponentiell ab. Die Abklingkonstante L_p nennt man *Diffusionslänge* (s. Abb. 72).

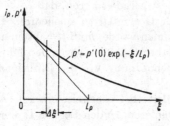

Abb. 72. Räumliches Abklingen der Überschußdichte und des Minoritätsträgerstromes bei zeitlich konstanter Minoritätsträgerinjektion in einem homogenen Halbleiter.

Ganz analog ist die Diffusionslänge für Elektronen im p-Material

$$
L_n = \sqrt{D_n\,\tau_n}\,.
\tag{6/28}
$$

Die Diffusionslänge L_p hat generell große Bedeutung; sie kennzeichnet das räumliche Abklingen der Überschußminoritätsträger, die in einen homogenen Halbleiter injiziert werden. Man kann unter der Diffusionslänge auch die in der Minoritätsträgerlebensdauer im Mittel durch Diffusion zurückgelegte Strecke verstehen.

Der Partikelstrom durch Diffusion ist: $-D_p\,dp'/dx \equiv p'\,\bar v$. Dadurch wird eine mittlere Diffusionsgeschwindigkeit $\bar v$ definiert. Mit $p' = p'(0)\exp(-x/L_p)$ erhält man $\bar v = D_p/L_p$, so daß der in der Zeit τ_p zurückgelegte Weg $\tau_p\bar v = L_p$ ist. In diesem Fall wird die Konzentration am Rand $p'(0)$ konstant gehalten. Für andere Randbedingungen erhält man zwischen $\tau_p\bar v$ und L_p Faktoren ungleich 1, so daß obige Kennzeichnung der Diffusionslänge mehr anschauliche als quantitative Bedeutung hat.

Bei der Besprechung der Rekombinationsmechanismen (S. 96) wurde darauf hingewiesen, daß die Minoritätsträgerlebensdauer sehr stark von den Herstellungsbedingungen abhängt und insbesondere durch den Einbau von „Rekombinationszentren" verkürzt werden kann (Abb. 62). Demnach gibt es Maximalwerte für die Diffusionslängen, die durch den Einbau von „Rekombinationszentren" verkürzt werden können. Typische Bereiche für Diffusionslängen sind:

Ge: 4 bis 400 μm [18],

Si: 1 bis 200 μm [18], [57], [58],

GaAs: 0,3 bis 15 μm [5].

Da die Minoritätsträgerdiffusion von ausschlaggebender Bedeutung ist, sei dieser Vorgang nochmals qualitativ beschrieben: Eine zeitlich konstante Minoritätsträgerinjektion am Rande einer homogenen Halbleiterzone ($\xi = 0$ in Abb. 72) führt zu einer zeitlich konstanten Trägerdichte, die höher ist als die Gleichgewichtsdichte im Inneren des homogenen Halbleiters. Es existiert daher ein Konzentrationsgefälle und als Folge davon ein Diffusionsstrom (Teilchenbewegung ins Innere des homogenen Halbleiters). Gleichzeitig existiert eine Rekombination, die proportional der Überschußträgerdichte ist. Wegen der Rekombination muß der in den Bereich $d\xi$ einfließende Teilchenstrom größer sein als der ausfließende (Kontinuitätsgleichung). Nehmen wir an, daß der Minoritätsträgerstrom nur als Diffusionsstrom fließt, so muß das Konzentrationsgefälle an der Stelle ξ größer sein als bei $\xi + d\xi$, und zwar muß dieser Unterschied proportional der Konzentration p' sein, was ein exponentielles Abklingen der Konzentration und des Stromes (räumliche Ableitung der Konzentration) ergibt.

Die Verteilung der Überschußmajoritätsträger (egal ob diese mitinjiziert wurden oder nicht) ist etwa gleich der Verteilung der Überschußminoritätsträger. Eine sehr kleine Abweichung der Trägerdichten ruft über das elektrische Feld einen Majoritätsträgerdriftstrom hervor, der dafür sorgt, daß die Abweichung von der Neutralität sehr klein ist und folglich der Minoritätsträgerdriftstrom (der Annahme gemäß) zu vernachlässigen ist.

Für den Bereich I lautet die Lösung

$$p' = C \exp\left(-\frac{x}{L_p}\right) + D \exp\left(\frac{x}{L_p}\right) + g\,\tau_p.$$

Wäre der Bereich I unendlich ausgedehnt ($\partial/\partial x = 0$), so wären die Integrationskonstanten C und D gleich Null; es würde sich die Überschußdichte $p' = g\,\tau_p$ einstellen, für welche der Rekombinationsanteil p'/τ_p gleich dem Generationsanteil g wäre [Gl. (4/8)]. Für einen endlich breiten Bereich I erhält man die Integrationskonstanten C und D aus Stetigkeitsbedingungen für p' und i_p. Für $x = \delta/2$ muß i_p stetig sein, da sonst eine Ladungsspeicherung vorhanden sein müßte, und es muß p' stetig sein, da sonst ein unendlicher Diffusionsstrom fließen würde.

Mit diesen Randbedingungen erhält man die vollständige Lösung (vgl. Abb. 71):

Bereich I:
$$p' = g\,\tau_p \left[1 - \exp\left(-\frac{\delta}{2\,L_p}\right) \cosh\frac{x}{L_p}\right],$$

$$i_p = e\,g\,L_p \exp\left(-\frac{\delta}{2\,L_p}\right) \sinh\frac{x}{L_p},$$

Bereich II:
$$p' = g\,\tau_p \sinh\frac{\delta}{2\,L_p}\,\exp\left(-\frac{x}{L_p}\right),$$

$$i_p = e\,g\,L_p \sinh\frac{\delta}{2\,L_p}\,\exp\left(-\frac{x}{L_p}\right).$$

123

Die sich einstellende Überschußträgerdichte p' ist bei endlich ausgedehntem Bereich I kleiner als $g\tau_p$ (unendlich ausgedehnter Bereich), da Ladungsträger nicht nur rekombinieren, sondern auch abfließen.

6.6 Ausgleichsvorgang nach einer zeitlich und örtlich begrenzten Minoritätsträgerinjektion

Abb. 73 zeigt einen homogenen Halbleiterstab (n-Typ) der an der Stelle $x = 0$ durch einen kurzen intensiven Lichtblitz beleuchtet wird. Dadurch werden an dieser Stelle Ladungsträger erzeugt, und es existiert zur Zeit $t = 0$ eine Minoritätsträger-Überschußladung $eA\,P'_0$ am Ort $x = 0$ (δ-Funktion). Dabei ist A der Querschnitt des Stabes, also P'_0 die Ladung pro Flächeneinheit. Der Stab sei wieder optisch dünn und die Rechnung eindimensional vorgenommen. Eine Minoritätsträgerinjektion hätte, abgesehen vom Majoritätsträgerstrom innerhalb der dielektrischen Relaxationszeit, den gleichen Effekt.

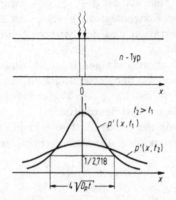

Abb. 73. Ladungsträgerausgleich nach kurzzeitiger lokal begrenzter Minoritätsträgerinjektion.

Selbstverständlich ist die Voraussetzung schwacher Injektion nicht vereinbar mit der Annahme einer δ-Funktion. Es ergeben sich jedoch dadurch nur Fehler im allerersten Abschnitt des Ausgleichsvorganges; es finden daher auch hier die vereinfachten Gln. (6/20) und (6/11) Anwendung. Aus diesen erhält man hier ($\partial/\partial t \neq 0$!) die partielle Differentialgleichung für die Minoritätsträgerdiffusion:

$$\frac{\partial^2 p'}{\partial x^2} - \frac{p'}{D_p\,\tau_p} = \frac{1}{D_p}\,\frac{\partial p'}{\partial t}\,. \tag{6/29}$$

a) Es wird zunächst die Rekombination vernachlässigt, d.h. $\tau_p \to \infty$. Dies ergibt die Wärmeleitungs- oder Diffusionsgleichung:

$$\frac{\partial^2 p'_\infty}{\partial x^2} = \frac{1}{D_p}\,\frac{\partial p'_\infty}{\partial t} \tag{6/30}$$

mit der Lösung

$$p'_\infty = \frac{C}{\sqrt{t}}\exp\left(-\frac{x^2}{4\,D_p t}\right). \tag{6/31}$$

124

Sie ist in Abb. 73 eingezeichnet. Man erhält eine Glockenkurve, die mit der Zeit „zerfließt". Die Fläche unter der Kurve ist gleich der konstanten Anzahl der Ladungsträger und daher gleich P_0'. Daraus kann die Integrationskonstante C ermittelt werden und man erhält:

$$\int_{-\infty}^{+\infty} p_\infty'\, dx = P_0', \tag{6/32}$$

$$p_\infty' = \frac{P_0'}{2} \frac{1}{\sqrt{\pi D_p t}} \exp\left(-\frac{x^2}{4 D_p t}\right). \tag{6/33}$$

Diese Beziehung kennzeichnet das Zerfließen einer Ladungsanhäufung durch Diffusion.

b) Berücksichtigung der endlichen Lebensdauer τ_p. Nach Gl. (4/6) gilt $p' = p'(0) \exp(-t/\tau_p)$, d.h., die jeweilige Überschußdichte klingt exponentiell mit der Zeit ab. Man erhält daher als Gesamtlösung

$$p' = p_\infty' \exp\left(-\frac{t}{\tau_p}\right). \tag{6/34}$$

Von der Richtigkeit dieses Ansatzes kann man sich auch durch Einsetzen in Gl. (6/29) überzeugen, welche dann in Gl. (6/30) übergeht. Die vollständige Lösung lautet daher:

$$p' = \frac{P_0'}{2} \frac{1}{\sqrt{\pi D_p t}} \exp\left(\frac{-x^2}{4 D_p t}\right) \exp\left(\frac{-t}{\tau_p}\right). \tag{6/35}$$

Die „Form" der Kurve bleibt erhalten; es ändern sich die Maßstäbe auf den Achsen. Wie aus Abb. 73 ersichtlich, ist die Breite der Glockenkurve $4\sqrt{D_p t}$. Dies bedeutet, daß nach Zerfließen auf eine Breite $4 L_p = 4\sqrt{D_p \tau_p}$ die Zeit τ_p vergangen ist und daher 63% der Ladungsträger bereits rekombiniert sind. Man kann also sagen: *Die Überschußladungsträger verschwinden (durch Rekombination), wenn sie auf die Größenordnung der Diffusionslänge auseinandergeflossen sind.*

6.7 Haynes-Shockley-Experiment

Abb. 74 zeigt schematisch das Experiment. Ebenso wie im Versuch nach Abb. 73 wird zur Zeit $t = 0$ an der Stelle $x = 0$ durch einen kurzen intensiven Lichtblitz die Überschußträgeranzahl P_0' erzeugt; zusätzlich sei jedoch hier ein elektrisches Gleichfeld E_0 vorhanden, welches an den Halbleiter angelegt wird. Als Folge dieses Feldes fließt der Strom i_0, vorwiegend als Majoritätsträgerdriftstrom.

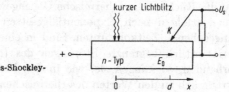

Abb. 74. Haynes-Shockley-Experiment.

Wie im vorhergehend beschriebenen Experiment zerfließt die Anhäufung der Minoritätsträger (und Majoritätsträger) als Folge der Diffusion. Auf diese Überschußträger wirkt jedoch das elektrische Feld E_0 und zwar auf die beiden Ladungsträgertypen in *verschiedenen* Richtungen. Entscheidend ist nun die Tatsache, daß sich die *Minoritätsträger* unter dem Einfluß von E_0 in $+$ x-Richtung bewegen und die Majoritätsträgerverteilung mitwandert, da kleine Abweichungen von der Neutralität genügen, um den neutralisierenden Majoritätsträgerstrom hervorzurufen. Da sich die Minoritätsträger (hier Löcher) mit der Geschwindigkeit $v_p = \mu_p E_0$ bewegen, ist in Gl. (6/35) x durch $x - v_p t$ zu ersetzen, und man erhält für die Überschußkonzentration:

$$p'(x, t) = \frac{P_0'}{2} \frac{1}{\sqrt{\pi D_p t}} \exp\left(\frac{-(x - \mu_p E_0 t)^2}{4 D_p t}\right) \exp\left(\frac{-t}{\tau_p}\right).$$

Diese Verteilung ist in Abb. 75 für verschiedene Zeitpunkte aufgetragen. Die Überschußminoritätsträger wandern unter dem Einfluß des elektrischen Feldes E_0, zerfließen als Folge der Diffusion und rekombinieren.

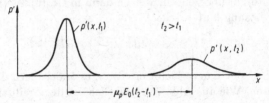

Abb. 75. Überschußträgerdichte als Funktion des Ortes im Haynes-Shockley-Experiment (Zeit als Parameter).

Beim klassischen Haynes-Shockley-Versuch wurden die Minoritätsträger durch einen Kontakt injiziert und nicht durch einen Lichtimpuls erzeugt; im übrigen entspricht Abb. 74 dem Experiment. Der Kollektor K dient zur Sammlung der Löcher (der Halbleiter ist unter K wegen des Gleichfeldes positiver als K). Das Signal U_s ist ohne Lichtimpuls proportional der Gleichgewichtslöcherkonzentration. Abb. 76 zeigt den Lichtimpuls P_L und das Signal als Funktion der Zeit. Der Signalimpuls ist um die Laufzeit τ der Minoritätsträger gegen den Lichtimpuls verschoben. Auf diese Weise läßt sich die Beweglichkeit der Minoritätsträger messen.

Im Kap. 4 wurden Ausgleichsvorgänge beschrieben, welche im homogenen Halbleiter *nach* einer Störung des thermischen Gleichgewichts bestehen und die Rückkehr ins thermische Gleichgewicht bewirken. Diese Relaxationen erfolgen nach Exponentialgesetzen mit den in Tab. 2 (S. 192) angegebenen Zeitkonstanten. Sind in einem homogenen Halbleitermaterial örtlich begrenzte Störungen des thermischen Gleichgewichts vorhanden, so klingen sie, wie in den letzten Abschnitten besprochen, räumlich zu den Werten des thermischen Gleichgewichts nach

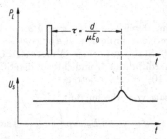

Abb. 76. Lichtimpuls und Signal für die Anordnung nach Abb. 74.

Exponentialgesetzen mit den in Tab. 2 angegebenen charakteristischen Längen ab.

Übungen

6.1

Wodurch unterscheiden sich die Kontinuitätsgleichungen für n-Typ-Halbleiter von denen für p-Typ-Halbleiter?

Antwort: Im n-Typ-Halbleiter ist $R - G_{th} = p'/(\tau_p)$, im p-Typ Halbleiter $n'/(\tau_n)$; die *Minoritätsträger*lebensdauer ist maßgebend für die Rückkehr ins Gleichgewicht (s. S. 94).

6.2

Unter welchen Bedingungen ist die Minoritätsträgerdiffusion unabhängig von der Bewegung der Majoritätsträger?

Antwort: Bei schwacher Injektion in einem Störstellenhalbleiter genügender Leitfähigkeit; dann ist nämlich die Minoritätsträgerlebensdauer nur von der Gleichgewichtsträgerdichte abhängig [s. Gl. (4/6)] und der von der Verteilung *beider* Trägertypen abhängige Minoritätsträger*drift*strom gegen den Minoritätsträger*diffusions*strom zu vernachlässigen (s. Abb. 70).

6.3

Durch Beleuchtung eines Teils einer Halbleiterprobe werden Überschußladungsträger erzeugt. Welche Mechanismen tragen zum Abtransport bzw. zum Verschwinden der Überschußladungsträger bei?

Antwort: Abtransport durch Minoritätsträgerdiffusion, wobei durch Majoritätsträgerdriftströme die Konzentrationen der beiden Trägersorten ungefähr gleich gehalten werden (Abschirmung der diffundierenden Minoritätsträger, s. S. 126) und Rekombination mit der Minoritätsträgerlebensdauer als Zeitkonstanten.

6.4

Wie ist die Diffusionslänge definiert? Kontrolliere die Dimension!

Antwort: Z. B. für p-Typ-Halbleiter $L_n = \sqrt{D_n \tau_n}$, $[L_n] = (m^2 \, s^{-1} \, s)^{1/2}$.

6.5

Welche Unterschiede bestehen zwischen Diffusionslänge und Debye-Länge (Definitionen, Größenordnung)?

Antwort: Z. B. für n-Typ-Halbleiter ist die Debye-Länge $L_D = \sqrt{D_n \tau_d}$ (D_n Diffusionskonstante der Majoritätsträger, τ_d dielektrische Relaxationszeit). Die Diffusionslänge ist $L_p = \sqrt{D_p \tau_p}$ (D_p Diffusionskonstante der Minoritätsträger, τ_p Minoritätsträgerlebensdauer).

Größenordnungen s. Tab. 2, S. 192!

127

6.6

Ein Halbleiterstab wird im Bereich $-\delta/2 < x < \delta/2$ mit Licht bestrahlt, so daß räumlich homogen g Trägerpaare pro cm^3 und s erzeugt werden (s. Abb. 71). Berechne für einen p-Si-Stab mit einer Minoritätsträgerdiffusionslänge von 100 μm die Minoritätsträgerdiffusionsstromdichte an den Stellen $x = 0; 5; 100$ μm, wenn $\delta = 20$ μm und $g = 10^{16}\,cm^{-3}\,s^{-1}$ betragen!

Lösung: Siehe letzter Absatz von Abschn. 6.5:

$$|x| < \frac{\delta}{2}: \quad i_n = -\,e\,g\,L_n \exp\left(-\frac{\delta}{2\,L_n}\right)\sinh\frac{x}{L_n},$$

$$x = 0: \quad i_n = 0,$$

$$x = 5\,\mu m: \quad i_n = 7{,}2 \cdot 10^{-7}\,A\,cm^{-2}.$$

$$x > \frac{\delta}{2}: \quad i_n = -\,e\,g\,L_n \sinh\frac{\delta}{2\,L_n}\exp\left(-\frac{x}{L_n}\right),$$

$$x = 100\,\mu m: \quad i_n = 5{,}9 \cdot 10^{-7}\,A\,cm^{-2}.$$

6.7

Wie hängt der Konvektionsstrom vom Quasi-Fermi-Potential ab?

Antwort: Der Konvektionsstrom ist proportional zur jeweiligen Trägerdichte (die vom elektrischen Potential und vom Quasi-Fermi-Potential abhängt) und proportional zum Gradienten des jeweiligen Quasi-Fermi-Potentials (Gln. (5/5) und (6/3), s. auch Abb. 91).

7 Der pn-Übergang

Der pn-Übergang ist das Grundelement der meisten Halbleiter-Bauelemente. Er wird hier in seinen wesentlichen Eigenschaften beschrieben im thermischen Gleichgewicht, unter dem Einfluß einer Vorspannung
(Gleichstromkennlinie) und bezüglich seiner dynamischen Eigenschaften
(Sperrschichtkapazität, Diffusionskapazität). Am übersichtlichsten sind
die Verhältnisse für den „abrupten Übergang", bei dem eine konstante
Dotierung im n-Bereich sprungartig in eine konstante Dotierung im
p-Bereich übergeht. Abrupte Übergänge lassen sich nach der sog.
Legierungstechnik oder mit Hilfe der Molekularstrahlepitaxie herstellen,
während die Diffusionstechnik stetige Übergänge erzielt [82].

Es wird „eindimensional" gerechnet, um übersichtliche Verhältnisse
zu erzielen.

7.1 Der pn-Übergang im thermodynamischen Gleichgewicht

Abb. 77a zeigt das Dotierungsprofil eines pn-Übergangs für $N_A = 10^{16}$ cm^{-3} und $N_D = 2 \cdot 10^{16}$ cm^{-3}. Als Halbleitermaterial wird Si bei
Zimmertemperatur angenommen. In großer Entfernung vom pn-Über-
gang gilt:

$$p\text{-Bereich:} \quad p_{p0} = N_A ; \quad n_{p0} = \frac{n_i^2}{N_A}, \tag{7/1}$$

$$n\text{-Bereich:} \quad n_{n0} = N_D ; \quad p_{n0} = \frac{n_i^2}{N_D}. \tag{7/2}$$

Da zwischen p- und n-Bereich starke Konzentrationsunterschiede der
Trägerdichten existieren, werden Diffusionsströme fließen. Als Folge des
dann stetigen Übergangs der Dichten der freien Ladungsträger im Gegensatz zum sprunghaften Übergang der Ladungsdichten der ionisierten
Dotierungsatome entsteht eine Raumladungsdichte ϱ, wie in Abb. 77c
gezeigt. Man erkennt, daß diese Ladungsverteilung im linearen Maßstab
nahezu rechteckig ist (in Abb. 77b logarithmischer Maßstab!). Man nennt
diese Zone mit $\varrho \neq 0$ Raumladungszone (RL-Zone).

Die Gesamtladung der Raumladungszone ist Null. Wäre das nicht
der Fall, würden Feldlinien von außen an den Ladungen enden, und es

würde ein Majoritätsträgerdriftstrom fließen, bis diese Felder verschwinden, d. h. die Gesamtladung Null ist. Innerhalb der Raumladungszone jedoch existiert ein Feld, wie in Abb. 77d gezeichnet. Dieses Feld bewirkt Driftströme, welche im thermischen Gleichgewicht gerade den Diffusions-

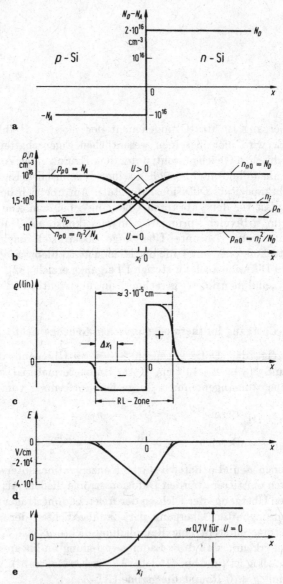

Abb. 77. Der abrupte pn-Übergang im thermischen Gleichgewicht; Dotierung $N_D - N_A$, Trägerdichten n und p, Raumladungsdichte ϱ, elektrische Feldstärke E und Potential V als Funktion des Ortes; Beispiel: Si mit $N_D = 2 \cdot 10^{16}$ cm^{-3} und $N_A = 10^{16}$ cm^{-3} bei 300 K.

strömen das Gleichgewicht halten, so daß weder ein Elektronengleich-
strom noch ein Löchergleichstrom fließt (detailliertes Gleichgewicht;
s. Abb. 78a).

Die elektrische Feldstärke über den Ort integriert, ergibt das elektrische Potential, wie in Abb. 77e gezeichnet.

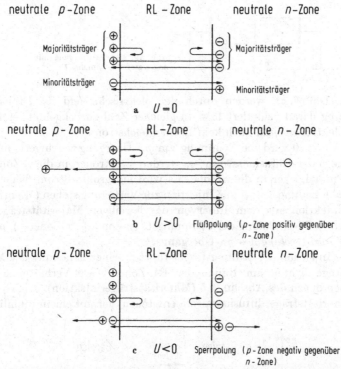

Abb. 78. Verschiedene Betriebszustände eines pn-Überganges; die eingezeichnete Lokalisierung der
Ladungsträger ist — insbesondere in der RL-Zone — wegen der Unschärferelation schematich.

7.2 Anlegen einer Vorspannung

Im thermischen Gleichgewicht ist die Kontaktspannung zwischen n- und
p-Bereich (Diffusionsspannung) an den Klemmen nicht meßbar, da an
den äußeren Kontakten ebenfalls Potentialunterschiede entstehen,
welche die Diffusionsspannung gerade kompensieren. Liegt daher keine
Vorspannung an den Klemmen, so liegt die Diffusionsspannung U_D an
der RL-Zone. Legt man eine Vorspannung U nach Abb. 79 an die
Klemmen, so liegt am pn-Übergang die Spannung U_D-U.

Folgende zwei Voraussetzungen müssen dazu erfüllt sein:

a) Die Kontakte sollen den Stromfluß nicht behindern; das Kontakt-
potential soll unabhängig von Richtung und Größe des Stromes durch

die Kontakte sein. Solche Kontakte nennt man Ohmsche Kontakte (s. z.B. Bd. 2 dieser Reihe).

b) Der Spannungsabfall in der neutralen Zone sei vernachlässigbar klein.

Für $U = 0$ kompensieren sich Diffusions- und Driftstrom, d.h. die Elektronen, die auf Grund ihrer thermischen Energie die n-Zone ver-

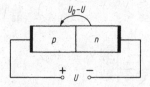

Abb. 79. Der pn-Übergang mit angelegter Vorspannung U.

lassen (Diffusion), werden durch das elektrische Feld der Diffusionsspannung daran gehindert bzw. in gleicher Zahl zurückgeholt; es fließt kein Elektronen- und auch kein Löchergleichstrom.

Für $U > 0$ wird die Spannung am pn-Übergang verringert, und es überwiegt der Diffusionsstrom; es werden Elektronen in die p-Zone injiziert und Löcher in die n-Zone. Es wird ein großer Strom fließen, da sehr viele Ladungsträger zur Injektion zur Verfügung stehen (Minoritätsträgerinjektion aus dem Reservoir der jeweiligen Majoritätsträger, s. Abb. 78b). Diese Polung der Spannung U (p-Zone $+$, n-Zone $-$), nennt man *Vorwärtspolung* des pn-Übergangs.

Die Injektion der Ladungsträger führt zu einer Erhöhung der Minoritätsträgerdichten am Rande der RL-Zone. Diese Verhältnisse entsprechen denen des Abschn. 6.5 (Minoritätsträgerinjektion), d.h. es wird ein Minoritätsträgerdiffusionsstrom entstehen, der mit einem räumlichen

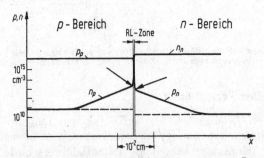

Abb. 80. Trägerdichten für einen in Flußrichtung gepolten pn-Übergang; dieses Bild gilt für Ge mit $n_i = 2,5 \cdot 10^{13}$ cm^{-3}!

Absinken der Überschußminoritätsträger (mit der Diffusionslänge als Abklingkonstante) verbunden ist. Abb. 80 zeigt die Trägerdichten als Funktion des Ortes, wie sie durch Diffusion der Minoritätsträger von der RL-Zone weg und Rekombination verursacht werden. Die Änderung der Trägerdichten in der RL-Zone ist aus Abb. 77b qualitativ zu ersehen

(Kurven $U > 0$). Wegen des gegenüber Abb. 80 unterschiedlichen Abszissenmaßstabes ist hier die Abnahme der Trägerdichte in den neutralen Zonen kaum zu sehen.

Für $U = 0$ wird der Diffusionsstrom durch den Driftstrom gerade kompensiert (Abb. 78a). Für $U < 0$ können die Elektronen aus der n-Zone noch weniger in die p-Zone gelangen. Dieser Stromanteil kann

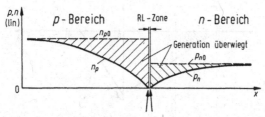

Abb. 81. Minoritätsträgerdichten für einen in Sperrichtung gepolten pn-Übergang.

ebenso wie der Löcherstrom aus der p-Zone nicht weiter als bis Null sinken. Ein sehr geringer Stromanteil entsteht jedoch durch die *Minoritätsträger*, welche durch das elektrische Feld der Spannung U über die pn-Zone gezogen werden. Dies ergibt den *Sperrstrom* (Abb. 78c).

Das Absaugen der Minoritätsträger für $U < 0$ führt zu einem Unterschreiten der Gleichgewichtsträgerdichten, wie in Abb. 81 gezeigt. In den Bereichen mit $n_p < n_{p0}$ bzw. $p_n < p_{n0}$ überwiegt die thermische Generation; die erzeugten Ladungsträger diffundieren *zum pn-Übergang*. Man sieht, daß der Sperrstrom nicht mehr weiter anwachsen kann, wenn U genügend negativ ist (dem Betrag nach größer als etwa 100 mV bei Zimmertemperatur), so daß die Minoritätsträgerkonzentration am Rande der RL-Zone nahezu Null wird. Man erhält einen spannungsunabhängigen *Sättigungsstrom*.

7.3 Berechnung der Raumladungszone

Für die Raumladungszone wird angenommen, daß die Raumladung der freien Ladungsträger vernachlässigbar gegen die Raumladung der ionisierten Dotierungsatome sei, so daß die gesamte RL-Dichte gegeben ist durch $\varrho = e\,(N_D - N_A)$. Man erkennt aus Abb. 77b und 77c, daß dadurch nur ein Fehler in der Übergangszone von der RL-Zone zu den anschließenden neutralen Zonen entsteht. Nach den Überlegungen von S. 111 ist diese Übergangszone von der Größenordnung der Debye-Länge, also sehr kurz. Man nennt die durch diese Annahme entstehende Näherungslösung depletion-(Verarmungs-)Näherung oder Schottkysche Parabelnäherung [44], da der Potentialverlauf nach zweimaliger Integration über die konstant angenommene Raumladungsdichte eine Parabel ist (Abb. 77e) (s. z.B. [83] S. 19 für die exakte Lösung).

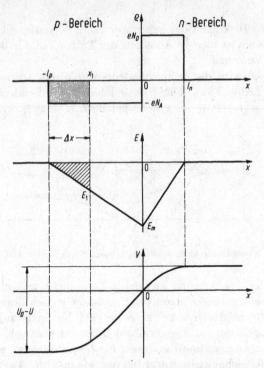

Abb. 82. Ladung, Feldstärke und Potential in der Raumladungszone nach der Schottkyschen Parabelnäherung.

Mit dieser Annahme gelten für die (eindimensional angenommene) Raumladungszone folgende Ausgangsgleichungen:

$$\frac{dE}{dx} = \frac{\varrho}{\varepsilon} \, ; \qquad \varrho = e\,(N_D - N_A) \tag{7/3}$$

$$E = -\frac{dV}{dx} \, .$$

Mit den Bezeichnungen nach Abb. 82 und $E = 0$ außerhalb der RL-Zone erhält man:

$$E\,(x_1) = \frac{1}{\varepsilon}\,(-\,e\,N_A)\,\varDelta x\,,$$

$$E_m = \frac{1}{\varepsilon}\,(-\,e\,N_A)\,l_p\,. \tag{7/4}$$

Die Größe E_m ist die maximale Feldstärke in der Raumladungszone. Damit das elektrische Feld außerhalb der Raumladungszone verschwindet, muß die Gesamtladung der Raumladungszone Null sein, also:

$$N_A\,l_p = N_D\,l_n\,, \tag{7/5}$$

$$l_p = -\,\frac{\varepsilon}{e}\,\frac{1}{N_A}\,E_m\,, \qquad l_n = -\,\frac{\varepsilon}{e}\,\frac{1}{N_D}\,E_m\,. \tag{7/6}$$

Die Potentialdifferenz ist die Fläche unter der Feldstärke (mal -1):

$$U_D - U = \frac{1}{2}\,E_m^2\left(\frac{\varepsilon}{e}\right)\left(\frac{1}{N_A} + \frac{1}{N_D}\right). \tag{7/7}$$

134

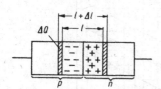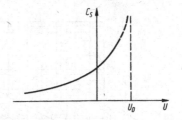

Man erhält daraus die maximale Feldstärke E_m und die Länge der Raumladungszone $l = l_p + l_n$ als Funktion der angelegten Spannung U:

$$E_m = - \sqrt{\frac{2e}{\varepsilon}(U_D - U)\frac{1}{\frac{1}{N_A} + \frac{1}{N_D}}} \, , \qquad (7/8)$$

$$l = \sqrt{\frac{2\varepsilon}{e}(U_D - U)\left(\frac{1}{N_A} + \frac{1}{N_D}\right)} \qquad (7/9)$$

$$l_p = l \frac{N_D}{N_D + N_A} \, ; \quad l_n = l \frac{N_A}{N_D + N_A} \, . \qquad (7/10)$$

Für das angenommene Zahlenbeispiel ist $l \approx 3 \cdot 10^{-5}$ cm, also klein gegen die Diffusionslänge (welche bei etwa 10^{-2} cm liegt), aber größer als die Debye-Länge.

Aus den Gln. (7/8) und (7/9) sowie Abb. 82 erkennt man, daß bei gegebener Spannung U mit steigender Dotierung die Länge der Raumladungszone sinkt und die Feldstärke steigt.

Für gegebene Dotierung sinkt die Länge der Raumladungszone mit steigender Spannung; dies ist in Abb. 83 veranschaulicht. Bei einer Spannungsänderung ΔU entsteht eine mit der Längenänderung verbundene Ladungsänderung ΔQ, um die Grenze zwischen neutraler Zone und Raumladungszone zu verschieben. Der Quotient $\Delta Q/\Delta U$ ist die *Raumladungs-* oder *Sperrschichtkapazität* C_s. Ihre Berechnung ergibt [70]:

$$C_s = \frac{A}{l}\,\varepsilon_0\,\varepsilon_r \, . \qquad (7/11)$$

Dies ist die Kapazität eines Plattenkondensators mit dem Plattenabstand l (gleich Weite der Raumladungszone). A ist der Querschnitt des pn-Übergangs. Dieses Ergebnis kommt nicht unerwartet, da es für kleine Änderungen Δl egal ist, ob sich der Plattenabstand ändert und damit Q oder der Abstand gleich bleibt und die Ladung auf einer gedachten Elektrode sich ändert. Abb. 84 zeigt die Kleinsignalsperrschichtkapazität als Funktion der Spannung. (Für $U \to U_D$ gilt die Schottkysche Parabelnäherung nicht mehr, da $l \to 0$ geht und die Debye-Länge nicht mehr gegen l vernachlässigt werden kann.) Abb. 85 zeigt die

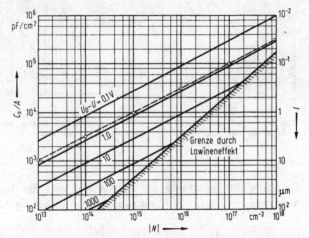

Abb. 85. Sperrschichtkapazität pro Flächeneinheit C_s/A und Weite der Raumladungszone l als Funktion der Dotierung für „einseitig abrupte" pn-Übergänge in Si; eine Seite ist sehr stark dotiert (z. B. p^+), die andere Seite (z. B. n-Zone) sei mit der Konzentration $|N|$ dotiert; Parameter ist die Spannung $U_D - U$ am Übergang; die gestrichelte Gerade gilt für $U = 0$ ([4], S. 89).

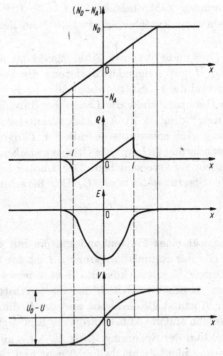

Abb. 86. Dotierungsverlauf, Raumladung, elektrisches Feld und Potential eines „linearen" pn-Überganges.

Abhängigkeit der Sperrschichtkapazität und der Weite der Raumladungszone eines „einseitig abrupten" pn-Übergangs von der Dotierung N und der Spannung $(U_D - U)$ am pn-Übergang (eine Seite sehr stark dotiert; N als Dotierungsdichte der schwach dotierten Seite). Diese spannungsabhängige Kapazität findet beispielsweise Anwendung in Abstimmdioden und Varaktordioden für parametrische Verstärker [84].

Die Annahme eines „abrupten" Übergangs führt zu besonders übersichtlichen Ergebnissen. Abb. 86 zeigt die Verhältnisse für einen „linearen Übergang". Mit der depletion-Annahme erhält man eine kubische Parabel für den Potentialverlauf. Eine Schwierigkeit entsteht hier jedoch dadurch, daß nur ein von der angelegten Spannung abhängiger Teil der Diffusionsspannung an der Raumladungszone liegt. An die von freien Ladungsträgern vollständig ausgeräumte Zone schließt ein inhomogener Halbleiter an, der nicht neutral ist und daher einen weiteren Anteil zur Diffusionsspannung liefert (s. z. B. [4], S. 92 ff. und Übungsaufgabe 7.5).

7.4 Trägerkonzentration am Rande der Raumladungszone

Es wurde gezeigt (S. 122), daß der Minoritätsträgerstrom im neutralen Halbleiter bestimmt ist, sobald man die Trägerdichte am Rande der neutralen Zone kennt. Es wird noch gezeigt, daß damit der ganze Diodenstrom bestimmt ist. Die Trägerdichten sind im thermischen Gleichgewicht durch folgende Beziehungen gegeben (s. S. 106):

$$n_0(x) = n_i \exp \frac{e\,V(x)}{k\,T},$$
$$p_0(x) = n_i \exp \left(\frac{-e\,V(x)}{k\,T}\right). \tag{7/12}$$

Für die Elektronendichten im n- bzw. p-Bereich in genügendem Abstand vom pn-Übergang erhält man (s. Abb. 87):

$$n_{p0} = n_i \exp \frac{e\,V_p}{k\,T},$$
$$n_{n0} = n_i \exp \frac{e\,V_n}{k\,T}, \tag{7/13}$$

und mit $U_D = V_n - V_p$

$$\frac{n_{p0}}{n_{n0}} = \exp \left(\frac{-e\,U_D}{k\,T}\right). \tag{7/14}$$

Analog erhält man:

$$\frac{p_{n0}}{p_{p0}} = \exp \left(\frac{-e\,U_D}{k\,T}\right). \tag{7/15}$$

Für $U \neq 0$ weichen die Trägerdichten in der Raumladungszone und deren Umgebung von den Gleichgewichtswerten ab; dadurch ändern sich die Diffusionsströme. Für $U = 0$ kompensiert der Driftstrom den Diffusionsstrom. Für $U \neq 0$ wird zunächst jede der Komponenten sich prozentual nur geringfügig ändern. Es ist daher naheliegend, für die Trägerkonzentration folgende Annahme zu treffen:

Die Elektronen- und Löcherdichten werden durch die der geänderten Potentialdifferenz $U_D - U$ zugeordneten Gleichgewichtsdichten beschrieben. Gerechtfertigt wird diese Annahme letzten Endes durch die Übereinstimmung mit dem Experiment (Shockley [45], [85] Abschn. 7.4).

Die in Abb. 80 bzw. 81 durch Pfeil gekennzeichneten Trägerdichten am Rande der Raumladungszone sind daher gegeben durch:

$$\frac{n_p}{n_n}\bigg|_{\text{Rand}} = \exp\left[-\frac{e(U_D - U)}{kT}\right] = \exp\left(-\frac{eU_D}{kT}\right)\exp\frac{eU}{kT}, \quad (7/16)$$

$$\frac{p_n}{p_p}\bigg|_{\text{Rand}} = \exp\left(-\frac{eU_D}{kT}\right)\exp\frac{eU}{kT}. \quad (7/17)$$

Für das weitere wird angenommen, daß „schwache Injektion" vorliege, also die Überschußträgerdichten klein gegen die Majoritätsträgerdichten sind. Es gilt dann:

$$n_n = n_{n0}; \quad p_p = p_{p0}. \quad (7/18)$$

Damit und mit den Gln. (7/14) und (7/15) erhält man aus den Gln. (7/16) und (7/17):

$$\boxed{\begin{aligned} p_n|_{\text{Rand}} &= p_{n0}\exp\frac{eU}{kT}, \\[2mm] n_p|_{\text{Rand}} &= n_{p0}\exp\frac{eU}{kT}. \end{aligned}} \quad (7/19)$$

Diese Gleichungen geben die Konzentrationen am Rande der Raumladungszone als Funktion der angelegten Spannung an (in Abb. 80 und 81 durch Pfeile gekennzeichnet).

7.5 Gleichstromkennlinie der pn-Diode nach dem Diffusionsmodell

Aus der Quellenfreiheit des Gesamtstromes (s. S. 116) folgt für stationäre Zustände ($\partial/\partial t = 0$), daß im eindimensionalen Fall die Konvektionsstromdichte $i = i_p + i_n$ konstant sein muß. Man kann daher i_p und i_n an einer beliebigen Stelle berechnen, addieren und erhält den Gesamtstrom. Abb. 87 zeigt qualitativ den Verlauf der Stromdichten als Funktion des Ortes für eine, in Flußrichtung gepolte pn-Diode. Durch die Injektion der Löcher aus dem p-Bereich entsteht am n-seitigen Rand der Raumladungszone ($x = 0$) eine Löcherkonzentration, die höher ist als die Gleichgewichtskonzentration. Als Folge davon entsteht ein Löcherdiffusionsstrom, der in die neutrale Zone hineinfließt und so wie in Abschn. 6.5 gezeigt, mit zunehmender Ortskoordinate abnimmt, da die Löcher im n-Gebiet mit den Elektronen rekombinieren. Diese Rekombination der Löcher erfordert eine Nachlieferung von Elektronen, so daß ein in $-x$-Richtung abnehmender Elektronenstrom entsteht. Analog diffundieren die vom n-Bereich an den p-seitigen Rand der Raumladungszonen injizierten Elektronen in den p-Bereich und

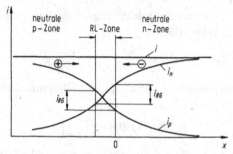

ergeben einen in $-x$-Richtung abnehmenden Elektronenstrom, der einen entsprechenden in $+x$-Richtung abnehmenden Löcherstrom zur Folge hat.

Beim Durchtritt der Ladungsträger durch die Raumladungszone können ebenfalls Ladungsträger rekombinieren (bzw. bei Sperrpolung generiert werden). Dieser Stromanteil ist durch die beiden gleichgroßen Änderungen i_{RG} der einzelnen Stromkomponenten gekennzeichnet. Bei dem hier behandelten Diffusionsstrommodell wird dieser Stromanteil i_{RG} im Vergleich zum Gesamtstrom i vernachlässigt. Dies ist in Abb. 88b gezeigt. Auf den Generations-Rekombinationsanteil i_{RG} wird in Abschn. 7.8 kurz und in Band 2 dieser Reihe [85] ausführlich eingegangen.

Abb. 88a zeigt die Trägerdichten in den neutralen Zonen für Vorwärtspolung ($U > 0$). (Die Raumladungszone ist übertrieben breit gezeichnet. Der Nullpunkt der Ortskoordinate x wurde an den n-seitigen Rand der Raumladungszone gelegt.)

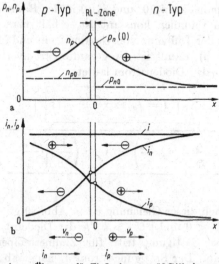

Abb. 88. Stromdichten im pn-Übergang für Flußpolung gemäß Diffusionsmodell; die Richtung der Teilchenbewegung ist durch Pfeile gekennzeichnet.

139

Nach Gl. (6/27) ist der Minoritätsträgerdiffusionsstrom am Rande der neutralen Zone gegeben durch:

$$i_p(0) = -eD_p \frac{dp'}{dx}\Big|_{x=0} = \frac{eD_p}{L_p} p_n'(0). \tag{7/20}$$

Der Minoritätsträgerstrom $i_p(x)$ klingt räumlich mit der Diffusionslänge L_p ab (Abb. 88b):

$$i_p(x) = i_p(0) \exp\left(\frac{-x}{L_p}\right). \tag{7/21}$$

Die Überschußträgerdichte $p_n'(0)$ erhält man aus Gl. (7/19) zu:

$$p_n'(0) = p_n(0) - p_{n0} = p_{n0}\left(\exp\frac{eU}{kT} - 1\right). \tag{7/22}$$

Damit erhält man als Löcherstrom am n-seitigen Rand der Raumladungszone:

$$i_p(0) = \frac{eD_p}{L_p} p_{n0}\left(\exp\frac{eU}{kT} - 1\right). \tag{7/23}$$

Gemäß der Annahme des Diffusionsmodells ($i_{RG} = 0$) ist der Löcherstrom in der Raumladungszone konstant.

Analog erhält man den Elektronenstrom am p-seitigen Ende der Raumladungszone und damit in der Raumladungszone:

$$i_n\big|_{\text{Rand}} = \frac{eD_n}{L_n} n_{p0}\left(\exp\frac{eU}{kT} - 1\right). \tag{7/24}$$

Auch der Elektronenstrom klingt im p-Bereich exponentiell ab, wie in Abb. 88b gezeichnet. Man kennt also beide Stromanteile in der Raumladungszone und die Minoritätsträgerströme in den neutralen Zonen. Der Gesamtdiodenstrom ist die mit dem Querschnitt A multiplizierte Summe der Stromdichten $i_p(0)$ und $i_n(0)$ in der Raumladungszone. Da der Gesamtstrom räumlich konstant ist, erhält man die Majoritätsträgerströme aus der Differenz von Gesamtstrom und Minoritätsträgerströmen (Abb. 88b); damit ist die gesamte Stromverteilung bekannt. Die Gleichung für den Diodenstrom lautet:

$$\boxed{I = I_s\left(\exp\frac{eU}{kT} - 1\right)} \tag{7/25}$$

mit

$$\boxed{I_s = Ae\left(p_{n0}\frac{L_p}{\tau_p} + n_{p0}\frac{L_n}{\tau_n}\right) = Aen_i^2\left(\frac{1}{N_D}\sqrt{\frac{D_p}{\tau_p}} + \frac{1}{N_A}\sqrt{\frac{D_n}{\tau_n}}\right).}$$

$$\tag{7/26}$$

Die Kennlinie nach dieser Gleichung ist in Abb. 89 gezeichnet. Man erkennt, daß für $U < 0$ und $|U| \gg kT/e$ der Diodenstrom gesättigt ist ($I = -I_s$); diese Sättigung tritt für Zimmertemperatur für etwa $|U| > 100\,\text{mV}$ auf. Der Sättigungsstrom J_s hängt ab von den Eigenschaften der *Minoritätsträger* (L_p, τ_p usw.). Abb. 90 zeigt Trägerdichten

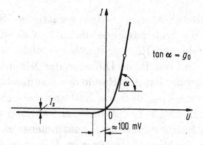

tan α = g₀... $\tan\alpha = g_0$

I_s

$\approx 100\ \text{mV}$

Abb. 89. Ideale Diodenkennlinie.

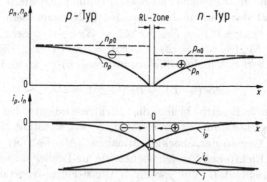

Abb. 90. Minoritätsträgerdichte und Stromdichten im *pn*-Übergang für Sperrpolung ($I = -I_s$); die Richtung der Teilchenbewegung ist durch Pfeile gekennzeichnet.

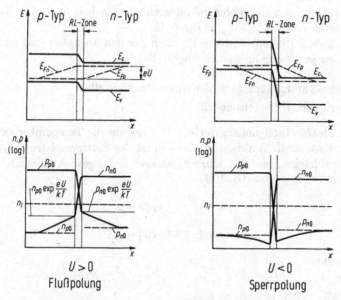

$U > 0$
Flußpolung

$U < 0$
Sperrpolung

Abb. 91. Bändermodell und Trägerdichten im *pn*-Übergang für Flußpolung und Sperrpolung.

und Stromdichten für den gesättigten Sperrbereich. Die Sättigung kommt dadurch zustande, daß die Minoritätsträgerdichten p_n und n_p am Rande der Raumladungszone nicht unter den Wert Null sinken können und damit die Diffusion der Minoritätsträger zur Raumladungszone begrenzt ist. Am Rande der Raumladungszone (n-Seite) ist $p_n \approx 0$, d.h. $p' \approx -p_{n0}$ und die Nettogenerationsrate gleich p_{n0}/τ_p (s. S. 94). Diese Generation findet statt im Volumen $A\,L_p$, und man erkennt, daß sich der Sättigungsstrom I_s zusammensetzt aus den beiden Generationsanteilen der Minoritätsträger im Volumen $A\,L_p$ und $A\,L_n$.

Abb. 91 zeigt zum Vergleich Bänderschema, Potentialverlauf und Trägerdichten für Durchlaß- und Sperrspannung. Ebenfalls eingetragen ist in Abb. 91 der Verlauf der Quasi-Fermi-Niveaus. Sehr weit im p-Bereich gilt $E_{Fp}(-\infty) = E_{Fn}(-\infty) = E_F(-\infty)$. Sehr weit im n-Bereich gilt $E_{Fn}(+\infty) = E_{Fp}(+\infty) = E_F(+\infty)$. Die angelegte Spannung äußert sich in der Differenz zwischen $E_F(-\infty)$ und $E_F(+\infty)$:

$$E_F(+\infty) - E_F(-\infty) = eU.$$

Im neutralen n-Bereich bleibt die Elektronendichte bei schwacher Injektion etwa konstant, daher bleibt $E_c - E_{Fn}$ konstant. Das analoge gilt für E_{Fp}. Gemäß der Shockley-Annahme (Abschn. 7.4) sind in der RL-Zone die Elektronen für sich ebenso wie die Löcher für sich räumlich im Gleichgewicht, d. h., die jeweiligen Quasi-Fermi-Niveaus sind konstant. Von der Äquivalenz dieser Behauptung mit der Shockley-Annahme (Gl. 7/19) kann sich der Leser mit Gl. (5/5) überzeugen. Dabei sind n und p jeweils an den Rändern der RL-Zone zu bestimmen und es ist zu beachten, daß der Potentialunterschied zwischen n- und p-Bereich gegeben ist durch $V_n - V_p = U_D - U$.

In Tab. 3 (S. 193) sind die Formeln für den abrupten und einseitig abrupten pn-Übergang zusammengestellt.

7.6 Temperaturabhängigkeit der Gleichstromkennlinie nach dem Diffusionsmodell

In der idealen Diodencharakteristik (7/25) steht die Temperatur explizit in der Exponentialfunktion. Außerdem ist der Sättigungsstrom I_s temperaturabhängig, da die Minoritätsträger-Gleichgewichtsdichten temperaturabhängig sind (Gl. 3/34):

$$p_{n0} = \frac{n_i^2}{N_D}\;;\quad n_{p0} = \frac{n_i^2}{N_A},$$

$$n_i = k_1\,T^{3/2}\exp\left(\frac{-E_{g0}}{2kT}\right).$$

Es gilt:

$$I_s = A\,e\left(\frac{L_p}{\tau_p\,N_D} + \frac{L_n}{\tau_n\,N_A}\right)n_i^2 = k_2\,n_i^2,$$

$$\frac{\partial I_s}{\partial T}\,\frac{1}{I_s} = \frac{3}{T} + \frac{E_{g0}}{kT^2}. \tag{7/27}$$

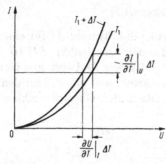

Abb. 92. Temperaturabhängigkeit
der idealen Diodenkennlinie.

Diese Gleichung beschreibt den Temperaturgang für den Sperrstrom.
Für Zimmertemperatur gilt etwa:

$$\text{Ge:}\quad \frac{\partial I_s}{\partial T}\,\frac{1}{I_s} = (0,01 + 0,1)\ \text{K}^{-1},$$

$$\text{Si:}\quad \frac{\partial I_s}{\partial T}\,\frac{1}{I_s} = (0,01 + 0,16)\ \text{K}^{-1}.$$

Dies bedeutet, daß in Ge eine Temperaturerhöhung von ca. 10 K eine
Verdoppelung des Sättigungsstromes bringt. In Si genügt hierzu eine
Temperaturerhöhung von ca. 6 K, allerdings ist der Absolutwert des
Sättigungsstromes in Si-Dioden wesentlich kleiner. Außerdem existiert
die hier beschriebene Temperaturabhängigkeit des Sperrstromes nur,
wenn die Bedingungen für die Shockleysche Diodentheorie (insbesondere
Vernachlässigung der Ladungsträgergeneration in der Raumladungs-
zone) erfüllt sind (s. S. 139). Die Abschätzung zeigt, daß in den meisten
Fällen $3/T \ll E_{g0}/(k\,T^2)$ gilt.

Für Polung in Durchlaßspannung mit $U \gg k\,T/e$ und $U = \text{const}$ kann
die Temperaturabhängigkeit des Diodenstromes leicht ermittelt werden.
In der Diodengleichung (7/25) kann die 1 gegen die Exponentialfunktion
vernachlässigt werden. Es gilt dann:

$$\frac{\partial I}{\partial T}\bigg|_{U=\text{const}} = \frac{\partial I_s}{\partial T}\exp\frac{e\,U}{k\,T} + I_s\frac{e\,U}{k\,T}\left(\frac{-1}{T}\right)\exp\frac{e\,U}{k\,T},$$

$$\frac{\partial I}{\partial T}\,\frac{1}{I}\bigg|_{U=\text{const}} = \frac{\partial I_s}{\partial T}\cdot\frac{1}{I_s} - \frac{e\,U}{k\,T^2}.$$

Vernachlässigt man außerdem in Gl. (7/27) den Term $3/T$ gegenüber
$E_{g0}/(k\,T^2)$, so erhält man für den Durchlaßstrom (s. Abb. 92):

$$\frac{\partial I}{\partial T}\,\frac{1}{I}\bigg|_{U=\text{const}} = \frac{E_{g0} - e\,U}{k\,T^2}. \tag{7/28}$$

Der Durchlaßstrom hat also eine kleinere Temperaturabhängigkeit als
der Sättigungsstrom.

Analog erhält man für $I \gg I_s$:

$$\frac{\partial U}{\partial T}\bigg|_{I=\text{const}} = -\frac{E_{g0}/e - U}{T}. \tag{7/29}$$

Dieser Temperaturkoeffizient liegt etwa in der Größenordnung -1 bis
$-3\ \text{mV K}^{-1}$ bei Zimmertemperatur.

7.7 Kleinsignalleitwert und Diffusionskapazität

Für viele Fälle interessiert die Änderung des Stromes ΔI für eine kleine Spannungsänderung ΔU. Man nennt den Quotienten $\Delta I/\Delta U$ Kleinsignalleitwert $y = g + jb$. Allgemein ist dieser Leitwert komplex. Für $\omega \to 0$ verschwindet jedoch der Imaginärteil, und man erhält den Realteil $g|_{\omega=0} = g_0$ durch die Differentiation der Gleichstromkennliniengleichung (7/25):

$$g_0 = \frac{dI}{dU} = I_s \cdot \frac{e}{kT} \exp \frac{eU}{kT},$$

$$\boxed{g_0 = \frac{e}{kT}\,(I + I_s).}\qquad(7/30)$$

Dieser Leitwert ist arbeitspunktabhängig (s. Abb. 89). Für genügend hohe Sperrspannungen ist $I = -I_s$ und der Leitwert ist Null. (In realen Dioden ergeben sich jedoch Abweichungen von der idealen Kennlinie (s. S. 149), und der Leitwert bleibt endlich.) Für hinreichend starke Flußpolung ist $I \gg I_s$, und man erhält für Zimmertemperatur:

$$\boxed{g_0/\Omega^{-1} = \frac{I/\text{mA}}{26}.}\qquad(7/31)$$

Da die Kennliniengleichung (7/25) nur für $\omega \to 0$ abgeleitet wurde, muß zur Ermittlung des (komplexen) Leitwerts bei $\omega \neq 0$ auf die Grundgleichungen zurückgegriffen werden. Um möglichst übersichtliche Verhältnisse zu bekommen, wird der Sonderfall des eindimensionalen, einseitig abrupten pn-Übergangs (eine Seite extrem stark dotiert) berechnet. Ist z. B die p-Seite stark dotiert (p^+), so überwiegt die Löcherinjektion aus der p-Zone [s. Gl. (7/26)], und es muß nur der Minoritätsträgerdiffusionsstrom in der n-Zone berücksichtigt werden, der durch die Minoritätsträgerkonzentration $p_n(0)$ am Rande der Raumladungszone bestimmt ist. Bei Vernachlässigung der Laufzeit in der Raumladungszone stellt sich $p_n(0)$ unverzüglich auf den durch Gl. (7/19) gegebenen stationären Wert ein; der Wechselanteil von $p_n(0)$ ist mit der Wechselspannung an der Raumladungszone in Phase. Der Minoritätsträgerdiffusionsstrom ist bestimmt durch die entsprechende Kontinuitätsgleichung (6/11) und durch die Stromgleichung (6/20), so daß folgende Ausgangsgleichungen gelten:

$$p_n(0) = p_{n0} \exp \frac{eU}{kT},\qquad(7/32)$$

$$\frac{1}{e}\frac{\partial i_p}{\partial x} + \frac{p_n'}{\tau_p} = -\frac{\partial p_n'}{\partial t},\qquad(7/33)$$

$$i_p = -eD_p \frac{\partial p_n'}{\partial x}.\qquad(7/34)$$

Mit dem Störansatz

$$U = \bar{U} + \tilde{U}(t) \, ; \quad \tilde{U}(t) = \hat{U} \exp \mathrm{j}\, \omega\, t \qquad (7/35)$$

erhält man aus Gl. (7/32) für $\tilde{U} \ll kT/e$:

$$\bar{p}_n(0) + \tilde{p}_n(0) = p_{n0} \exp \frac{e\bar{U}}{kT} \left(1 + \frac{e}{kT}\, \tilde{U} \right). \qquad (7/36)$$

Gl. (7/32) ist nichtlinear; sie wurde für Wechselspannungen $\tilde{U}$, die klein gegen die Temperaturspannungen sind, durch Reihenentwicklung der Funktion $\exp e\, U/(kT)$ und Abbruch nach dem zweiten Glied linearisiert. Da Gl. (7/36) für alle Zeiten t gilt, müssen die zeitunabhängigen und die zeitabhängigen Terme je für sich Gl. (7/36) befriedigen, d.h. es können Gleich- und Wechselstromanteile getrennt werden:

$$\bar{p}_n(0) = p_{n0} \exp \frac{e\,\bar{U}}{kT}\, , \qquad (7/37)$$

$$\tilde{p}_n(0) = p_{n0} \left(\exp \frac{e\bar{U}}{kT} \right) \frac{e}{kT}\, \tilde{U}\, ,$$

$$\tilde{p}_n(0) = \bar{p}_n(0)\, \frac{e\tilde{U}}{kT}\, . \qquad (7/38)$$

Analog kann man mit den Gln. (7/33) und (7/34) verfahren. Man kann jedoch auch wie folgt argumentieren: Die Gln. (7/33) und (7/34) sind linear, d.h. es gilt für die Größen i_p und p' das Superpositionsgesetz; die Gleichungen gelten sowohl für die Gleichstromanteile als auch für die Wechselstromanteile.

Mit den Ansätzen (7/39)

$$p_n = \bar{p}_n(x) + \tilde{p}_n(x, t)\, ;$$
$$\tilde{p}_n(x, t) = \hat{p}_n(x) \exp \mathrm{j}\, \omega\, t\, ,$$
$$i_p = \bar{i}_p(x) + \tilde{i}_p(x, t)\, ;$$
$$i_p(x, t) = \hat{i}_p(x) \exp \mathrm{j}\, \omega\, t\, ,$$

$$(7/39)$$

erhält man Gl. (7/40) für die Wechselstromgrößen:

$$\frac{1}{e}\, \frac{\partial \tilde{i}_p}{\partial x} + \frac{\tilde{p}'_n}{\tau_p} = -\, \frac{\partial \tilde{p}'_n}{\partial t}\, , \qquad (7/40)$$

$$\tilde{i}_p = -\, e\, D_p\, \frac{\partial \tilde{p}'}{\partial x}\, .$$

Für die Gleichstromanteile erhält man die bereits auf S. 114 angegebenen Gl. (6/24) mit $g = 0$.

Aus Gl. (7/40) erhält man eine partielle Differentialgleichung zweiter Ordnung für $\tilde{p}$:

$$D_p\, \frac{\partial^2 \tilde{p}'_n}{\partial x^2} - \frac{\tilde{p}'_n}{\tau_p} = +\, \frac{\partial \tilde{p}'_n}{\partial t}\, . \qquad (7/41)$$

Da nach Ansatz (7/39) $\tilde{p}'_n$ eine reine Sinusschwingung ist, gilt für den Operator $\partial/\partial t = \mathrm{j}\,\omega$, und die partielle Differentialgleichung (7/41) kann in eine gewöhnliche Differentialgleichung umgewandelt werden:

$$\frac{d^2 \tilde{p}'_n}{dx^2} = \frac{1 + \mathrm{j}\,\omega\,\tau_p}{D_p\,\tau_p}\,\tilde{p}'_n\,. \tag{7/42}$$

Mit den Randbedingungen

$$x = 0: \quad \tilde{p}'_n = \tilde{p}'_n(0)\,,$$
$$x \to \infty: \quad \tilde{p}'_n \to 0$$

erhält man die Lösung

$$\tilde{p}'_n = \tilde{p}'_n(0)\,\exp\left(\frac{-x}{L_p}\,\sqrt{1 + \mathrm{j}\,\omega\,\tau_p}\right). \tag{7/43}$$

Sie unterscheidet sich vom Gleichstromfall [Gl. (6/27)] durch den Wurzelausdruck.

Aus der Ortsabhängigkeit der Trägerdichte [Gl. (7/43)] kann nach Gl. (7/40) die Diffusionsstromdichte am Ort $x = 0$ berechnet werden. Da wegen der Annahme des einseitig abrupten Übergangs die Elektroneninjektion in die p^+-Zone vernachlässigt werden kann [vergl. Gl. (7/26)], ist $\tilde{i}_p(0)$ die gesamte Wechselstromdichte. (Der Verschiebungsstrom ist in der neutralen n-Zone wegen des kleinen Feldes vernachlässigbar und die Gesamtstromdichte für eindimensionale Verhältnisse wegen div $i_{ges} = 0$ konstant.)

Nach Multiplikation mit A erhält man den Diodenwechselstrom $\tilde{I}$. Die Trägerdichte am Rand der Raumladungszone $\tilde{p}'_n$ wird nach Gl. (7/38) durch die Wechselspannung $\tilde{U}$ ausgedrückt:

$$\tilde{I} = A\,\bar{p}_n(0)\,\frac{e\,\tilde{U}}{k\,T}\,\frac{e\,D_p}{L_p}\,\sqrt{1 + \mathrm{j}\,\omega\,\tau_p}\,. \tag{7/44}$$

Der zeitunabhängige Anteil der Trägerdichte ist nach Gl. (7/37):

$$\bar{p}_n(0) = p_{n0}\,\exp\frac{e\,\bar{U}}{k\,T}\,. \tag{7/45}$$

Der Exponentialausdruck kann mit Hilfe der Diodengleichung (7/25) durch den Diodenstrom ausgedrückt werden:

$$\exp\frac{e\,\bar{U}}{k\,T} = \frac{\bar{I} + I_s}{I_s}\,. \tag{7/46}$$

Der Sättigungsstrom für den einseitig abrupten Übergang lautet nach Gl. (7/26):

$$I_s = A\,e\,p_{n0}\,\frac{L_p}{\tau_p}\,. \tag{7/47}$$

Durch Einsetzen der Beziehungen (7/45) bis (7/47) in Gl. (7/44) erhält man:

$$y = \frac{\tilde{I}}{\tilde{U}} = \frac{e}{k\,T}\,(\bar{I} + Is)\,\sqrt{1 + \mathrm{j}\,\omega\,\tau_p} \tag{7/48}$$

146

und durch Vergleich mit Gl. (7/30) den Kleinsignalleitwert

$$y = g_0 \sqrt{1 + j\,\omega\,\tau_p}\,.$$

(7/49)

Für $\omega\,\tau_p \to 0$ geht dieser komplexe Leitwert wie erwartet in den reellen Leitwert g_0 über. Für $\omega\,\tau_p \ll 1$ erhält man näherungsweise:

$$y = g_0 \left(1 + j\,\frac{\omega\,\tau_p}{2}\right).$$

(7/50)

Dies entspricht der Parallelschaltung eines reellen Leitwertes g_0 mit einer Kapazität

$$C_{\text{diff}} = \frac{g_0\,\tau_p}{2}\,.$$

(7/51)

Man nennt diese Kapazität Diffusionskapazität (für niedrige Frequenzen), da sie mit der Diffusion der Minoritätsträger verknüpft ist.

Abb. 93 zeigt, daß mit der Spannungsänderung ΔU eine Änderung der Trägerdichte am Rand der Raumladungszone $\Delta p_n(0)$ und daher eine Ladungsänderung ΔQ_p verbunden ist; man erhält durch Integration:

$$\Delta Q_p = A\,e \int_0^\infty \Delta p_n(0)\,\exp\left(\frac{-x}{L_p}\right) dx = e\,\Delta p_n(0)\,A\,L_p.$$

(7/52)

Mit den Gln. (7/38) und (7/45) bis (7/47) ergibt sich:

$$\Delta Q_p = (I + I_s)\,\tau_p\,\frac{e}{k\,T}\,\Delta U\,.$$

(7/53)

Definiert man mit Hilfe der Diffusionskapazität eine Ladung ΔQ_c, so erhält man mit Gl. (7/30):

$$\Delta Q_c = C_{\text{diff}}\,\Delta U\,,$$

$$\Delta Q_c = (I + I_s)\,\frac{\tau_p}{2}\,\frac{e}{k\,T}\,\Delta U\,,$$

(7/54)

$$\frac{\Delta Q_c}{\Delta Q_p} = \frac{1}{2}\,.$$

(7/55)

Dieser Vergleich zeigt, daß die durch die Minoritätsträger vorhandene Ladung ΔQ_p nicht voll abrufbar ist; nur ein Teil dieser Ladung ist „gespeichert" und ergibt einen kapazitiven Stromanteil. Der andere Teil (die Hälfte) verschwindet durch Rekombination.

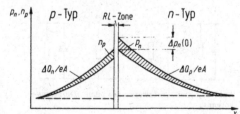

Abb. 93. Ladungsspeicherung in den neutralen Zonen einer pn-Diode.

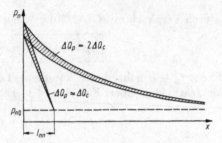

Die hier untersuchte Diode hatte eine im Vergleich zur Diffusionslänge L_p große Länge der n-Zone. Wird eine Diode mit einer Länge $l_{nn} < L_p$ der neutralen n-Zone verwendet, so tritt an Stelle der oben verwendeten Randbedingung die Randbedingung $\tilde{p}'_n(l_{nn}) = 0$, da am Metall-Halb-leiter-Kontakt sehr hohe Rekombinationswahrscheinlichkeit besteht (s. Abb. 94). Wenn die n-Zone kurz gegen die Diffusionslänge ist ($l_{nn} \ll L_p$), so ist in ihr die Rekombination zu vernachlässigen; der Verlauf der Minoritätsträgerkonzentration ist dann nahezu linear und der Quotient $\Delta Q_c/\Delta Q_p$ nähert sich dem Wert 1. Das heißt: Wenn die Rekombination zu vernachlässigen ist, so kann die ganze Ladungsänderung ΔQ_p wieder abgerufen werden. Bei der Besprechung des Schaltverhaltens von Dioden und Transistoren in Bd. 2 dieser Reihe wird darauf näher ein-gegangen.

Auf eine zweite begriffliche Schwierigkeit bezüglich der Diffusions-kapazität sei hingewiesen: Man kann zeigen, daß die Differentialgleichung für die Spannung in der in Abb. 95 gezeichneten „Leitung" die gleiche Form hat wie Gl. (7/42). Die Spannung in diesem Netzwerk entspricht der Überschußminoritätsträgerdichte in der Diode; der Widerstand R der Diffusion, C der gespeicherten Ladung und G der Rekombination je Längeneinheit; der Leitungsstrom entspricht dem Diffusionsstrom. Nur bei tiefen Frequenzen oder kurzer, am Ende kurzgeschlossener Leitung ist dieses Netzwerk durch eine RC-Parallelschaltung ersetzbar. Die all-gemein gültige Gl. (7/49) zeigt in Übereinstimmung damit, daß bei hohen Frequenzen sowohl der Realteil des Kleinsignalleitwertes als auch die „Kapazität" frequenzabhängig sind. Außerdem zeigt dieses Analognetz-werk, daß wegen der „Rekombinationsleitwerte" nicht die ganze in den Kapazitäten gespeicherte Ladung an den Klemmen verfügbar ist.

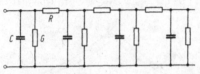

Abb. 95. Analognetzwerk für den Diffusions-vorgang.

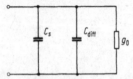

Abb. 96. Kleinsignalersatzschalt-bild der pn-Diode; C_s = Sperr-schichtkapazität.

Eine Berechnung der Diffusionskapazität für den allgemeinen abrupten Übergang und für den „linearen" Übergang ist z.B. in [46] und [47] zu finden. Für den allgemeinen abrupten Übergang ist sowohl in der n-Zone als auch in der p-Zone Ladung gespeichert (s. Abb. 93).

Parallel zur Diffusionskapazität liegt die bereits auf S. 135 besprochene Sperrschichtkapazität C_s, so daß sich das in Abb. 96 gezeichnete Kleinsignalersatzschaltbild ergibt. Im Sperrbereich der Diode sind g_0 und C_{diff} sehr klein (Null für die ideale Diode für $|U| \gg kT/e$). Die Sperrschichtkapazität bestimmt dann das Kleinsignalverhalten der Diode. Im Durchlaßbereich hingegen bestimmen der Leitwert g_0 und die Diffusionskapazität das Ersatzschaltbild. Beispielsweise ist für eine Si-Diode mit $N_D = 10^{16}$ cm^{-3}, $N_A = 10^{18}$ cm^{-3} und $\tau_p = 1$ µs für eine angelegte Spannung von $U = 0{,}65$ V (Flußpolung) die Sperrschichtkapazität pro Flächeneinheit $C_s/A = 0{,}07$ µF cm^{-2} und die Diffusionskapazität $C_{\text{diff}}/A = 20$ µF cm^{-2}. Der Kleinsignalleitwert ist $g_0/A = 39$ Ω^{-1} cm^{-2} (vgl. Abb. 65 und 85).

7.8 Abweichungen von der Diodenkennlinie nach dem Diffusionsmodell

In der Ableitung der I-U-Kennlinie der pn-Diode wurden folgende Annahmen getroffen:

    a) eindimensionale Rechnung; damit sind „Oberflächeneffekte" vernachlässigt;

    b) keine Generation oder Rekombination von Ladungsträgern in der Raumladungszone;

    c) schwache Injektion;

    d) kein Spannungsabfall in der neutralen Zone.

Diese Voraussetzungen sind mehr oder weniger gut erfüllt und werden im folgenden diskutiert.

Zu a

Die in einer Raumladungszone bei Sperrpolung vorhandenen Feldstärken sind allgemein sehr hoch (z.B. 10^4 V cm^{-1}). An den Stellen, an denen der pn-Übergang an die Oberfläche tritt, wird daher selbst durch mäßig gute Stromleitungsmechanismen (z.B. verursacht durch Verunreinigungen) ein Nebenschluß entstehen, der die guten Sperreigenschaften der Diode in Frage stellt. Im allgemeinen wird man versuchen, durch geeignete Behandlung der Oberfläche (Planartechnik, Abb. 106) diesen Nebenschluß genügend klein zu halten.

Zu b

Die Rekombination (bzw. Generation) in der Raumladungszone kann vernachlässigt werden, wenn im Vergleich dazu die Rekombination (Generation) in den neutralen Zonen groß ist. Dies ist in Halbleitern mit Band-Band-Rekombination der Fall, wenn die Weite l der Raumladungszone klein ist gegen die Diffusionslänge. Überwiegt die Rekombination

(Generation) über Rekombinationszentren, so wie dies in Si und Ge wegen des indirekten Bandüberganges der Fall ist, so läßt sich (zumindest für den Sperrbereich) folgende Abschätzung durchführen ([85] Anhang 7.4). Die Generationsrate ist gegeben durch n_i/τ_e, wobei τ_e eine für die Generation maßgebende Zeitkonstante ist. Der Strom als Folge der Generation in der Raumladungszone ist damit

$$I_{gen} = eAl\, n_i/\tau_e.$$

Dabei ist l die von der angelegten Spannung abhängige Weite der Raumladungszone (Gl. 7/9). Dies erklärt die Zunahme des Stromes mit zunehmender Sperrspannung (Kennlinienbereich a in Abb. 97).

Der Sperrstrom für Generation in der neutralen Zone und Diffusion zur RL-Zone ist gemäß Gl. (7/26) für beispielsweise eine p^+n-Diode gegeben durch

$$I_{diff} = eA\, \frac{n_i{}^2}{N_D}\, \frac{L_p}{\tau_p}.$$

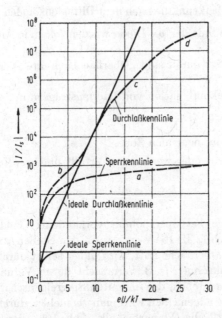

Abb. 97. Kennlinie einer Si-Diode; Abweichungen von der idealen Kennlinie, [48]; a) Sperrstrom als Folge der Trägererzeugung in der Raumladungszone(gegebenenfalls mit Oberflächenstrom), b) Einfluß der Trägerrekombination in der Raumladungszone, c) Einfluß der starken Injektion, d) Einfluß des endlichen Widerstandes der neutralen Zonen.

Dabei it τ_p die Minoritätsträgerlebensdauer in der neutralen Zone. Ist auch diese durch Rekombination über Traps bestimmt, erhält man unter vereinfachenden Annahmen (gleiche Einfangquerschnitte für Elektronen und Löcher, Trapniveau in Bandmitte) für τ_e und τ_p etwa den gleichen Wert. Das Verhältnis der beiden Stromanteile ist dann:

$$\frac{I_{gen}}{I_{diff}} \approx \frac{l}{L_p}\, \frac{N_D}{n_i}.$$

Man sieht, daß für Halbleiter mit indirektem Übergang wegen des Faktors $N_D/n_1 \gg 1$ meist der Generationsstrom in der Raumladungszone dominiert. Für Polung in Flußrichtung gilt dies nur in begrenztem Maße, da hier die Weite der Raumladungszone sehr klein wird; sofern es gilt, ist der Rekombinationsstrom proportinal zu $\exp{(eU/2kT)}$ (Kennlinienbereich b).

Allgemein setzt man daher den Diodenstrom proportional $\exp[eU/(mkT)]$ an und erhält $m = 1$ für einen Strom, der durch die Diffusion und Rekombination in den neutralen Zonen begrenzt ist, und $m = 2$ für einen Strom, der durch Rekombination in der Raumladungszone bestimmt ist.

Zu c

Die Annahme schwacher Injektion muß von einer gewissen Durchlaßspannung an verletzt werden. Bei starker Injektion ändert sich auch die Majoritätsträgerdichte. Dies führt zu einem Strom der in diesem Bereich etwa proportional zu $\exp{(U/2U_T)}$ wächst [4].

Zu d

Schließlich ist bei sehr großen Strömen der Spannungsabfall in der neutralen Zone nicht mehr zu vernachlässigen, und man erhält eine weitere Verringerung des Diodenstromes (I proportional zu U).

7.9 Durchbruch der pn-Schicht bei hohen Sperrspannungen

Von einer gewissen Sperrspannung an steigt in jeder Diode der Strom sehr stark an; die pn-Schicht bricht durch. Dabei handelt es sich um einen thermischen Durchbruch, einen Zener-Effekt oder einen Lawinendurchbruch.

7.9.1 Thermischer Durchbruch

Wie auf S. 142 besprochen, hängt der Sperrstrom stark von der Temperatur ab. Abb. 98 zeigt Sperrkennlinien im doppelt logarithmischen Maßstab mit der Temperatur als Parameter. Ebenfalls eingetragen sind Leistungshyperbeln ($UI = $ const). Für einen bestimmten Wärmewiderstand zwischen pn-Schicht und Wärmesenke entspricht jeder Leistung UI eine bestimmte Temperatur, so daß die Leistungshyperbeln Temperaturwerte als Parameter haben. Kennlinienpunkte ergeben sich nun als Schnittpunkte zwischen Leistungshyperbeln und Sperrkennlinien gleicher Temperatur.

Wie Abb. 98 zeigt, ergibt sich ab Erreichen einer gewissen Spannung U_u (Umkehrspannung) ein negativer Kennlinienast, d.h. die Diode zerstört sich selbst, wenn nicht Stromstabilisierung vorliegt. Da Wärmespeicherung in dieser Betrachtung vernachlässigt wurde, gilt die Kennlinie nur für quasistationäre Vorgänge (Aufeinanderfolge von Gleich-

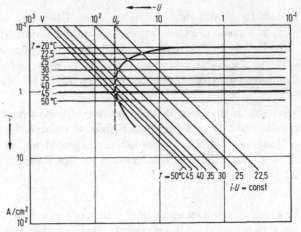

Abb. 98. Thermische Instabilität im Sperrbereich von *pn*-Dioden, [49].

gewichtszuständen). Der thermische Durchbruch tritt insbesonders in Halbleiterdioden mit großen Sperrströmen, also kleinem Bandabstand, (z. B. Ge) auf. Durch besonders gute Wärmeableitung versucht man ihn möglichst zu vermeiden.

7.9.2 Zener-Effekt

Unter Zener-Effekt versteht man die Ladungsträgererzeugung im starken elektrischen Feld. Wie Abb. 99 zeigt, liegen in einer Raumladungszone Valenzelektronen auf gleicher energetischer Höhe wie freie Plätze im räumlich etwas entfernten Leitungsband. Ist dieser Abstand genügend klein, d. h. die Feldstärke genügend groß, so können die Valenzelektronen durch das verbotene Feld *tunneln*. Da die Tunnelwahrscheinlichkeit mit abnehmender Breite der Barriere stark (exponentiell) zunimmt, ergibt sich ein mit der Diodenspannung sehr stark zunehmender Strom, wie in Abb. 100 gezeigt. In Ge und Si ist das für den Zener-Effekt erforderliche Feld etwa 10^6 V cm^{-1}. Dieser Durchbruchmechanismus führt zu keiner Zerstörung der Diode. Ebenso wie der nachfolgend zu besprechende Lawinendurchbruch wird der Zener-Effekt in den *Z-Dioden* ausgenutzt, die zur Spannungsstabilisierung dienen.

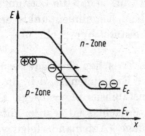

Abb. 99. Zener-Effekt.

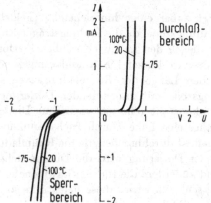

Durchlaß-bereich

Sperr-bereich

Abb. 100. Temperaturabhängig-keit des Zener-Effekts, [49].

Da bei zunehmender Temperatur der Bandabstand kleiner wird (Abb. 48), ist bei höherer Temperatur die Durchbruchspannung kleiner (Abb. 100).

7.9.3 Lawineneffekt

Der Lawineneffekt ist der in den meisten Fällen auftretende Durchbruchmechanismus. Er begrenzt in den meisten Transistoren die zulässige Kollektorspannung und wird z. B. in den Lawinenlaufzeitdioden zur Schwingungserzeugung herangezogen. Wie Abb. 101 schematisch zeigt,

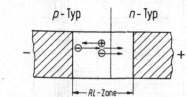

Abb. 101. Lawineneffekt.

können im starken elektrischen Feld Ladungsträger genügend hohe Energie aufnehmen, so daß sie bei einem Stoß mit dem (thermisch gestörten) Gitter ein Elektron-Loch-Paar erzeugen können. Da der die Trägergeneration verursachende Ladungsträger lediglich seine Energie abgibt, aber nicht verschwindet, ergibt sich ein lawinenartiges Anwachsen der Ladungsträgeranzahl.

Der durch die Minoritätsträger in den neutralen Zonen verursachte Sperrsättigungsstrom I_s wird durch den Lawineneffekt „multipliziert". Da außerdem Ladungsträger beider Arten erzeugt werden, ergibt sich eine „Rückkopplung" und damit bei der Durchbruchspannung ein beliebig großer Strom (Abb. 102). Da die freie Weglänge der Ladungsträger mit zunehmender Temperatur kleiner wird (thermische Gitterstreuung), wird das für einen bestimmten Energiezuwachs zwischen den Stößen erforderliche elektrische Feld stärker. Die Durchbruchspannung steigt daher im Gegensatz zum Zener-Effekt mit der Temperatur an.

153

Der Lawineneffekt benötigt außer einer hinreichenden Feldstärke eine gewisse Länge der Raumladungszone, da die Ladungsträger Energie vom Feld aufnehmen müssen; die für den Lawinendurchbruch erforderliche Feldstärke ist um so größer, je kürzer die Raumladungszone ist. Wie auf S. 135 gezeigt, nehmen Länge der Raumladungszone sowie Spannung an der Raumladungszone mit zunehmender Dotierung ab, wenn die maximale Feldstärke konstant gehalten wird. Eine Diode mit schwacher Dotierung wird daher eine hohe Durchbruchspannung aufweisen und nach dem Lawineneffekt durchbrechen, da die Raumladungszone lang ist. Mit zunehmender Dotierung wird die Durchbruchspannung abnehmen (Abb. 103) und außerdem die für den Lawineneffekt erforderliche Feldstärke steigen; schließlich wird diese Feldstärke so groß, daß der oben beschriebene Zener-Effekt auftritt.

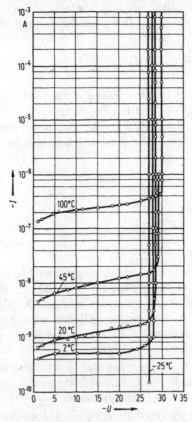

Abb. 102. Temperaturabhängigkeit des Lawineneffekts; mikroplasmafreie Si-Schutzringdiode, [50].

Der Zener-Effekt herrscht vor für Dotierungen über 10^{17} bis 10^{18} cm^{-3} und Durchbruchspannungen unter 5 bis 10 V. Die Grenze zwischen Zener-Effekt und Lawinendurchbruch liegt etwa bei Durchbruchspannungen $U_b \approx 5\,E_g/e$ (Index b von breakdown). Abb. 103 gilt für abrupte Dioden. Für „lineare" Dioden s. z.B. [4].

154

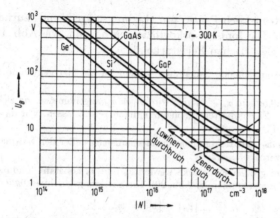

Abb. 103. Durchbruchspannung als Funktion der Dotierung des schwach dotierten Bereiches für einseitig abrupte pn-Übergänge in Ge, Si, GaAs und GaP, [51].

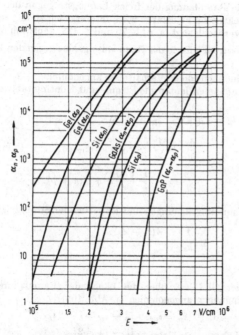

Abb. 104. Gemessene Ionisationskoeffizienten für Lawinenmultiplikation als Funktion der Feldstärke in Ge, Si, GaAs und Ga P, [52], [53], [54], [55].

Die Generationsrate beim Lawineneffekt ist proportional den Dichten der Ladungsträger und deren Geschwindigkeit:

$$G = \alpha_n\, n\, |v_n| + \alpha_p\, p\, |v_p|\,. \tag{7/56}$$

Die Proportionalitätskonstanten α_n und α_p nennt man Ionisationskoeffizienten; sie haben die Dimension m^{-1} und geben die Anzahl der er-

155

zeugten Elektron-Loch-Paare pro Ladungsträger und zurückgelegte Wegeinheit an. Die Ionisationskoeffizienten hängen, wie Abb. 104 zeigt, stark von der elektrischen Feldstärke ab.

Folgende vereinfachende Annahmen werden für die hier gebrachte Rechnung gemacht:

a) Obwohl allgemein $\alpha_n \neq \alpha_p$ gilt, wird $\alpha_n = \alpha_p$ angenommen, da sich dadurch die wesentlichen Eigenschaften besonders einfach zeigen lassen. Für $\alpha_n \neq \alpha_p$ siehe z. B. [4] oder [46].

b) Generations- und Rekombinationsmechanismen außer der Lawinenmultiplikation werden vernachlässigt:

c) Wegen der großen Feldstärke werden v_n und v_p konstant (feldunabhängig) und gleich groß angenommen (s. Abb. 20). Die Sättigungsgeschwindigkeit ist

$$|v_n| = |v_p| = v_s,$$

und daraus folgt

$$R - G = - \alpha v_s (n + p). \tag{7/57}$$

d) Die durch die Raumladung der freien Ladungsträger in der Raumladungszone verursachte elektrische Feldstärke wird, im Vergleich zu der von außen angelegten Feldstärke, vernachlässigt (s. Abb. 70 und S. 133, depletion approximation).

e) Der Diffusionsstrom wird in der Raumladungszone gegen den Driftstrom vernachlässigt.

f) Es werden eindimensionale Verhältnisse angenommen.

Unter diesen Annahmen lauten die Strom- und Kontinuitätsgleichungen (6/1) bis (6/5):

$$i_n = e v_s n, \qquad i_p = e v_s p, \qquad i = i_n + i_p, \tag{7/58}$$

$$\frac{\partial n}{\partial t} = \frac{1}{e} \frac{\partial i_n}{\partial x} + \alpha v_s (n + p),$$
$$\frac{\partial p}{\partial t} = - \frac{1}{e} \frac{\partial i_p}{\partial x} + \alpha v_s (n + p). \tag{7/59}$$

Addition der Kontinuitätsgleichungen und Einsetzen der Stromgleichungen ergibt:

$$\frac{\partial i}{\partial t} \frac{1}{v_s} = \frac{\partial (i_n - i_p)}{\partial x} + 2\alpha \, i. \tag{7/60}$$

Zur Integration der Gl. (7/60) über die Länge der Raumladungszone werden folgende Randbedingungen angenommen (s. Abb. 105):

$$x = 0: \qquad i_p = i_{ps} \to i_n - i_p = i - 2 i_{ps}.$$
$$x = l: \qquad i_n = i_{ns} \to i_n - i_p = 2 i_{ns} - i,$$

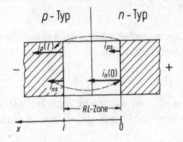

Abb. 105. Randbedingungen für die Lawinenmultiplikation.

156

Die gestrichelten Pfeile in Abb. 105 geben die Bewegungsrichtung der Ladungsträger an und begründen damit die Wahl der Randbedingungen. Die Größen i_{ns} und i_{ps} sind die entsprechenden Anteile des Sättigungssperrstromes (Stromdichte!) $i_s = i_{ns} + i_{ps}$, der fließt, wenn keine Lawinenmultiplikation existiert. Damit wird

$$\frac{\partial i}{\partial t} = \frac{2\,i}{\tau_a}\left(\int\limits_0^l \alpha\,dx - 1\right) + \frac{2\,i_s}{\tau_a}\,. \tag{7/61}$$

In dieser Gleichung ist $\tau_a = l/v_s$ die Laufzeit der Ladungsträger in der Multiplikationszone.

Für den stationären Fall ($\partial/\partial t = 0$) gilt:

$$i = \frac{i_s}{1 - \int\limits_0^l \alpha\,dx}\,. \tag{7/62}$$

Für kleine Feldstärken ist $\int \alpha\,dx$ zu vernachlässigen, und es fließt der Sättigungsstrom i_s. Mit zunehmender Feldstärke wächst $\int \alpha\,dx$ und damit i, bis schließlich für

$$\int\limits_0^l \alpha\,dx \to 1 \tag{7/63}$$

der Diodenstrom beliebig angewachsen ist. Obige Gleichung ist daher die Bedingung für Durchbruch. (Für $\alpha_n \neq \alpha_p$ ist α durch einen geeignet definierten Mittelwert zu ersetzen, s. [4].)

Aus der Feldabhängigkeit des Ionisationskoeffizienten kann die Feldstärke für Durchbruch und damit die Durchbruchspannung U_b ermittelt werden. Nach Abb. 82 gilt mit E_{mb} als maximale Feldstärke bei Durchbruch:

$$U_b = \frac{E_{mb}\,l}{2}\,. \tag{7/64}$$

Für den einseitig abrupten pn-Übergang gilt nach Gl. (7/7) ($U_D \ll U_b$; $N_A \to \infty$; $N_D \to N$):

$$U_b = \frac{\varepsilon E_{mb}^2}{2e}\,\frac{1}{N}\,. \tag{7/65}$$

Wäre die Feldstärke für Durchbruch E_{mb} unabhängig von der Länge der Raumladungszone, d.h. unabhängig von der Dotierung N, so müßte $U_b \sim N^{-1}$ sein. Wie der Vergleich mit Abb. 103 zeigt, ist dies näherungsweise der Fall. Da jedoch nach Gl. (7/63) bei größerer Weite der Raumladungszone, d.h. bei schwächerer Dotierung, der Ionisationskoeffizient und damit E nicht so groß sein müssen wie bei kurzer Raumladungszone, nimmt das für Durchbruch erforderliche elektrische Feld E_{mb} mit zunehmender Dotierung zu, und die Durchbruchspannung sinkt mit zunehmender Dotierungsdichte N langsamer als mit $1/N$ ab.

Da die für die Elektron-Loch-Paarerzeugung je Stoß erforderliche Mindestenergie vom Bandabstand E_g abhängt (ca. $3/2\,E_g$ wegen Erfüllung von Energie- *und* Impulssatz; s. z.B. [66] S. 260), wird die Durchbruchspannung U_b mit dem Bandabstand E_g steigen, wie Abb. 103 zeigt.

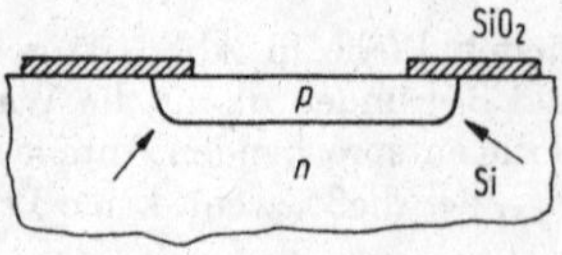

Abb. 106. Diffundierter pn-Übergang.

Ein eindimensionales Modell zur Untersuchung von Durchbrucherscheinungen kann sehr unrealistisch sein. Abb. 106 zeigt einen pn-Übergang, hergestellt nach der Diffusionstechnik. An den durch Pfeil gekennzeichneten Stellen ist wegen der Krümmung des pn-Übergangs das elektrische Feld höher als im planen Teil des pn-Überganges. Der Durchbruch wird daher zuerst an den gekrümmten Stellen erfolgen (s. z.B. [4]), wenn nicht besondere Gegenmaßnahmen (Schutzringdioden) getroffen werden. Ebenso führen Feldinhomogenitäten, z.B. verursacht durch Dotierungsschwankungen, zu örtlichen Durchbrüchen (Mikroplasma).

Übungen

7.1

Warum wirkt ein pn-Übergang als Gleichrichter?

Antwort: Betrachtung für Löcher (analog für Elektronen).

$U = 0$: Über den pn-Übergang liegt die Diffusionsspannung. Sie stellt eine Potentialbarriere für die Löcher im p-Bereich dar. Trotz des Konzentrationsgefälles gelangen im Mittel keine Löcher vom p-Bereich in den n-Bereich; Diffusions- und Driftstrom heben einander auf.

$U > 0$: Die Potentialbarriere wird verringert, so daß aufgrund der thermischen Bewegung Löcher vom p-Bereich in den n-Bereich gelangen können, wo sie als Minoritätsträger diffundieren und rekombinieren. Dadurch wird ein dauernder Stromfluß aufrechterhalten; der Diffusionsstrom überwiegt und steigt stark mit der angelegten Spannung an.

$U < 0$: Die Potentialbarriere wird erhöht; vom p-Bereich gelangen keine Löcher in den n-Bereich. Der Sperrstrom wird von Löchern getragen, die in der n-Zone als Minoritätsträger thermisch erzeugt werden und zur Raumladungszone diffundieren, wo sie vom elektrischen Feld zum p-Bereich gezogen werden. Siehe auch Abb. 78 und vgl. Abb. 80 und Abb. 81! Für $U < 0$ (Sperrbereich) fließt ein kleiner Sperrstrom, während für $U > 0$ (Flußbereich) der Strom sehr schnell ansteigt. Auf diese Asymmetrie in der Kennlinie beruht der Gleichrichtereffekt.

7.2

Was versteht man unter der Schottkyschen Parabelnäherung und wie wird sie begründet?

Antwort: In der Raumladungszone wird die Ladung der freien Ladungsträger gegen die Ladung der ionisierten Dotierungsatome vernachlässigt (s. Abb. 77). Der Übergang von Ladung Null (neutralen Halbleiter) zur vollen Raumladung der Dotierungsatome (RL-Zone) wird als abrupt angenommen. Begründung: Am Übergang von der neutralen Zone zur Raumladungszone nimmt die Majoritätsträgerdichte exponentiell mit dem Ort ab. Die Abklingkonstante ist die Debye-Länge L_D. Wenn die Debye-Länge vernachlässigbar gegen die Weite der Raumladungszone ist, so ist die Schottkysche Parabelnäherung gerechtfertigt.

7.3

Wie ist die Sperrschichtkapazität definiert und wie kann sie berechnet werden?
Antwort: Die Sperrschichtkapazität ist definiert als der Quotient $C_s = dQ/dU$.
dQ ist die bei gegebener Spannungsänderung dU zur Neutralisation der festen
Raumladung der Dotierungsatome erforderlichen Ladung der freien Ladungs-
träger. Die Berechnung nach dieser Definition ergibt $C_s = \varepsilon_0 \varepsilon_r A/l$ und entspricht
der Kapazität eines Plattenkondensators mit der Raumladungszonenweite als
Plattenabstand.

7.4

Eine GaAs-Diode mit abruptem Übergang hat die Daten: Fläche 10^{-2} mm^2,
$n_n = 10^{16}$ cm^{-3}, $p_p = 10^{17}$ cm^{-3}. Zu berechnen sind (300 K, Schottkysche
Parabelnäherung):

a) Diffusionsspannung,
b) Weite der Raumladungszone bei 5 V Sperrspannung ($U = -5$ V),
c) Sperrschichtkapazität bei 5 V Sperrspannung,
d) maximal auftretende Feldstärke bei 5 V Sperrspannung.

Lösung: Nach S. 193, Tab. 3 u. Abb. 65

a) $U_D = 1{,}22$ V,
b) $l\ \ = 0{,}92$ μm,
c) $C_s = 1{,}1$ pF,
d) $E_m = 1{,}3 \cdot 10^5$ V cm^{-1}.

7.5

Das Dotierungsprofil in einer symmetrisch dotierten pn-Schicht habe den folgenden
Verlauf (stetiger Übergang, s. Skizze). An dem pn-Übergang liege eine so hohe

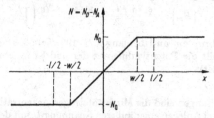

Sperrspannung, daß sich die Raumladungszone bis in die homogen dotierten Bereiche ($l > w$) ausdehnt; die Diffusionsspannung sei zu vernachlässigen. Es sei
vollständige Entleerung der Raumladungszone angenommen.

a) Berechne und skizziere den Verlauf der Raumladung und der Feldstärke!
b) Wie groß ist die Potentialdifferenz U zwischen p- und n-Seite bei gegebener
Raumladungszonenweite $l > w$? Wie hängt die Weite der Raumladungszone von
der Spannung ab?
c) Wie hängt die maximale Feldstärke von der Spannung ab?
d) Überprüfe die erhaltenen Formeln durch Vergleich mit den Formeln für den
abrupten pn-Übergang ($w \to 0$) und weise anhand der Skizze a) nach, daß bei
gleicher maximaler Feldstärke am abrupten pn-Übergang eine kleinere Spannung
liegt als am stetigen!

Lösung:

a)　　　Raumladung　　$\varrho(x) = \dfrac{2\,e\,N_0}{w}\,x$　für　$0 \leqq x \leqq \dfrac{w}{2}$,

$$\varrho(x) = e\,N_0 \qquad \text{für} \quad \frac{w}{2} \leqq x \leqq \frac{l}{2} ,$$

$$\varrho(x) = 0 \qquad \text{für} \quad x > \frac{l}{2},$$

$$\varrho(x) = -\varrho(-x).$$

Feldstärke $\quad E(x) = -\frac{eN_0}{\varepsilon}\left(\frac{l}{2} - \frac{w}{4} - \frac{x^2}{w}\right) \quad \text{für} \quad 0 \leqq x \leqq \frac{w}{2},$

$$E(x) = -\frac{eN_0}{\varepsilon}\left(\frac{l}{2} - x\right) \qquad \text{für} \quad \frac{w}{2} \leqq x \leqq \frac{l}{2},$$

$$E(x) = 0 \qquad \text{für} \quad x > \frac{l}{2},$$

$$E(-x) = E(x).$$

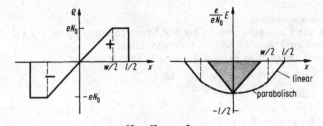

b)
$$U = \frac{eN_0}{\varepsilon}\left(\frac{l^2}{4} - \frac{w^2}{12}\right),$$

$$l = 2\sqrt{\frac{\varepsilon U}{eN_0} + \frac{w^2}{12}}.$$

c)
$$|E_m| = \frac{eN_0}{\varepsilon}\left(\frac{l}{2} - \frac{w}{4}\right) = \frac{eN_0}{\varepsilon}\left(\sqrt{\frac{\varepsilon U}{eN_0} + \frac{w^2}{12}} - \frac{w}{4}\right).$$

d) Formeln zum abrupten pn-Übergang s. S. 193, Tab. 3. Die Fläche unter der Feldstärkekurve stellt die Potentialdifferenz dar und ist im abrupten Fall kleiner (schraffiert gezeichnet).

7.6
Durch welche Beziehungen sind die Minoritätsträgerkonzentrationen am Rand der Raumladungszone bei Anlegen einer äußeren Spannung U mit den Konzentrationen n_{p0} und p_{n0} im thermischen Gleichgewicht verknüpft? Wie groß ist das Produkt np bei schwacher Injektion an den Rändern der Raumladungszone?

Lösung:

$$n_p = n_{p0} \exp\frac{eU}{kT}, \qquad p_n = p_{n0} \exp\frac{eU}{kT} \qquad \text{(s. S. 138)}.$$

np-Produkt: z. B n-seitiger Rand

$$n_n = n_{n0} \quad \text{(schwache Injektion)},$$

$$p_n = p_{n0} \exp\frac{eU}{kT},$$

$$n_n\,p_n = n_i^2 \exp\frac{eU}{kT}; \quad \text{ebenso } p\text{-seitiger Rand}.$$

7.7
Skizziere den Verlauf der Minoritäts- und Majoritätsträgerkonzentrationen in der Raumladungszone und deren Umgebung für einen abrupten pn-Übergang im thermischen Gleichgewicht, bei Sperrspannung und bei Durchlaßspannung.

160

Lösung: s. Abb. 91 u. Abb. 77.

7.8

Gegeben sei ein abrupter pn-Übergang in Ge (300 K) mit $N_A = 10^{17}\,\text{cm}^{-3}$, $N_D = 10^{16}\,\text{cm}^{-3}$, $L_n = L_p = 200\,\mu\text{m}$. Berechne jeweils für 0 V, $+0,2$ V und $-0,2$ V:

a) die Minoritätsträgerkonzentrationen am p- und n-seitigen Rand der Raumladungszone,

b) die Minoritätsträgerdiffusionsströme an den Rändern der Raumladungszone,

c) den Majoritätsträgerstrom an den Rändern der Raumladungszone und in der neutralen n-Zone in einer Entfernung von mehr als 1000 μm vom Rand der neutralen Zone.

Lösung:

a)   Mit $p_n(0) = p_{n0} \exp \dfrac{e\,U}{k\,T}$, $n_p(0) = n_{p0} \exp \dfrac{e\,U}{k\,T}$,   (7/19)

$$0\,\text{V}: \quad p_{n0} = \frac{n_i^2}{N_D} = 6,25 \cdot 10^{10}\,\text{cm}^{-3}, \quad n_{p0} = \frac{n_i^2}{N_A} = 6,25 \cdot 10^{9}\,\text{cm}^{-3};$$

$+0,2\,\text{V}: \quad p_n(0) = 1,4 \cdot 10^{14}\,\text{cm}^{-3}, \quad n_p(0) = 1,4 \cdot 10^{13}\,\text{cm}^{-3};$

$-0,2\,\text{V}: \quad p_n(0) = 2,8 \cdot 10^{7}\,\text{cm}^{-3}, \quad n_p(0) = 2,8 \cdot 10^{6}\,\text{cm}^{-3}.$

b) Minoritätsträgerströme $i_p(0) = \dfrac{e\,D_p}{L_p}\,p_n'(0), \quad i_n(0) = \dfrac{e\,D_n}{L_n}\,n_p'(0).$ (7/20)

Die Diffusionskonstanten sind von der Dotierung abhängig und über $D_{n,p} = \dfrac{k\,T}{e}\,\mu_{n,p}$ mit den Beweglichkeiten verknüpft. Aus Abb. 21 erhält man:

$$\mu_p = 1,5 \cdot 10^3\,\text{cm}^2\,\text{V}^{-1}\,\text{s}^{-1}\,(N_D = 10^{16}\,\text{cm}^{-3}),$$

$$\mu_n = 3 \cdot 10^3\,\text{cm}^2\,\text{V}^{-1}\,\text{s}^{-1}\,(N_A = 10^{17}\,\text{cm}^{-3}).$$

und damit $D_p = 39\,\text{cm}^2\,\text{s}^{-1}$, $D_n = 78\,\text{cm}^2\,\text{s}^{-1}$. Damit wird

$$\frac{e\,D_p}{L_p}\,p_{n0} = 1,95 \cdot 10^{-5}\,\text{A cm}^{-2}, \quad \frac{e\,D_n}{L_n}\,n_{p0} = 3,9 \cdot 10^{-6}\,\text{A cm}^{-2}.$$

Minoritätsträgerströme:

$0\,\text{V}: \quad i_p = i_n = 0;$

$+0,2\,\text{V}: \quad i_p = 4,4 \cdot 10^{-2}\,\text{A cm}^{-2}, \quad i_n = 0,88 \cdot 10^{-2}\,\text{A cm}^{-2};$

$-0,2\,\text{V}: \quad i_p = 1,95 \cdot 10^{-5}\,\text{A cm}^{-2}, \quad i_n = 3,9 \cdot 10^{-6}\,\text{A cm}^{-2}.$

c) Der Majoritätsträgerstrom ist die Differenz aus Gesamtstrom und Minoritätsträgerstrom $i_{\text{ges}} = i_n + i_p$.

$$i_{\text{ges}} = 0\,(0\,\text{V}); \quad i_{\text{ges}} = 5,3 \cdot 10^{-2}\,\text{A cm}^{-2}\,(+0,2\,\text{V});$$

$$i_{\text{ges}} = 2,34 \cdot 10^{-5}\,\text{A cm}^{-2}\,(-0,2\,\text{V}).$$

Vom Rand der Raumladungszone ins Innere des homogenen Materials klingen die Minoritätsträgerströme exponentiell mit der Diffusionslänge ab [Gl. (7/21)]. Nach 1000 μm sind sie gegen die Majoritätsträgerströme zu vernachlässigen und der Majoritätsträgerstrom ist gleich dem Gesamtstrom.

7.9

Gegeben sei eine Diode mit unsymmetrischem, abrupten pn-Übergang. Die niedriger dotierte n-Zone habe eine Länge d, die kleiner ist als die Diffusionslänge der Minoritätsträger L_p („kurze Diode"). An dem an die n-Zone anschließenden Kontakt sei die Überschußminoritätsträgerdichte Null, d.h. die Rekombinationsrate am Kontakt sei unendlich groß. Die Breite der Raumladungszone sei zu vernachlässigen.

a) Welchen räumlichen Verlauf hat allgemein die Minoritätsträgerüberschußdichte $p_n'(x)$ in der neutralen n-Zone, wenn am raumladungszonenseitigen Rand $(x = 0)$ durch schwache Minoritätsträgerinjektion von der p-Seite die Überschußkonzentration $p_n'(0)$ aufrechterhalten wird?

b) Welchen räumlichen Verlauf hat der Minoritätsträgerdiffusionsstrom?

c) Wie lauten die Ergebnisse aus a) und b) für den Grenzfall $d/L_p \to 0$? Leite die Ergebnisse auch aufgrund direkter Überlegungen her!

d) Berechne das Verhältnis der Löcherdiffusionsströme am Rand des neutralen n-Gebietes für eine kurze Diode $d \ll L_p$ und eine lange Diode $d \gg L_p$.

Lösung:

a) Aus der Kontinuitätsgleichung im stationären Fall $\dfrac{1}{e}\dfrac{di_p}{dx} + R - G = 0$ und der Stromgleichung $i_p = -eD_p\dfrac{dp_n}{dx}$ (Vernachlässigung des Minoritätsträgerdriftstromes) erhält man mit $R - G = \dfrac{p_n'}{\tau_p}$ (schwache Injektion) und $\dfrac{dp_n'}{dx} = \dfrac{dp_n}{dx}$:

$$\frac{d^2 p_n'}{dx^2} - \frac{p_n'}{L_p^2} = 0 \qquad (6/25)$$

mit der Lösung:

$$p_n' = A \exp\left(\frac{-x}{L_p}\right) + B \exp\frac{x}{L_p}\,. \qquad (6/26)$$

Die Randbedingungen lauten hier: $p_n'(x) = p_n'(0)$ für $x = 0$, $p_n'(x) = 0$ für $x = d$. Als Lösung ergibt sich damit:

$$p_n'(x) = p_n'(0)\,\frac{\sinh\dfrac{d-x}{L_p}}{\sinh\dfrac{d}{L_p}}\,.$$

b)
$$i_p(x) = -eD_p\frac{dp_n'}{dx} = p_n'(0)\,\frac{eD_p}{L_p}\,\frac{\cosh\dfrac{d-x}{L_p}}{\sinh\dfrac{d}{L_p}}\,.$$

c) Wegen $\sinh x \approx x$ und $\cosh x \approx 1$ für kleine x ergibt sich:

$$p_n'(x) = p_n'(0)\left(1 - \frac{x}{d}\right), \qquad i_p(x) = p_n'(0)\,\frac{eD_p}{d}\,.$$

Direkte Überlegung: Wenn $d \ll L_p$ kann die Rekombination in der n-Zone vernachlässigt werden. Es muß dann nach der Kontinuitätsgleichung ein konstanter Diffusionsstrom fließen. Dazu muß das Konzentrationsgefälle konstant sein und somit die Überschußkonzentration linear mit dem Ort abfallen.

d) Lange Diode: $i_{pl}(0) = \dfrac{eD_p}{L_p}$,

kurze Diode: $i_{pk}(0) = \dfrac{eD_p}{d}$.

Verhältnis $\dfrac{i_{pk}}{i_{pl}} = \dfrac{L_p}{d}$.

Diese drastische Zunahme des Diffusionsstromes durch Absenken der Minoritätsträgerkonzentration in einem Abstand vom Injektionsrand, der klein gegen die Diffusionslänge ist, tritt auch im Bipolartransistor (s. Bd. 2 dieser Reihe) auf.

7.10

Welche Kapazitäten treten im Kleinsignalersatzschaltbild einer Diode auf und wie sind sie physikalisch zu erklären? Welche Kapazität überwiegt meist bei Polung in Flußrichtung?

Antwort: Sperrschichtkapazität (s. S. 136) und Diffusionskapazität (s. S. 146), letztere überwiegt meist bei Polung in Flußrichtung.

7.11

In einer Si-Diode mit einseitig abruptem pn-Übergang (ideale Kennlinie) fließt bei einer Durchlaßspannung von 0,2 V ein Strom von 50 mA. Wie groß ist die Diffusionskapazität bei dieser Spannung, wenn die Minoritätsträgerlebensdauer im schwach dotierten Material 0,4 μs beträgt?

Lösung: $C_{\text{diff}} = \dfrac{e\,I\,\tau_p}{2\,k\,T} = 0,38\ \mu\text{F}$ nach Tab. 3 für $I \gg I_s$.

7.12

Berechne für die in Aufgabe 7.8 beschriebene Ge-Diode (Fläche $A = 0,1\ \text{mm}^2$) die Diffusions- und Sperrschichtkapazität bei einer Spannung von 0 V, + 0,2 V und − 0,2 V!

Lösung:

Diffusionkapazität:

$$C_{\text{diff}} = \frac{g_0}{2}\ \frac{p_{n0}\,L_p + n_{p0}\,L_n}{p_{n0}\dfrac{L_p}{\tau_p} + n_{p0}\dfrac{L_n}{\tau_n}} \quad \text{(s. S. 193, Tab. 3),}$$

$$g_0 = \frac{e}{k\,T}\,(I + I_s), \quad I_s = A\,e\left(p_{n0}\frac{L_p}{\tau_p} + n_{p0}\frac{L_n}{\tau_n}\right)$$

ergibt
$$C_{\text{diff}} = \frac{A\,e^2}{2\,k\,T}\,(p_{n0}\,L_p + n_{p0}\,L_n)\left(\frac{I}{I_s} + 1\right).$$

Mit

$$\frac{I}{I_s} + 1 = \exp\frac{e\,U}{k\,T} \quad \text{und} \quad p_{n0}\,L_p + n_{p0}\,L_n = 13,75 \cdot 10^8\ \text{cm}^{-2}$$

folgt:

$$C_{\text{diff}} = 4,25 \exp\frac{e\,U}{k\,T}\ \text{pF}.$$

$$C_{\text{diff}} = 4,25\ \text{pF (0 V)}; \quad 9,6 \cdot 10^3\ \text{pF}\,(+ 0,2\,\text{V}), \quad 2 \cdot 10^{-3}\ \text{pF}\,(- 0,2\,\text{V}).$$

Sperrschichtkapazität:

$$C_s = A\ \sqrt{\frac{e\,\varepsilon_0\,\varepsilon_r}{2\left(\dfrac{1}{N_A} + \dfrac{1}{N_D}\right)}} \cdot \frac{1}{\sqrt{U_D - U}} \quad \text{(s. Tab. 3),} \quad U_D = 0,37\,\text{V,}$$

damit

$$C_s = \frac{32}{\sqrt{0,37 - U}}\ \text{pF} \quad (U \text{ in V}).$$

$$C_s = 52\ \text{pF (0 V)}, \quad 78\ \text{pF}\,(+ 0,2\,\text{V}), \quad 42\ \text{pF}\,(- 0,2\,\text{V}).$$

7.13

Unter welchen vereinfachten Annahmen wird die ideale Diodencharakteristik $I = I_s\left(\exp\dfrac{e\,U}{k\,T} - 1\right)$ abgeleitet? Welche Abweichungen ergeben sich bei einer realen Diode (Skizze!)?

Antwort: Voraussetzungen: Schwache Injektion, keine Generation bzw. Rekombination in der Raumladungszone, Spannungsabfall nur über der Raumladungszone (kein Serienwiderstand), keine Oberflächenströme.

Abweichungen: s. Abb. 97.

7.14

Welche Effekte bewirken den Durchbruch einer in Sperrichtung gepolten Diode? Erkläre die physikalischen Ursachen dieser Effekte und gib an, unter welchen Bedingungen (Feldstärke, Weite der Raumladungszone) sie auftreten!

Antwort:

1. Thermischer Durchbruch: Bei ungenügender Wärmeableitung Aufheizen der Diode durch Joulesche Wärme. Dies führt zu Ansteigen des Sperrstroms und damit zu weiterem Ansteigen der umgesetzten Leistung (s. S. 151 und Abb. 98).
2. Zener Effekt: Bei hohen Feldstärken (10^6 V cm^{-1} in Ge und Si) können Elektronen aus dem Valenzband der p-Seite über Tunneleffekt ins Leitungsband der n-Seite gelangen (s. S. 152 und Abb. 99).
3. Lawinen-Effekt: Bei schwach dotierten Dioden setzt bei Spannungen, die unter der Zener-Durchbruchsspannung liegen, Stoßionisation ein, wenn die Ladungsträger im Feld eine genügend hohe Energie aufnehmen können. Dazu ist eine gewisse Länge der Raumladungszone nötig. Die für den Lawinendurchbruch erforderliche Feldstärke ist umso höher, je kürzer die Raumladungszone ist (s. S. 153 und Abb. 103).

7.15

Eine Si-Zenerdiode soll bei Zimmertemperatur eine Durchbruchspannung von 5 V haben. Die p-Typ Seite mit einem spezifischen Widerstand $\varrho = 6{,}25 \cdot 10^{-3}$ Ω cm sei viel höher dotiert als die n-Typ-Seite.

a) Wie hoch muß die Dotierung der n-Typ-Seite sein?
b) Bei welcher maximalen Feldstärke erfolgt der Durchbruch?

Lösung:

a) $N_D = 5 \cdot 10^{17}$ cm^{-3} nach Abb. 103.

b) $E_m = \sqrt{\dfrac{2e}{\varepsilon_0 \, \varepsilon_r} N_D(U_D - U)}$ nach S. 193, Tab. 3.

$U_D = \dfrac{kT}{e} \ln \dfrac{N_D \cdot N_A}{n_i{}^2}$ nach Tab. 3, S. 193.

Berechnung von N_A: $\varrho = \dfrac{1}{e \, \mu_p \, p} = 6{,}25 \cdot 10^{-3}$ Ω cm. Mit $p = N_A$ ergibt sich $\mu_p \, N_A = 10^{21}$ V^{-1} s^{-1} cm^{-1}. Nach Abb. 21 ist dies erfüllt für $N_A = 10^{19}$ cm^{-3} und $\mu_p = 10^2$ cm^2 V^{-1} s^{-1}. Damit folgt $U_D = 0{,}97$ V und $E_m = 4{,}24 \cdot 10^5$ V cm^{-1}. Der Vergleich zwischen N_A und N_D zeigt, daß die Annahme eines einseitig abrupten Übergangs gerechtfertigt ist.

7.16

Eine Lawinenlaufzeitdiode sei als n^+pp^+-Struktur aufgebaut (s. Skizze). Für den Oszillator-Betrieb gelten folgende Anforderungen:

1. An der Stelle x_0 muß die elektrische Feldstärke den zur Lawinenmultiplikation notwendigen Wert von $E_c = 4 \cdot 10^5$ V cm^{-1} erreichen.
2. In der gesamten p-Zone muß die elektrische Feldstärke mindestens den zur Aufrechterhaltung einer gesättigten Ladungsträgergeschwindigkeit von $v_s = 10^7$ cm s^{-1} erforderlichen Wert $E_1 = 5 \cdot 10^4$ V cm^{-1} erreichen.
3. Die Laufzeit τ der Ladungsträger in der p-Zone muß gleich der halben Periodendauer der Schwingungen sein, die der Oszillator erzeugen soll.

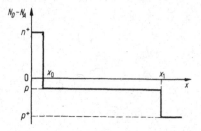

Die Zone bei x_0, in der die Multiplikation erfolgt, sei vernachlässigbar kurz gegen die Länge der p-Zone.

a) Wie lang muß die p-Zone gemacht werden, damit der Oszillator bei 10 GHz arbeitet?

b) Wie stark muß die p-Zone dotiert werden, damit bei einer Arbeitsspannung U_c die Feldstärke E_c bei x_0 und die Feldstärke E_1 bei x_1 herrscht?

c) Wie groß ist die Spannung U_c, bei der gerade Multiplikation bei x_0 einsetzt? Der Spannungsabfall in der n^+- und p^+-Zone ist zu vernachlässigen.

Lösung:

a) Die Laufzeit beträgt $\tau = (x_1 - x_0)/v_s$. Mit der Bedingung $\tau = 1/(2f)$ ergibt sich $x_1 - x_0 = 5\ \mu\text{m}$.

b)
$$\frac{dE}{dx} = \frac{\varrho}{\varepsilon}\ , \qquad E(x_1) - E(x_0) = \frac{\varrho}{\varepsilon}\,(x_1 - x_0)\ ,$$

$$\varrho = \frac{\varepsilon\,(E(x_1) - E(x_0))}{x_1 - x_0} = -\,e\,N_A\ .$$

Daraus folgt

$$N_A = \frac{\varepsilon}{e}\,\frac{E(x_0) - E(x_1)}{x_1 - x_0} = 4{,}6 \cdot 10^{15}\ \text{cm}^{-3}\ .$$

c)
$$U_c = (x_1 - x_0)\,\frac{E(x_0) + E(x_1)}{2} = 112\ \text{V}\ .$$

8 Anhang

8.1 Teilchen und Wellen

In Kap. 1 und 2 wurden Elektronen und Löcher als klassische Teilchen betrachtet. Lediglich an zwei Stellen wurden Ergebnisse der Quantenmechanik mit berücksichtigt, nämlich einmal bei der Abschätzung der örtlichen Lokalisierbarkeit der Leitungselektronen und Löcher, und zum anderen beim Begriff der effektiven Masse. Das in Kap. 3 behandelte Bändermodell kann nur mit Hilfe der Quantenmechanik verstanden werden; dasselbe gilt für den Tunneleffekt beim Zener-Durchbruch. Daher wird hier eine kurze Einführung in die für die Quantenmechanik maßgebenden Gedankengänge gebracht.

Quantisierung der elektromagnetischen Strahlungsenergie

Unter elektromagnetischer Strahlung versteht man einen Wellenvorgang mit den dazugehörigen Erscheinungen wie Beugung, Polarisation und Interferenz. Zahlreiche Experimente zeigen jedoch, daß die durch Strahlung transportierte Energie in Quanten auftritt und die Energie dieser Quanten mit steigender Frequenz der Strahlung zunimmt. Solch ein Experiment ist z.B. die Photoemission: Bei niedrigerer Frequenz der Strahlung ist keine Elektronenemission festzustellen. Auch eine Erhöhung der Bestrahlungsintensität führt nicht zu einer Emission; eine Erhöhung der Frequenz jedoch ruft Elektronenemission hervor.

Mit der Annahme frequenzabhängiger Energiequanten kann dieser Befund zwanglos erklärt werden. Planck (1901) konnte das Leistungsspektrum des schwarzen Strahlers durch die Annahme von Energiequanten erklären. Die Energie eines Lichtquants ist

$$\boxed{E = h f}\,, \tag{8/1}$$

worin $h = 6{,}625 \cdot 10^{-34}\,\mathrm{Ws^2}$ die Plancksche Konstante genannt wird. Diesem Energiequant wird ein Impuls hf/c, und daher auch eine Masse $h f/c^2$ zugeordnet. Man nennt dieses „Teilchen" *Photon*. Am deutlichsten bestätigt das Experiment von Compton (1932) diese Quantisie-

rung (Abb. 107). Es zeigt, daß man den Stoß zwischen einem Energiequant einer elektromagnetischen Strahlung (hier Röntgenstrahlung) und
einem freien Elektron nach den Gesetzen der Impuls- und Energieerhal-
tung berechnen kann. Allgemein kann die Quantisierung der Strahlung

Abb. 107. Experiment von Compton (s. z. B. [1], S. 159); eingetragen
sind die Impulse von Strahlung
und Teilchen.

umso leichter festgestellt werden, je größer die Energie eines Quants, d. h.
je höher die Frequenz der Strahlung ist. Für eine Frequenz von beispielsweise 10^{13} Hz (30 μm) im infraroten Spektralbereich ist die Energie des
Photons gleich $6 \cdot 10^{-21}$ Ws. Für 300 K und 1 Hz Bandbreite ist die
Rauschleistung (kT) gleich $4 \cdot 10^{-21}$ Ws. Man sieht, daß für Frequenzen
im sichtbaren Spaktralbereich und darüber die Quantisierung der Strahlung leicht nachweisbar ist.

Welleneigenschaften bewegter Teilchen

de Broglie (1924) hat vorausgesagt, daß Teilchen Welleneigenschaften
zeigen. Es wurde dies durch Germer (1927) bestätigt. Der Zusammenhang
zwischen kinetischen Größen des Teilchens und seinen Welleneigenschaften ist nach de Broglie mit $\hbar = h/(2\pi)$ gegeben durch:

$$\boxed{p = \hbar\, k, \quad E = \hbar\, w}\,. \tag{8/2}$$

Darin ist $p = m\,v$ der Impuls des Teilchens und k der Wellenvektor,
dessen Betrag $|\,k\,| = 2\pi/\lambda$ ist. Beispielsweise ergibt sich für Elektronen,
die nach Durchlaufen einer Potentialdifferenz von 100 V auf eine Geschwindigkeit von $v = 6 \cdot 10^6$ m/s beschleunigt wurden, eine Wellenlänge

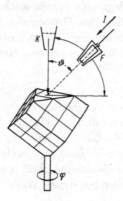

Abb. 108. Experiment von Davisson und Germer (s. z. B. [23],
S. 37); K = Elektronenquelle,
F = Faraday-Käfig zur Messung
der Zahl der an einem Cu-Ein-
kristall reflektierten Elektronen.

von $1{,}2 \cdot 10^{-10}$ m $= 1{,}2$ Å. Sie liegt im Bereich der atomaren Größenordnung, und es werden daher Beugungserscheinungen und Interferenzen an Kristallgittern auftreten.

Abb. 108 zeigt das Prinzip des Experiments von Germer, nach dem Elektronen an einem Kristallgitter gebeugt werden. Abb. 109 zeigt die

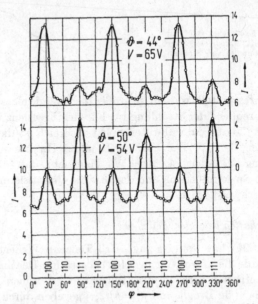

Abb. 109. Elektronenbeugung in der Anordnung von Davisson und Germer (Abb. 108); Anzahl der reflektierten Elektronen als Funktion des Drehwinkels des Cu-Einkristalls. Über dem Drehwinkel ist die zugehörige Kristallorientierung angegeben.

Intensität des reflektierten Elektronenstrahls als Funktion des Drehwinkels eines Kupfer-Einkristalls, aufgetragen für verschiedene Elektronengeschwindigkeiten, d. h. verschiedene Wellenlängen der sog. Materiewellen.

Diese Überlegungen zeigen auch, daß es nicht sinnvoll ist, für ein Elementarteilchen eine Ortsangabe zu verlangen mit einer Genauigkeit der Größenordnung der ihm zugeordneten Wellenlänge. Dies führt zu zwei Begriffen: Wellenpaket und Heisenbergsche Unschärferelation.

Wellenpaket

Wenn man einer Teilchenbewegung einen Wellenvorgang zuordnet, so ist es sicher sinnvoll, zu verlangen, daß die Wellenamplitude nur dort von Null verschieden sein soll, wo man das Teilchen antreffen kann. Abb. 110 zeigt ein Wellenpaket, welches einem Teilchen zugeordnet werden kann. Seine Geschwindigkeit muß demnach gleich der Geschwindigkeit der Einhüllenden dieses Wellenpakets, also gleich der Gruppengeschwindigkeit v_g sein:

$$v_g = \frac{\partial \omega}{\partial k}\ .$$ (8/3)

Beispiel: Die kinetische Energie eines freien Teilchens für nichtrelativistische Geschwindigkeiten ist:

$$E = \frac{m\,v^2}{2} = \frac{p^2}{2\,m}\ .$$

Mit der Beziehung (8/2) für den Impuls folgt für die Geschwindigkeit v_T des Teilchens:

$$v_g = \frac{\partial \omega}{\partial k} = \frac{\partial E}{\partial p} = \frac{p}{m} = v_T\ .$$

Heisenbergsche Unschärferelation

Heisenberg (1927) hat postuliert, daß bestimmte Paare von Größen (kanonisch konjugierte) sich nicht gleichzeitig beliebig genau bestimmen

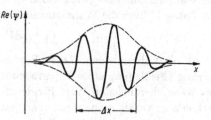

Abb. 110. Wellenpaket; $\psi =$ Amplitude der Materiewelle; die Lokalisierung des Teilchens auf Δx ist nur möglich, wenn das Wellenlängenspektrum bzw. mit $p = h/\lambda$ das Impulsspektrum genügend breit ist ($\Delta x\,\Delta p_x \geq h$).

lassen. Solche Paare sind z. B. Ortskoordinate und zugehöriger Impuls oder Energie und Zeit:

$$\Delta x\,\Delta p_x \geq h\ ,\quad \Delta E\,\Delta t \geq h\ .$$ (8/4)

Das auf S. 166 gebrachte Postulat (Gl. 8/1) hat, wie man leicht zeigen kann, die Unschärferelation zur Folge. Ein Signal der Dauer Δt benötigt zur Beschreibung ein Spektrum der Breite Δf nach folgender Beziehung:

$$\Delta f\,\Delta t \geq 1\ .$$ (8/5)

Mit Gl. (8/1) erhält man die Unschärferelation

$$\frac{\Delta E}{h}\,\Delta t \geq 1\ .$$

Analoges gilt für Impuls und Ortsunschärfe, die eine Folge des Postulats $p = \hbar\,k$ ist. Diese Beispiele zeigen, daß die Unschärferelation nichts mit schlecht gewählten Meßmethoden zu tun hat, sondern eine prinzipielle Grenze als Folge der Wellennatur der Teilchen ist (s. Abb. 110).

Schrödinger-Gleichung

Da Elementarteilchen Welleneigenschaften aufweisen, ist es naheliegend, für die Beschreibung ihrer Eigenschaften eine Wellengleichung aufzustellen. Die mit den Postulaten (8/2) vereinbare Wellengleichung wurde von Schrödinger (1926) aufgestellt und lautet:

$$j\hbar\frac{\partial\psi}{\partial t} = -\frac{\hbar^2}{2m}\nabla^2\psi + V(r,t)\,\psi\,. \tag{8/6}$$

Darin ist m die Masse des Teilchens, $V(r,t)$ die potentielle Energie, ∇^2 der Laplace-Operator ($\nabla^2 = \partial^2/\partial x^2 + \partial^2/\partial y^2 + \partial^2/\partial z^2$ in kartesischen Koordinaten) und ψ die Wellenfunktion, die das Teilchen beschreibt. Für gegebene Verhältnisse, d.h. bekannte Masse des Teilchens und bekanntes Potential, kann die Schrödinger-Gleichung zumindest prinzipiell gelöst werden, und man erhält die (allgemein komplexe) Wellenfunktion $\psi(r,t)$, die etwa dem klassischen Ortsvektor $r(t)$ entspricht. Aus dieser können die beobachtbaren Größen berechnet werden.

Die Wahrscheinlichkeitsdichte für das Teilchen ist

$$\psi^*\psi = |\psi|^2\,.$$

Die Wahrscheinlichkeit, das Teilchen überhaupt anzutreffen, ist gleich dem Integral über die Wahrscheinlichkeitsdichte:

$$\int\psi^*\psi\,dV = 1\,. \tag{8/7}$$

mit dV als Volumelement. Diese Beziehung wird herangezogen zur Normierung (Festlegung einer Integrationskonstanten) der Wellenfunktion. Den wahrscheinlichsten Wert für den Ortsvektor, d.h. den Erwartungswert von r, erhält man, wenn man jeden Wert von r mit der entsprechenden Wahrscheinlichkeitsdichte multipliziert und über alle Werte addiert:

$$\langle r\rangle = \int\psi^*\,r\,\psi\,dV\,.$$

Analog erhält man die Erwartungswerte für die Energie und den Impuls des Teilchens:

$$\langle E\rangle = \int\psi^*\,j\hbar\,\frac{\partial\psi}{\partial t}\,dV,$$
$$\langle p\rangle = -\int\psi^*\,j\hbar\,\nabla\,\psi\,dV\,. \tag{8/8}$$

Diese Beziehungen sollen primär zeigen, daß Elementarteilchen wegen ihrer Welleneigenschaften durch eine Wellengleichung beschrieben werden müssen und alle beobachtbaren Größen aus der Lösung dieser Wellengleichung, der Wellenfunktion ψ, ermittelt werden können. Diese wellenmechanische Beschreibung ist insbesonders dann erforderlich, wenn Elementarteilchen innerhalb atomarer Abstände Wechselwirkungen unterliegen.

Um das Bändermodell in seiner einfachsten Form (Kronig-Penney-Modell) besser verstehen zu können, werden im folgenden zwei Beispiele für die eindimensionale Bewegung eines Teilchens im zeitlichen konstanten Potential gebracht.

Vorstehend wurde gezeigt, daß die Unschärferelation aus den Welleneigenschaften der Teilchen folgt. Gleichwertig kann aus der Unschärferelation die sog. Matrizenmechanik aufgebaut werden, welche quantenmechanische Vorgänge ebenfalls beschreibt. Wegen ihrer Anschaulichkeit wurde jedoch hier die wellenmechanische Darstellung gewählt.

Eindimensionale Bewegung eines Teilchens im zeitlich konstanten Potential
Für diesen Fall reduziert sich die Schrödinger-Gleichung zu einer gewöhnlichen Differentialgleichung (8/9), wobei ψ_x der ortsabhänge Anteil der Wellenfunktion ist:

$$\psi = \psi_x \exp(-j\,\omega\,t).$$

Damit und mit Gl. (8/2) wird der Operator:

$$j\,\hbar\,\frac{\partial}{\partial t} = \omega\,\hbar = E\,,$$

und die Schrödinger-Gleichung (8/6):

$$\frac{d^2\psi_x}{dx^2} + \frac{2\,m}{\hbar^2}\,[E - V(x)]\,\psi_x = 0\,. \qquad (8/9)$$

Abb. 111 zeigt oben das Potential, in dem sich ein Teilchen (z.B. ein Elektron) bewegen soll. V ist für die Bereiche I und II jeweils konstant,

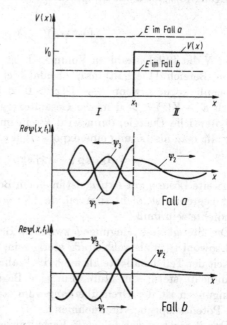

Abb. 111. Wellenmechanische Darstellung der Reflexion eines homogenen Teilchenstroms an einer Potentialbarriere.

so daß die Schrödinger-Gleichung einfach zu lösen ist. Die beiden Lösungen sind dann durch Stetigkeitsbedingungen miteinander zu verknüpfen. Die allgemeine Lösung für $V(x) = \text{const}$ lautet:

$$\psi = \{A_1 \exp(j\,k\,x) + A_2 \exp(-j\,k\,x)\} \exp(-j\,\omega\,t), \qquad (8/10)$$

171

worin A_1 die Amplitude einer Welle, die in $+x$ Richtung läuft, A_2 die Amplitude einer Welle, die in $-x$ Richtung läuft und $k = 2\pi/\lambda$ die Ausbreitungskonstante in x (bzw. $-x$) Richtung sind. Einsetzen der Lösung in Gl. (8/9) ergibt für jede der Wellen:

$$\frac{\hbar^2 k^2}{2m}\,\psi = [E - V(x)]\,\psi\,. \tag{8/11}$$

Der Ausdruck $\hbar^2 k^2/(2m)$ ist als Differenz der Gesamtenergie und der potentiellen Energie gleich der kinetischen Energie. Mit der Beziehung von de Broglie wird

$$\frac{\hbar^2 k^2}{2m} = \frac{p^2}{2m} = \frac{mv^2}{2}\,.$$

Im Bereich I ist $V(x) = 0$, die (positive) Gesamtenergie gleich der kinetischen Energie und die Ausbreitungskonstante reell, die Materiewelle ψ also ungedämpft, d.h. die Wahrscheinlichkeit, Teilchen zu treffen, räumlich konstant (homogener Teilchenstrom). Man hat eine klassisch beschreibbare Teilchenbewegung mit der kinetischen Energie der Teilchen $p^2/2m$). Eine ungedämpfte Welle kann so normiert werden, daß sie einen homogenen Teilchenstrom beschreibt. Die Normierungsbedingung (8/7) ist dann entsprechend zu ändern in

$$\int \psi^* \psi \, dV = N\,,$$

wobei N die Teilchenzahl im Volumen V ist.

Im Bereich II erhält man ebenfalls eine klassisch beschreibbare Teilchenbewegung, wenn $E - V(x) > 0$ ist, da dann k reell bleibt. Ist jedoch $E - V(x) < 0$, d.h. die Gesamtenergie der Teilchen kleiner als die potentielle Energie, dann wird k rein imaginär. Setzt man $k = j\,\alpha$, so erhält man als Lösung eine exponentiell abklingende Amplitude:

$$\psi = A_3 \exp(-\alpha x) \exp(-j\,\omega t)\,. \tag{8/12}$$

Die zweite Lösung mit $\exp \alpha x$ ist in einem Bereich, der in $+x$-Richtung nicht begrenzt ist, nicht sinnvoll, da $\int \psi^* \psi \, dV$ endlich gleich der Teilchendichte sein muß.

Die Stetigkeitsbedingungen zwischen Bereich I und II lauten: Es muß sowohl $\psi(x)$ als auch $\partial\psi/\partial x$ stetig sein, da sowohl die Wahrscheinlichkeit der Teilchendichte als auch die Wahrscheinlichkeit der Teilchenstromdichte stetig sein muß. (Für eine Begründung dieser Stetigkeitsbedingungen ist der Grenzübergang vom stetigen Potentialunterschied zum Potentialsprung vorzunehmen.)

Damit ergeben sich folgende Verhältnisse für einen in $+x$-Richtung auf den Potentialsprung zufließenden Teilchenstrom:

a) $E - V(x) > 0$ in Bereich II.

Abb. 111 zeigt in der Mitte den ankommenden Teilchenstrom, gekennzeichnet durch ein Augenblicksbild von ψ_1, den weiterfließenden Teilchenstrom ψ_2, sowie einen reflektierten Teilchenstrom ψ_3. Die Tatsache, daß Teilchen teilweise an einer Potentialbarriere reflektiert werden, obwohl sie genügend Energie haben, um diese zu überwinden, kann klassisch nicht verstanden werden. Sie ist wellenmechanisch als Reflexion an einer Grenzfläche (Analogie: Sprung des Brechungsindex) zwanglos zu verstehen.

b) $E - V(x) < 0$ in Bereich II.

Abb. 111 zeigt unten die Reflexion eines Teilchenflusses an einer Potentialbarriere, die höher als die Teilchenenergie ist. Die Augenblicksbilder von ψ_1 und ψ_3 kennzeichnen den einfallenden und reflektierten Teilchenstrom. Die oszillierende Wellenfunktion ψ_2 im Bereich II zeigt, daß die Aufenthaltswahrscheinlichkeit der Teilchen in der „verbotenen Zone" nicht abrupt auf den Wert Null sinkt, sondern exponentiell, wie beispielsweise die Strahlungsintensität im optisch dichteren Medium bei Totalreflexion. Diese endliche Eindringtiefe der Teilchen ist ohne nennenswerten Belang, wenn die Potentialbarriere sehr breit ist. Wenn sie jedoch, wie in Abb. 112 gezeigt, sehr schmal ist, so führt die endliche

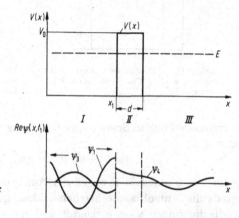

Abb. 112. Quantenmechanischer Tunneleffekt.

Aufenthaltswahrscheinlichkeit der Teilchen an ihrem jenseitigen Ende $(x = x_1 + d)$ zur Weiterbewegung einiger Teilchen. Man bezeichnet diesen nur quantenmechanisch erklärbaren Durchtritt durch eine Potentialbarriere als Tunneleffekt.

Tunneleffekt

Abb. 112 zeigt die Anregung einer Welle im Bereich III jenseits einer Potentialbarriere. Das Verhältnis der Amplitudenquadrate der Wellenfunktion nach und vor der Barriere gibt die Tunnelwahrscheinlichkeit T an. Unter Vernachlässigung der Reflexion an der zweiten Trennfläche erhält man:

$$T = \frac{\psi_4^* \psi_4}{\psi_1^* \psi_1} = \exp\left(-2\,\frac{\sqrt{2m(V_0 - E)}\,d}{\hbar}\right). \qquad (8/13)$$

173

Entscheidend ist die exponentielle Abhängigkeit der Tunnelwahrscheinlichkeit von der Breite d der Potentialbarriere. Der Tunneleffekt ist wesentlich für Barrierenbreiten der Größenordnung 10 nm und darunter. (Für $d = 1$ nm und $V_0 - E = 1$ eV erhält man nach Gl. (8/13) für die Tunnelwahrscheinlichkeit den Wert $T \approx 5 \cdot 10^{-5}$.)

8.2 Energiezustände eines Atoms

Wie im Abschn. 8.1 gezeigt, kann auch nach quantenmechanischen Überlegungen ein freies Teilchen jeden Energiezustand annehmen; d.h. die kinetische Energie $p^2/2m$ ist kontinuierlich veränderbar. Anders ist dies für gebundene Teilchen. Abb. 113 zeigt das Potential für ein zwischen $x = 0$ und $x = L$ gebundenes Teilchen (Potentialtopf). Die Lösungen

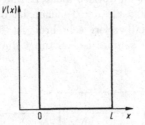

Abb. 113. „Potentialtopf"; $V(x) = 0$ für $0 < x < L$, $V(x) \to \infty$ für $x = 0$ und $x = L$.

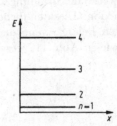

Abb. 114. Energiespektrum eines „eindimensional" gebundenen Teilchens.

der zeitunabhängigen Schrödinger-Gleichung (8/9) lauten für den Bereich $0 < x < L$:

$$\psi_x = A \sin(kx + \varphi). \tag{8/14}$$

Da für $x = 0$ und $x = L$ wegen der Annahme des unendlich hohen Potentials die Aufenthaltswahrscheinlichkeit gegen Null geht, gelten die Randbedingungen $\psi_x = 0$. Damit und mit der Normierungsbedingung (8/7) erhält man für die Wellenfunktion eines Elektrons im Potentialtopf die Lösung:

$$\psi_x = \sqrt{\frac{2}{L}} \sin\left(\frac{n\pi}{L}x\right). \tag{8/15}$$

Die Lösungen sind sin-Funktionen mit Knoten am Rand. Die zu jedem Wert n gehörigen Energien erhält man aus Gl. (8/8) oder aus der Schrödinger-Gleichung (8/9) zu:

$$E_n = \frac{h^2 n^2}{8mL^2}. \tag{8/16}$$

Demnach sind für gebundene Teilchen nicht mehr alle Energiewerte zulässig, sondern man erhält ein diskretes Energiespektrum (Abb. 114).

Die Energiezustände, welche Elektronen in einem isolierten Atom einnehmen können, sind demnach ebenfalls quantisiert, da die Elektronen an die Atome gebunden sind. Abb. 28 (S. 55) zeigt diese Energie-zustände für den einfachsten Fall, nämlich das Wasserstoffatom. Das Elektron des Wasserstoffatoms ist normalerweise im Grundzustand ($n = 1$) und kann durch Energiezufuhr in einen der gezeichneten „angeregten" Energiezustände ($n = 2, 3, \ldots$) gelangen. Diese diskreten Energiezustände kommen dadurch zustande, daß nur bestimmte „Bahnen" der Elektronen wegen ihrer Wellennatur möglich sind. Es sind dies nur solche, für welche die Materiewellen nicht interferieren, d. h. die Bahnumläufe ganzzahlige Vielfache der Materiewellenlänge λ sind ($2 \pi r = n \lambda$ mit r als „Bahnradius" des Elektrons).

Die Energie, die erforderlich ist, um ein Elektron von einer Bahn auf eine weiter außen liegende zu bringen, entspricht dem Sprung von einem Energieniveau zum nächsthöheren; es wird Arbeit gegen die Anziehungs-kräfte der Ladungen geleistet. Die erforderliche Energie kann entweder durch Strahlung aufgebracht oder abgeführt werden oder auf mechani-schem Wege (z. B. kinetische Energie der Elektronen in einer Gasent-ladung).

Diese einfache halbklassische Rechnung führt nur beim H-Atom zu brauchbaren Ergebnissen. Für die allgemein gültige quantenmechanische Berechnung ist die Schrödinger-Gleichung für Elektronen im Potential des Kerns (bzw. des Restatoms) zu lösen (s. z. B. [23], S. 46 ff.). Hier sollte lediglich gezeigt werden, daß für Elektronen, die an Atome gebunden sind, ein diskretes Energiespektrum existiert.

Eine experimentelle Bestätigung dieser Quantisierung der Energie-zustände ergeben unter anderem folgende zwei Experimente:

Linienspektren

Die bei Übergängen zwischen den Energieniveaus freiwerdenden oder benötigten Energien äußern sich in Emissions- bzw. Absorptionsspektren. Die Frequenz der jeweils emittierten oder absorbierten Strahlung genügt der Beziehung:

$$\boxed{E_m - E_n = h f}\,. \tag{8/17}$$

Abb. 115 zeigt ein Emissionsspektrum des Wasserstoffatoms als Beispiel. Die zugehörigen Wellenlängen sind auch Abb. 28 zu entnehmen.

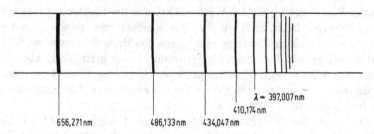

Abb. 115. Emissionslinienspektrum des Wasserstoffatoms; Balmerserie (nach Photo gezeichnet).

175

Abb. 116 zeigt ein Experiment, in welchem unmittelbar die Energie-übertragung von bewegten Elektronen auf Atome nachgewiesen werden kann. Von einer Kathode K werden Elektronen emittiert und durch das Potential am Gitter G beschleunigt. Elektronen, die durch das Gitter hindurchtreten, geraten in ein Bremsfeld und können die Elektrode A nur dann erreichen, wenn sie genügend Energie beim Durchtritt durch das Gitter haben, um trotz der Abbremsung im Bremsfeld noch die Anode zu erreichen.

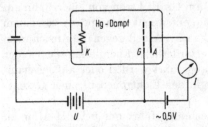

Abb. 116. Versuchsaufbau nach Franck und Hertz (s. z. B. [23], S. 77).

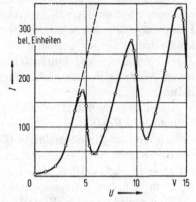

Abb 117. Elektronenstrom als Funktion der Beschleunigungsspannung in einer Anordnung nach Franck und Hertz.

Ist das Entladungsgefäß evakuiert, so erhält man eine Abhängigkeit des Stromes von der Spannung U am Gitter, wie in Abb. 117 gestrichelt gezeigt, d. h. der Strom steigt monoton mit der Spannung an. Die kinetische Energie der Elektronen $m\,v^2/2$ ist im Hochvakuum bei stationärem Potential U gleich dem Betrag der potentiellen Energie $e\,U$.

Ist in dem Entladungsgefäß Quecksilberdampf enthalten, so steigt der Strom ebenfalls an, jedoch nur bis zu einer Spannung von ca. 5 V, und beginnt anschließend bei weiterer Erhöhung von U stark abzufallen. Die erste Anregungsenergie des Quecksilberatoms liegt bei 4,9 eV. Solange die Spannung U unter diesem Wert liegt, können die Elektronen die Quecksilberatome nicht anregen, und der Einfluß auf den Strom ist gering. Für U größer als 4,9 V jedoch können die Elektronen ihre kinetische Energie beim Stoß an die Quecksilberatome abgeben, und sie werden dann nicht in der Lage sein, gegen das Bremsfeld zwischen Gitter und Anode anzulaufen, wenn die Spannung U nur geringfügig über dem Wert von 4,9 eV liegt. Erst bei größerer Spannung U wird der Strom wieder monoton steigen, um jedoch bei der zweifachen Anregungsenergie wieder zu sinken.

Die vom Quecksilberatom aufgenommene Energie von 4,9 eV (Anregungsenergie) kann als Strahlungsenergie wieder abgegeben werden.

Die Wellenlänge λ dieser Strahlung genügt der Beziehung

$$e\,U = h\,f = \frac{hc}{\lambda},$$

$$\lambda = \frac{hc}{e}\,\frac{1}{U}\;;\quad \frac{hc}{e} = 1{,}24\ \text{V}\mu\text{m}. \tag{8/18}$$

Im Beispiel des angeregten Quecksilberatoms ist $\lambda = 0{,}2537$ μm (UV).

8.3 Verteilungsfunktionen

Wie in Abschn. 3.3 angegeben, gilt für die Besetzung der verfügbaren Elektronenzustände im Festkörper die Fermi-Verteilung. Ohne die Fermi-Verteilungsfunktion abzuleiten, sollen im folgenden die Grundgedanken der Ableitung angegeben werden, um insbesondere die Unterschiede zu anderen Verteilungsfunktionen deutlich zu machen. Die hierfür erforderlichen Begriffe der Wahrscheinlichkeitsrechnung werden kurz angegeben.

Bestimmung der Wahrscheinlichkeit für ein gegebenes Resultat

Ausgangspunkt der Überlegungen ist die a-priori-Angabe der Wahrscheinlichkeit für das Antreffen eines bestimmten Resultates (s. z.B. [56]). Beispielsweise ist die Wahrscheinlichkeit für das Würfeln der Ziffer 3 mit einem normalen Würfel: $W(3) = 1/6$. Ein Würfel hat 6 Seiten, von denen jede gleiche Wahrscheinlichkeit hat.

Die Wahrscheinlichkeit für das Auftreten eines bestimmten Resultates (x) aus m möglichen *gleich wahrscheinlichen* Resultaten ist:

$$W(x) = \frac{1}{m} \tag{8/19}$$

[Beispiel: Für einen normalen Spielwürfel ist $W(1) = W(2) = \ldots = 1/6$].

Die Wahrscheinlichkeit, daß irgendein von g vorgegebenen (günstigen) Resultaten aus m möglichen Resultaten auftritt, ist:

$$W(x) = \frac{g}{m}. \tag{8/20}$$

[Beispiel: Die Wahrscheinlichkeit für das Würfeln einer geraden Zahl mit einem normalen Würfel ist: $W(\text{gerade}) = 3/6 = W(2) + W(4) + W(6)$].

Für sicheres Auftreten eines Resultates x ist die Wahrscheinlichkeit $W(x)$ per Definition $W(x) = 1$. [Beispiele: Die Wahrscheinlichkeit für das Würfeln einer 5 eines nicht normalen Würfels, der auf allen Flächen 5 Augen trägt, ist $W(5) = 1$.] Für sicheres *Nichtauftreten* eines Resultates ist per Definition $W(x) = 0$ [Beispiel: $W(3) = 0$ für den genannten nicht normalen Würfel]. Allgemein ist daher

$$0 < W(x) < 1. \tag{8/21}$$

Anzahl der unterscheidbaren Anordnungen von N Teilchen, von denen jeweils N_i Teilchen nicht unterscheidbar sind

Die Beantwortung dieser Fragestellung wird anhand des Beispiels eines Gefäßes mit 12 weißen und 12 schwarzen Kugeln vorgenommen. Abb. 118 zeigt die verfügbaren 24 Plätze.

Zunächst wird die Anzahl m der überhaupt möglichen Anordnungen ermittelt: Zu ihrer Abzählung starten wir mit dem leeren Gefäß. Die erste Kugel kann auf 24 verschiedene Plätze gelegt werden; die zweite auf 23 usw. Die Anzahlen der Möglichkeiten sind also:

Erste Kugel: 24 Möglichkeiten; zweite Kugel: 23 Möglichkeiten für jede der 24 möglichen Plazierungen der 1. Kugel, also $24 \cdot 23$ Möglichkeiten; 24. Kugel: $24 \cdot 23 \cdot 22 \cdot 21 \ldots$ also 24! Möglichkeiten.

Die Anzahl m der möglichen Anordnung von N Teilchen auf N Plätze ist:

$$m = N\,!. \tag{8/22}$$

Für große Anzahlen N benutzt man die Stirlingsche Näherungsformel:

$$N! = \frac{N^N}{e^N} \sqrt{2\pi N}. \tag{8/23}$$

Es ist jede Anordnung der (numeriert gedachten) Kugeln gleich wahrscheinlich. Die Wahrscheinlichkeit für eine ganz bestimmte Anordnung der unterscheidbar angenommenen Kugeln ist $1/m$.

Als nächstes interessiert die Anzahl der *unterscheidbaren* Anordnungen von 12 weißen und 12 schwarzen Kugeln, wobei die gleichfarbigen Kugeln als nicht unterscheidbar angenommen werden. Diese Anzahl sei m_u. Werden die weißen Kugeln numeriert, so erhöht sich dadurch die Zahl der unterscheidbaren Anordnungen auf $m_u \cdot 12!$; durch Numerieren der schwarzen Kugeln steigt die Anzahl auf $m_u \cdot 12! \cdot 12!$. Diese Anzahl muß gleich 24! sein, da jetzt alle Kugeln unterscheidbar sind. Es gilt also

$$m_u = \frac{24!}{12! \cdot 12!} \approx 2,7 \cdot 10^6.$$

Die Anzahl m_u der unterscheidbaren Anordnungen von N Teilchen, von denen jeweils N_i Teilchen nicht unterscheidbar sind, ist:

$$m_u = \frac{N!}{N_1! \, N_2! \, N_3! \ldots} \tag{8/24}$$

Jede dieser unterscheidbaren Anordnungen ist wieder gleich wahrscheinlich, da jede durch die gleiche Anzahl ($N_1! \, N_2! \, N_3! \ldots$) nicht unterscheidbarer, gleich wahrscheinlicher Anordnungen realisiert werden kann. (Im Beispiel gibt es $12! \cdot 12!$ Realisierungsmöglichkeiten für jede unterscheidbare Anordnung.)

Mischung von Gasen nach Entfernung einer Trennwand

Nach Entfernen der Trennwand zwischen zwei Gasbehältern werden sich die Gase mischen. Es besteht die Frage, wie groß die Wahrscheinlichkeit ist, daß nach Entfernen der Trennwand wieder eine Separation der Gase auftritt. Man weiß, diese Wahrscheinlichkeit ist extrem klein. Ein Maß dafür ist die Zunahme der Entropie.

Es sei dies am Beispiel des Gefäßes mit den 24 Kugeln demonstriert. Die Verteilung der Kugeln nach Abb. 118 (Entmischung) kann nur realisiert werden durch *eine einzige* unterscheidbare Anordnung. Es gibt

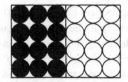

Abb.118.Verteilung von 12 weißen und 12 schwarzen Kugeln auf 24 Plätze, vollständig entmischt.

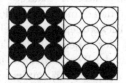

Abb.119.Verteilung von 12 weißen und 12 schwarzen Kugeln auf 24 Plätze, teilweise gemischt.

aber insgesamt $m_u \approx 2{,}7 \cdot 10^6$ unterscheidbare Anordnungen, von denen jede gleich wahrscheinlich ist. Die Wahrscheinlichkeit für das Auftreffen der speziellen Anordnung nach Abb. 118 ist daher $1/m_u \approx 0{,}37 \cdot 10^{-6}$, also bereits bei dieser kleinen Teilchenzahl extrem klein.

Abb. 119 zeigt eine Anordnung mit teilweiser Mischung der Kugeln. Diese spezielle Anordnung hat wieder eine Wahrscheinlichkeit $1/m_u \approx 0{,}37 \cdot 10^{-6}$, aber es gibt g (günstige) unterscheidbare Anordnungen, für die links 3 weiße und 9 schwarze, rechts 3 schwarze und 9 weiße Kugeln sind.

Diese Anzahl der unterscheidbaren günstigen Fälle ist für dieses Beispiel:

$$g_u(3,9) = \frac{12!}{3! \cdot 9!} \cdot \frac{12!}{3! \cdot 9!} \approx 5 \cdot 10^4.$$

Der erste Bruch gibt die Anzahl der unterscheidbaren Anordnungen im linken Teil des Gefäßes an, der zweite Bruch im rechten Teil; für jede der unterscheidbaren Anordnungen links existieren $12!/(3! \cdot 9!)$ unterscheidbare Anordnungen rechts. Eine Verteilung mit dem Mischungsverhältnis $3:9$ und $9:3$ ist also um den Faktor $5 \cdot 10^4$ wahrscheinlicher als die Anordnung nach Abb. 118.

Untersucht man nun g_u als Funktion des Mischungsverhältnisses, so stellt man fest, daß eine Verteilung mit je 6 schwarzen und 6 weißen Kugeln in jedem Bereich die größte Anzahl von unterscheidbaren Realisierungsmöglichkeiten bietet

$$g_u(6,6) = \frac{12!\,12!}{6!\,6!\,6!\,6!} \approx 8{,}5 \cdot 10^5.$$

Daher ist dieses Mischungsverhältnis am wahrscheinlichsten. Seine Wahrscheinlichkeit ist $(g_u/m_u)_{\max}$.

Entscheidend ist die Erkenntnis, daß sich eine solche Verteilung einstellt, für welche die Anzahl g der gleich wahrscheinlichen Realisierungsmöglichkeiten ein Maximum ist. Der geordnete Zustand nach Abb. 118 ist nicht unwahrscheinlicher als jeder andere spezielle Zustand, aber es gibt eben wesentlich mehr „ungeordnete" Zustände.

Maxwell-Boltzmann-Verteilung

Wie in Abb. 28 für das Wasserstoffatom gezeigt, können die Elektronen eines Atoms einzelne diskrete Energiezustände annehmen. Man kann auch sagen, das Atom befinde sich im gegebenen Energiezustand, da sich außer der Elektronenenergie nichts ändert (gleiche Kernenergie) und der Nullpunkt der Energieskala ohne Bedeutung ist. In einem Medium, welches auf der Temperatur T ist, ist eine bestimmte Gesamtenergie U verfügbar. Es soll nun untersucht werden, wie sich die Gesamtenergie auf die einzelnen Atome aufteilt, oder wie die Verteilung der Atome auf die möglichen Energiezustände ist.

Zur Demonstration der Zählmethode wird die Verteilung von 25 Energiequanten auf 25 Oszillatoren untersucht. Jeder Oszillator kann prinzipiell eine beliebige Anzahl von Energiequanten aufnehmen. Eine der Realisierungsmöglichkeiten ist 1 Quant je Oszillator. Die Anzahl der günstigen Fälle g_u ist dafür:

$$g_u = \frac{25!}{25!} = 1 \,.$$

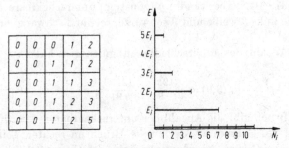

Abb. 120. Verteilung von 25 Energiequanten E_i auf 25 Oszillatoren.

Eine andere Realisierungsmöglichkeit ist beispielsweise die in Abb. 120 gezeigte Verteilung. Die Anzahl der günstigen Fälle für diese Verteilung ist:

$$g_u = \frac{25!}{11!\,7!\,4!\,2!} \approx 1{,}6 \cdot 10^{12} \,.$$

Man sieht, daß die „gerechte" Verteilung von 1 Quant je Oszillator um den Faktor 10^{-12} unwahrscheinlicher ist als die in Abb. 120 gezeigte.

Allgemein bestimmt man die wahrscheinlichste Verteilung dadurch, daß man unter Beibehaltung der Nebenbedingungen (in diesem Falle $\sum N_i = N$ und $\sum N_i E_i = U$) die Verteilung variiert. Man kann zeigen (s. z. B. [56]), daß dann die Verteilung, für die g ein Maximum wird, ge-

180

geben ist durch die Beziehung

$$N_i = N_0 \exp\left(\frac{-E_i}{kT}\right). \qquad (8/25)$$

Man nennt diese Verteilung Maxwell-Boltzmann-Verteilung und erhält sie für unterscheidbare Teilchen, die in beliebiger Zahl in jedem Zustand vorkommen dürfen. Als Nebenbedingung wird hier die Gesamtteilchenzahl und die Gesamtenergie konstant gehalten. Liegen andere Voraussetzungen vor, so entstehen andere Verteilungsfunktionen.

Der Grundgedanke zeigt sich hier deutlich: Es stellt sich diejenige Verteilungsfunktion ein, für welche die Anzahl der (a priori gleich wahrscheinlichen) Realisierungsmöglichkeit ein Maximum ist.

Vergleich der Verteilungsfunktionen

Entscheidend wirkt sich auf die Verteilungsfunktion aus, ob es sich um unterscheidbare oder nicht unterscheidbare Teilchen handelt und ob das Pauli-Prinzip gilt oder nicht. Das Pauli-Prinzip besagt, daß an jedem verfügbaren Platz (quantenmechanischer Zustand) nur maximal ein Teilchen sein kann.

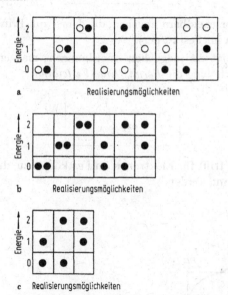

Abb. 121. Realisierungsmöglichkeiten der Verteilung von 2 Teilchen auf 3 Energiezustände; a) unterscheidbare Teilchen ohne Pauli-Prinzip, b) nicht unterscheidbare Teilchen ohne Pauli-Prinzip, c) nicht unterscheidbare Teilchen mit Pauli-Prinzip.

Der Einfluß dieser Voraussetzungen sei an dem (für Auswertungen unzulänglichen) Beispiel von zwei Teilchen, die in drei Zuständen vorkommen können, demonstriert.

a) Unterscheidbare Teilchen, kein Pauli-Prinzip (z.B. Verteilung der Atome auf die Energiezustände).

Abb. 121a zeigt die verschiedenen möglichen Realisierungen. Aus dem Schema werden diejenigen Verteilungen betrachtet, die der Nebenbedingung $\sum E_i N_i = U$ genügen. Unter ihnen wird für jede Verteilung die Anzahl der Realisierungsmöglichkeiten und dadurch die (wahrscheinlichste) Verteilungsfunktion ermittelt. Es ist in diesem Fall die schon erwähnte *Maxwell-Boltzmann-Verteilung*:

$$N_i \sim \frac{1}{\exp\dfrac{E_i}{kT}} . \qquad (8/25)$$

b) Nicht unterscheidbare Teilchen, kein Pauli-Prinzip (z. B. Photonen). Abb. 121b zeigt das Schema, und man erhält als wahrscheinlichste Verteilung die *Bose-Einstein-Verteilung*:

$$N_i \sim \frac{1}{\exp\dfrac{E_i}{kT} - 1} . \qquad (8/26)$$

c) Nicht unterscheidbare Teilchen, die dem Pauli-Prinzip unterliegen (z. B. Elektronen im Festkörper).

Abb. 121c zeigt die möglichen Anordnungen; man erhält als wahrscheinlichste Verteilung die *Fermi-Dirac-Verteilung*:

$$N_i \sim \frac{1}{\exp\dfrac{E_i}{kT} + 1} . \qquad (8/27)$$

Diese Verteilung trifft für Elektronen im Festkörper zu, die deshalb auch *Fermionen* genannt werden.

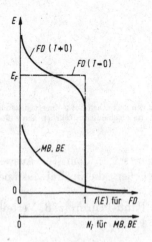

Abb. 122. Qualitativer Vergleich der Fermi-Dirac-Verteilung (FD) mit der Maxwell-Boltzmann-Verteilung (MB) und der Bose-Einstein-Verteilung (BE).

Die Fermi-Verteilungsfunktion lautet in der für uns geeigneten Schreibweise:

$$f(E) = \frac{1}{1 + \exp \dfrac{E - E_F}{kT}} \, . \tag{8/28}$$

Sie ist in Abb. 122 zum Vergleich mit den beiden anderen genannten Verteilungsfunktionen aufgetragen. Man sieht, daß bei der absoluten Temperatur $T = 0$ alle Elektronen mit Sicherheit die Zustände bis zu einem bestimmten Energieniveau, dem *Fermi-Niveau* E_F, besetzen (Analogie: Wassergefäß). Bei endlicher Temperatur wird diese scharfe Grenze verwaschen, und man erhält für das Fermi-Niveau die Besetzungswahrscheinlichkeit $1/2$.

Bei sehr tiefen Temperaturen füllen also Fermionen die zur Verfügung stehenden Zustände bis zum Fermi-Niveau auf, da die Anzahl der Fermionen pro Zustand wegen des Pauli-Prinzips begrenzt ist. Für Teilchen, die diesem Ausschlußprinzip nicht genügen, sind für den Grenzfall extrem tiefer Temperatur praktisch alle Teilchen im energetischen tiefsten Zustand (Maxwell-Boltzmann- und Bose-Einstein-Verteilungen).

8.4 Quellenfreiheit des Gesamtstromes, Kontinuitätsgleichung und Poisson-Gleichung

Durch die *Maxwell-Gleichungen* werden die elektrischen und magnetischen Felder miteinander verknüpft

$$\operatorname{rot} \boldsymbol{H} = \boldsymbol{i} + \frac{\partial \boldsymbol{D}}{\partial t} \, , \tag{8/29}$$

$$\operatorname{rot} \boldsymbol{E} = - \frac{\partial \boldsymbol{B}}{\partial t} \, , \tag{8/30}$$

$$\operatorname{div} \boldsymbol{D} = \varrho \, , \tag{8/31}$$

$$\operatorname{div} \boldsymbol{B} = 0 \, . \tag{8/32}$$

Aus Gl. (8/29) kann die Quellenfreiheit des Gesamtstromes unmittelbar abgeleitet werden:

$$0 = \operatorname{div} \operatorname{rot} \boldsymbol{H} = \operatorname{div} \left(\boldsymbol{i} + \frac{\partial \boldsymbol{D}}{\partial t} \right) = \operatorname{div} \boldsymbol{i}_{\text{ges}} \, . \tag{8/33}$$

Aus Gl. (8/33) folgt die Kontinuitätsgleichung:

$$\operatorname{div} \boldsymbol{i} + \frac{\partial \operatorname{div} \boldsymbol{D}}{\partial t} = 0 \, ,$$

$$\operatorname{div} \boldsymbol{i} = - \frac{\partial \varrho}{\partial t} \, . \tag{8/34}$$

Da im Halbleiter bewegliche Ladungen vorhanden sind, fließen als Folge der Felder Ströme, die für Störstellenhalbleiter durch die Gln.

(2/21) und (2/22) gegeben sind. Da im Halbleiter Ladungsträger erzeugt werden und rekombinieren können, gelten die Kontinuitätsgleichungen (6/4) und (6/5).

Nach Gl. (8/29) erzeugt jeder Strom ein Magnetfeld. Die Wirkungen des Magnetfeldes können jedoch meist vernachlässigt werden, wenn nicht ein starkes *äußeres* Magnetfeld angelegt wird. Die Gln. (8/29), (8/30) und (8/32) werden daher bei fehlenden äußeren Magnetfeldern meist nicht berücksichtigt. Unter der damit verbundenen vereinfachenden Voraussetzung rot $E = -\partial B/\partial t = 0$ (wirbelfreies elektrisches Feld) kann die elektrische Feldstärke als Gradient eines Potentials dargestellt werden:

$$E = -\operatorname{grad} V. \tag{8/35}$$

Daraus folgt mit Gl. (8/31) die Poisson-Gleichung:

$$\operatorname{div}\operatorname{grad} V = \Delta V = -\frac{\varrho}{\varepsilon}. \tag{8/36}$$

8.5 Dielektische Relaxation

Mit $D = \varepsilon E$ erhält man aus Gl. (8/31) die Verknüpfung zwischen elektrischem Feld und Ladung

$$\operatorname{div} E = \frac{\varrho}{\varepsilon}. \tag{8/37}$$

Setzt man das Ohmsche Gesetz

$$i = \sigma E \tag{8/38}$$

in die Kontinuitätsgleichung (8/34) ein, so erhält man:

$$\operatorname{div} E = -\frac{1}{\sigma}\frac{\partial \varrho}{\partial t}. \tag{8/39}$$

Setzt man dies mit Gl. (8/37) gleich, so ergibt sich

$$\frac{\partial \varrho}{\partial t} + \frac{\sigma}{\varepsilon}\,\varrho = 0 \tag{8/40}$$

mit der Lösung

$$\varrho(t) = \varrho(o)\exp(-t/\tau_d),$$
$$\tau_d = \varepsilon/\sigma. \tag{8/41}$$

Dies gilt also allgemein, sofern $D = \varepsilon E$ und $i = \sigma E$ mit $\sigma = $ const bezüglich Ort und Zeit; bezogen auf Halbleiter bedeutet dies „schwache Injektion".

8.6 Shockley-Read-Hall-Modell

Wegen der großen Bedeutung dieses Modells zur Beschreibung der für Si maßgebenden Rekombination über Terme ist es hier kurz beschrieben. Angenommen wird in Übereinstimmung mit Abb. 61 ein tief in verbotenen Band liegender Term, der entweder neutral oder einfach negativ

184

geladen sein kann. Für die vier eingezeichneten Prozesse (a bis d) gelten folgende Übergangsraten:

Elektroneneinfang (a)

Die Einfangrate R_n ist proportional zur Anzahl der beiden benötigten Partner, also proportional zur Elektronendichte n und proportional zur Anzahl der neutralen (nicht mit Elektronen besetzten) Traps. Bezeichnet man mit N_T deren Anzahldichte, so ist mit $W(E_T)$ der Fermi-Verteilungsfunktion am Trapniveau E_T dies gleich $N_T[1 - W(E_T)]$. Die Porportionalitätskonstante ist das Produkt aus Einfangquerschnitt σ_n des Traps für Elektronen und thermischer Geschwindigkeit v_{th} der Elektronen:

$$R_n = \sigma_n \, v_{th} \, n \, N_T \, [1 - W(E_T)], \tag{8/42}$$

$$W(E_T) = \cfrac{1}{1 + \exp \cfrac{E_T - E_{FT}}{kT}}. \tag{8/43}$$

Die Größe E_{FT} ist dabei das für die Besetzung des Niveaus E_T maßgebende Quasi-Fermi-Niveau.

Elektronenabgabe (c)

Auch die Emissionsrate G_n ist proportional zum Produkt der benötigten Partner, wobei jedoch angenommen werden kann, daß im Leitungsband eine etwa konstante, große Anzahl unbesetzter Plätze vorhanden ist, so daß nur die Anzahl der besetzten Traps begrenzend wirkt und als variabel angesetzt werden muß:

$$G_n = k_n \, N_T \, W(E_T). \tag{8/44}$$

Die Größe k_n wird dabei als unabhängig von den Besetzungsverhältnissen angenommen, also unabhängig davon, ob thermodynamisches Gleichgewicht existiert oder nicht. Sie kann daher für einen beliebigen bekannten Besetzungszustand — am besten für thermodynamisches Gleichgewicht — mit den in Gl. (8/42) enthaltenen Konstanten verknüpft werden. Im thermodynamischen Gleichgewicht ($n = n_0$, $E_{FT} = E_F$) muß wegen des Prinzip des detaillierten Gleichgewichts (Massenwirkungsgesetz) gelten:

$$R_n = G_n$$

und folglich

$$k_n = \sigma_n \, v_{th} \, n_0 \exp \frac{E_T - E_F}{kT}. \tag{8/45}$$

Für nicht degenerierte Halbleiter gilt mit Gl. (4/11) und $E_{Fn} = E_F$:

$$n_0 = n_i \exp \frac{E_F - E_i}{kT}.$$

Dies eingesetzt in Gl. (8/45) liefert:

$$k_n = \sigma_n \, v_{th} \, n_i \exp \frac{E_T - E_i}{kT}. \tag{8/46}$$

Die für die Elektronenabgabe an das Leitungsband maßgebende Größe k_n hängt also sehr stark von der Lage des Trapniveaus im verbotenen Band ab. Sie hängt nicht davon ab, ob thermodynamisches Gleichgewicht herrscht oder nicht und kann daher in die allgemein gültige Gl. (8/44) eingesetzt werden:

$$G_n = \sigma_n \, v_{th} \, N_T \, n_i \, W(E_T) \exp \frac{E_T - E_i}{kT} \, .$$

Nettoeinfangrate für Elektronen

Die für den Rekombinationsprozeß maßgebende Differenz aus Einfang und Abgabe ergibt sich damit zu:

$$R_n - G_n = \sigma_n \, v_{th} \, N_T \left\{ n \left[1 - W(E_T) \right] - n_i \, W(E_T) \exp \frac{E_T - E_i}{kT} \right\}. \tag{8/47}$$

Einfang (b) und Abgabe von Löchern (d)

Ganz analog erhält man die Nettorekombinationsrate für Löcher:

$$R_p - G_p = \sigma_p \, v_{th} \, N_T \left\{ p \, W(E_T) - n_i \left[1 - W(E_T) \right] \exp \frac{E_i - E_T}{kT} \right\}. \tag{8/48}$$

Beide Nettoraten hängen von der Besetzung der Traps (also formal vom Quasi-Fermi-Niveau für Traps E_{FT} ab). Im stationären Zustand stellt sich eine solche Besetzung $W(E_T) = W_{st}(E_T)$ der Traps ein, daß die Nettoeinfangraten für Elektronen und Löcher gleich sind, weil nur dann die Besetzung konstant bleibt.

Bei Relaxationsprozessen wird sich zuerst diese für den Rekombinationsmechanismus optimale Besetzung $W_{st}(E_T)$ der Traps einstellen, und dann werden die Ladungsträger mit der dafür gültigen Nettorekombinations-Geschwindigkeit $(R - G)_{st}$ rekombinieren. Durch Gleichsetzen der Gln. (8/47) und (8/48) erhält man $W_{st}(E_T)$ und damit die Nettorekombinationsrate für den stationären Fall:

$$(R - G)_{st} = \tag{8/49a}$$

$$= \sigma_p \, \sigma_n \, v_{th} \, N_T \frac{pn - n_i{}^2}{\sigma_n \left(n + n_i \exp \dfrac{E_T - E_i}{kT} \right) + \sigma_p \left(p + n_i \exp \dfrac{E_i - E_T}{kT} \right)} \, .$$

$$= \sigma_n \, \sigma_p \, v_{th} \, N_T \frac{(pn - n_i{}^2)}{\sigma_n \, (n + n_1) + \sigma_p \, (p + p_1)} \tag{8/49b}$$

mit

$$n_1 = n_i \exp \frac{E_T - E_i}{kT} \, ; \quad p_1 = n_i \exp \frac{E_i - E_T}{kT} \, .$$

Der für die Nettorekombinationsrate maßgebende Ausdruck $pn - n_i{}^2$ ist in Gl. (8/49b) ebenso enthalten wie in Gl. (4/4e).

Diese Shockley-Read-Hall-Beziehung soll nun durch die Behandlung einiger Sonderfälle vertraut gemacht werden.

186

Fall 1. Gleiche Einfangquerschnitte für Elektronen und Löcher

Für $\sigma_n = \sigma_p = \sigma$ erhält man aus Gl. (8/49):

$$(R - G)_{st} = \sigma v_{th}\, N_T\, \frac{pn - n_i^2}{n + p + 2n_i\, \cosh \dfrac{E_i - E_T}{kT}}. \qquad (8/50)$$

Dies besagt, daß ein Rekombinationszentrum am wirksamsten ist, wenn sein Niveau E_T etwa in Bandmitte liegt. Wegen der exponentiellen Abhängigkeit nimmt diese Wirksamkeit für die Rekombination sehr rasch ab, wenn das Niveau aus der Bandmitte rückt.

Für ungleiche Einfangquerschnitte verschiebt sich dieses, für die Rekombination wirksamste Trapniveau wegen der exponentiellen Abhängigkeit von $E_T - E_i$ nur geringfügig.

Fall 2. Sehr ungleiche Einfangquerschnitte für Elektronen und Löcher

Für beispielsweise $\sigma_n \gg \sigma_p$ erhält man aus Gl. (8/49):

$$(R - G)_{st} = \sigma_p\, v_{th}\, N_T\, \frac{pn - n_i^2}{n + n_i \exp \dfrac{E_T - E_i}{kT}}. \qquad (8/51)$$

Dies besagt, daß der Übergang mit geringerem Einfangquerschnitt (in diesem Fall Löchereinfang und -abgabe) den „Flaschenhals" bei der Rekombination darstellt. Da aber Einfang und Abgabe der anderen Ladungsträger (hier Elektronen) proportional dem größeren Einfangquerschnitt ist, heißt dies, daß für die hier gewählte Situation $\sigma_n \gg \sigma_p$ folgende Ungleichung gilt:

$$R_n \approx G_n \gg R_n - G_n = R_p - G_p. \qquad (8/52)$$

Man nennt einen derartigen Term eine Fangstelle, da hier im wesentlichen ein Typ von Ladungsträgern (hier Elektronen) eingefangen und wieder abgegeben wird, ohne daß eine nennenswerte Rekombination stattfindet.

Rückt ein Trapniveau von Bandmitte in Richtung Bandkante, so wird wegen der Faktoren

$$\exp\left(\pm\, \frac{E_T - E_i}{kT}\right)$$

ebenfalls einer der beiden Ladungsträgertypen wesentlich höhere Übergangsraten aufweisen, so daß wieder Verhältnisse gelten, wie sie durch Ungleichung (8/52) beschrieben werden. Sie gilt für ein Trapniveau, welches näher am Leitungsband liegt; dies geht schließlich stetig über in Verhältnisse, wie sie für Donatoren (bzw. bei Nähe am Valenzband für Akzeptoren) vorliegen.

Fall 3. Generation in der Raumladungszone einer pn-Diode für Sperrpolung

In diesem Fall gilt $n \ll n_i$, $p \ll n_i$ und man erhält:

$$(R - G)_{st} = - \sigma_n \sigma_p v_{th} \, N_T \, n_i \, \frac{1}{\sigma_n \exp \dfrac{E_T - E_i}{kT} + \sigma_p \exp \dfrac{E_i - E_T}{kT}} \, .$$

$$(8/53)$$

Der Ausdruck $R - G$ ist negativ, was besagt, daß die Generation überwiegt. Gemäß der Annahme vernachlässigbarer Konzentrationen der freien Ladungsträger ist diese Generationsrate von n und p unabhängig. Die Generationsrate ist proportional dem Produkt $n_i \, N_T$.

Für gleiche Einfangsquerschnitte ($\sigma_n = \sigma_p$) erhält man wieder eine besonders einfache Situation, nämlich:

$$(R - G)_{st} = - \frac{\sigma v_{th} \, N_T \, n_i}{2 \cosh \dfrac{E_T - E_i}{kT}} = - \frac{n_i}{\tau_e} \, . \qquad (8/54)$$

Die Größe τ_e hat die Dimension einer Zeit und ist in Gl. (8/55) für den Fall des wirksamsten Rekombinationszentrums ($E_T = E_i$) angegeben.

$$\tau_e = \frac{2}{\sigma v_{th} N_T} \, . \qquad (8/55)$$

Fall 4. Trägerlebensdauer für schwache Injektion

Gl. (8/49) und damit Gln. (8/50 bis 8/55) gelten für stationäre Verhältnisse, d.h. die Trägerdichten n und p werden durch irgendwelche Maßnahmen (z.B. Trägerinjektion oder optische Generation) bei einem konstanten Wert gehalten. In diesen Fällen ist es zweckmäßig, von Nettorekombinationsraten zu sprechen. Auch die Zeitkonstante τ_e gemäß Gl. (8/55) möge man sich als Maß für die Nettogeneration vorstellen, denn Gl. (8/55) gilt nur, solange $n \ll n_i$ und $p \ll n_i$ gelten. Überläßt man das System nach einer Störung des Gleichgewichts sich selbst, so ändern sich die Trägerdichten und damit die Rekombinationsraten. Einfache Verhältnisse erhält man dann, wenn man kleine Abweichungen von der Gleichgewichtskonzentration betrachtet (so wie auch in Abschn. 4.2 behandelt). In diesem Fall ist die Nettorekombination (wegen der zulässigen Linearisierung) proportional der Störung der Trägerdichten, und die Überschußträgerdichten klingen mit einer charakteristischen Zeitkonstante, der Trägerlebensdauer, exponentiell ab. Diese Lebensdauern für kleine Störungen können dann als Maß für die Nettorekombination benutzt werden, wenn gemäß der Annahme einer kleinen Störung eine schwache Injektion vorliegt (s. Gl. (8/49c)).

Mit dem Störansatz $n = n_0 + \Delta n$, $p = p_0 + \Delta p$ und $\Delta n = \Delta p$ (Neutralität) erhält man aus Gl. (8/49b) für kleine Störungen (nach Linearisierung) eine Nettorekombinationsrate, die proportional der

Störung ist. Die Proportionalitätskonstante hat die Einheit s^{-1}, so daß sich die Rekombinationsrate folgend schreiben läßt:

$$R - G = \frac{\Delta p}{\tau} = \frac{\Delta n}{\tau}. \tag{8/56}$$

Diese Lebensdauer τ soll zunächst für Störstellen-Halbleiter angegeben werden. In diesem Fall bezeichnet man τ als Minoritätsträgerlebensdauer, da wegen der Annahme kleiner Störungen die relative Änderung der Majoritätsträgerkonzentration vernachlässigbar ist. Man erhält für Störstellenhalbleiter:

$$n\text{-Typ}: \tau_p = \frac{1}{\sigma_p v_{th} N_T}, \tag{8/57}$$

$$p\text{-Typ}: \tau_n = \frac{1}{\sigma_n v_{th} N_T}. \tag{8/58}$$

Für Halbleiter mit beliebiger Trägerkonzentration kann die Lebensdauer nun unter Verwendung der oben angegebenen Minoritätsträgerlebensdauern für starke Störstellenhalbleiter ausgedrückt werden:

$$\tau = \tau_p \frac{n_0 + n_i \exp\dfrac{E_T - E_i}{kT}}{n_0 + p_0} + \tau_n \frac{p_0 + n_i \exp\dfrac{E_i - E_T}{kT}}{n_0 + p_0} = \tag{8/59}$$

$$= \tau_p \frac{n_0 + n_1}{n_0 + p_0} + \tau_n \frac{p_0 + p_1}{n_0 + p_0}.$$

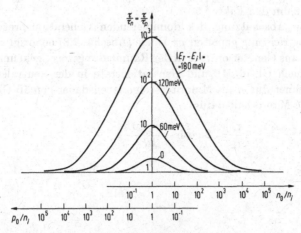

Abb. 123. Trägerlebensdauer nach dem Shockley-Read-Hall-Modell als Funktion der Dotierung für $\tau_n = \tau_p$ und $T = 300$ K. Parameter ist die energetische Lage des Rekombinationszentrums.

Abb. 123 zeigt die Lebensdauer τ als Funktion der Dotierung für gleiche Einfangquerschnitte, also für $\tau_n = \tau_p$. Für hohe Werte der Trägerkonzentration erhält man die durch die Gln. (8/57) und (8/58) angegebenen Grenzwerte. Die Trägerlebensdauer im Zwischenbereich ist je nach Lage des Trapniveaus größer als τ_n bzw. τ_p. Für ungleiche Minoritätsträgerlebensdauern ($\tau_n \neq \tau_p$) wird $\tau(n_0, p_0)$ unsymmetrisch, ändert aber im übrigen nicht den Grundcharakter.

Die Nettorekombinationsrate für den stationären Fall wird in der Literatur häufig unter Benutzung der Trägerlebensdauer τ_n und τ_p angegeben. Aus Gl. (8/49b) erhält man mit (8/57) und (8/58):

$$R - G_{th} = \frac{pn - n_i{}^2}{(n + n_1)\,\tau_p + (p + p_1)\,\tau_n}. \qquad (8/49\text{c})$$

Wie in Abb. 62 gezeigt, kann die Minoritätsträgerlebensdauer durch Zugabe von Gold in Silizium eingestellt werden. Gold ergibt etwa in der Mitte des verbotenen Bandes wirksame Rekombinationsniveaus (s. Abb. 34) mit folgenden Daten nach [46]: Ein Akzeptorniveau 0,56 eV über E_v mit den Einfangquerschnitten $\sigma_n = 5 \cdot 10^{-16}$ cm^2 und $\sigma_p = 10^{-15}$ cm^2 sowie ein Donatorniveau 0,35 eV über E_v mit $\sigma_n = 3,5 \cdot 10^{-15}$ cm^2 und $\sigma_p = 3 \cdot 10^{-16}$ cm^2. Man kann mit Gl. (8/59) zeigen, daß im n-Typ-Halbleiter τ_p maßgebend ist und wegen der unterschiedlichen Einfangquerschnitte σ_p die Rekombination über das Akzeptorniveau dominiert; im p-Typ-Halbleiter ist τ_n maßgebend, und daher dominiert hier die Rekombination über das Donatorniveau. Man erhält in qualitativer Übereinstimmung mit Abb. 62 für n-Si eine Minoritätsträgerlebensdauer $\tau_p \approx 10^8/N_T$ (mit τ_p in s und N_T in cm^{-3}). Wegen der unterschiedlich zugrundegelegten Einfangquerschnitte σ_p ergibt sich eine quantitative Diskrepanz um den Faktor 5.

Für die Abschätzung des dominierenden Generationsprozesses in einer in Sperrichtung gepolten pn-Diode (Abschn. 7.8) benötigt man das Verhältnis aus Generationsrate in der Raumladungszone, gekennzeichnet durch τ_e nach Gl. (8/54), und Generationsrate in der neutralen Zone, gekennzeichnet durch die Minoritätsträgerlebensdauer gemäß Gl. (8/57) oder (8/58). Man erhält dafür:

$$\frac{\tau_e}{\tau_p} = 2 \cosh \frac{E_T - E_i}{kT}. \qquad (8/60)$$

Tabellen

Tabelle 1. *Daten der Halbleiter Ge, Si und GaAs für 300 °K*
Weitere Daten siehe z.B. [61]

	Ge	Si	GaAs	Einheit
Kernladungszahl	32	14	Ga: 31; As: 33	
Atomgewicht	72,6	28,06	—	
Dichte	$5,33 \cdot 10^3$	$2,3 \cdot 10^3$	$5,35 \cdot 10^3$	kg m^{-3}
Atome pro Kubikzentimeter	$4,4 \cdot 10^{22}$	$5,0 \cdot 10^{22}$	$4,4 \cdot 10^{22}$	cm^{-3}
Schmelzpunkt	947	1420	1238	°C
Wärmeleitfähigkeit	63	150	40	$\text{W m}^{-1}\text{K}^{-1}$
Spezifische Wärme	310	760	318	$\text{Ws kg}^{-1}\text{K}^{-1}$
Relative Dielektrizitätskonstante ε_r	16	12	11	
Bandabstand	0,67	1,12	1,43	eV
Eigenleitungsträgerdichte n_i	$2,5 \cdot 10^{13}$	$1,5 \cdot 10^{10}$	$1,8 \cdot 10^6$	cm^{-3}
Eigenleitungsbeweglichkeit der Elektronen μ_n	3900	1350	8500	$\text{cm}^2\,\text{V}^{-1}\,\text{s}^{-1}$
Eigenleitungsbeweglichkeit der Löcher μ_p	1900	480	450	$\text{cm}^2\,\text{V}^{-1}\,\text{s}^{-1}$
Eigenleitungsdiffusionskonstante für Elektr. D_n	101	35	221	$\text{cm}^2\,\text{s}^{-1}$
Eigenleitungsdiffusionskonstante für Löcher D_p	49	12,5	12	$\text{cm}^2\,\text{s}^{-1}$

	Ge	Si	GaAs
bezogene effektive Masse für Elektronen m_n^*/m_0	$\begin{cases} m_D^* : 0,56 \\ m_c^* : 0,12 \end{cases}$	$\begin{cases} m_D^* : 1,08^a \\ m_c^* : 0,26^a \end{cases}$	0,067
bezogene effektive Masse für Löcher m_p^*/m_0	$\begin{cases} m_D^* : 0,29 \\ m_c^* : 0,28 \end{cases}$	$\begin{cases} m_D^* : 0,55 \\ m_c^* : 0,49 \end{cases}$	$\begin{aligned} m_D^* : 0,47^b \\ m_c^* : 0,45^c \end{aligned}$

Fußnoten s. S. 192.

Tabelle 2. *Zeitkonstanten und charakteristische Längen für die Rückkehr*
ins thermodynamische Gleichgewicht

Verursachende Störung	Maßgebende Zeit-konstante bzw. charakteristische Länge	typische Größen-ordnung	Relaxationsvorgang
Majoritätsträger-injektion	dielektrische Relaxationszeit τ_d	10^{-12} s	Majoritätsträgerstrom
Majoritätsträger- und Minoritäts-trägerinjektion	Minoritätsträger-lebensdauer τ_p (n-Typ) bzw. τ_n (p-Typ)	10^{-3} bis 10^{-10} s	Rekombination
Minoritätsträger-injektion (Impuls)	τ_d und τ_p bzw. τ_n		Rückkehr zur Neutralität mit τ_d; Rückkehr zu den Gleichgewichtsdichten mit τ_p bzw. τ_n
Konvektions-strom	Stromrelaxations-zeitkonstante τ	10^{-12} s	Streuung der Ladungs-träger an Gitterstörungen
elektrisches Potential	Debye-Länge L_D	10^{-5} cm	große relative Änderung der Trägerdichten in Strecken der Größen-ordnung L_D
Minoritätsträger-injektion (stationär)	Diffusionslängen L_p (n-Typ) bzw. L_n (p-Typ)	10^{-4} bis 10^{-1} cm	Diffusion der Minoritäts-träger innerhalb ihrer Lebensdauer

Fußnoten zu Tabelle 1.

a) Das Leitungsband ist in Ge und Si stark anisotrop. Deshalb gibt es eine longitu-dinale Masse m_l (0,98 für Si) und eine transversale Masse m_t (0,19 für Si) [4]. Maßgebend für die verschiedenen physikalischen Effekte sind verschieden ge-bildete Mittelwerte. Für die Zustandsdichte (Index density) gilt: $m_D{}^* = \nu^{2/3}$ $(m_l m_t{}^2)^{1/3}$ mit ν der gewichteten Anzahl der Nebenminima im Leitungsband (Si: $\nu = 6$; Ge: $\nu = 4$) [66], [86]. Für die Beweglichkeit (Index conductivity) gilt: $m_c = 3 \, (1/m_l + 2/m_t)^{-1}$. [66].
Diese beiden Werte sind in der Tabelle angegeben. In die Gln. (3/28), (3/30) u. (3/31) ist also $m_D{}^*$ einzusetzen, in Gl. (2/16) $m_c{}^*$.

b) Das Valenzband ist in Ge und Si zwar nahezu isotrop aber entartet (s. Abb. 43), d.h. es existieren leichte und schwere Löcher. Der für die Zustandsdichte maß-gebende Mittelwert ist [4] $m_D{}^* = (m_l{}^{*3/2} + m_h{}^{*3/2})^{2/3}$ mit $m_l{}^*$ der reduzierten Masse der leichten Löcher (Index light, 0,16 in Si) und $m_h{}^*$ der der schweren Löcher (Index heavy, 0,49 in Si).

c) Wegen der geringen Zustandsdichte der leichten Löcher machen diese nur einen geringen Prozentsatz aus und die schweren Löcher sind maßgebend für die Beweglichkeit (m_c [66]).

Tabelle 3. *Formeln für den pn-Übergang*

	Abrupter pn-Übergang	Einseitig abrupter p^+n-Übergang
Diffusions-spannung	$U_D = \dfrac{k\,T}{e} \ln \dfrac{N_A\,N_D}{n_i^2}$	$U_D = \dfrac{k\,T}{e} \ln \dfrac{N_A\,N_D}{n_i^2}$
Diodenkennlinie (ohne Rekombi-nation in der RL-Zone)	$I = I_s\left(\exp\dfrac{e\,U}{k\,T} - 1\right)$	$I = I_s\left(\exp\dfrac{e\,U}{k\,T} - 1\right)$
Sperrsättigungs-strom (ohne Generation in der RL-Zone)	$I_s = A\,e\left(p_{n0}\,\dfrac{L_p}{\tau_p} + n_{p0}\,\dfrac{L_n}{\tau_n}\right)$	$I_s = A\,e\,p_{n0}\,\dfrac{L_p}{\tau_p}$
Weite der RL-Zone	$l = \sqrt{\dfrac{2\,\varepsilon_0\,\varepsilon_r}{e}\,(U_D - U)\left(\dfrac{1}{N_A} + \dfrac{1}{N_D}\right)}$	$l = \sqrt{\dfrac{2\,\varepsilon_0\,\varepsilon_r}{e}\,\dfrac{U_D - U}{N_D}}$
maximales elek-trisches Feld	$|E_m| = \sqrt{\dfrac{2\,e}{\varepsilon_0\,\varepsilon_r}\,\dfrac{U_D - U}{1/N_A + 1/N_D}}$	$|E_m| = \sqrt{\dfrac{2\,e}{\varepsilon_0\,\varepsilon_r}\,N_D(U_D - U)}$
Kleinsignal-leitwert ($\omega \to 0$)	$g_0 = \dfrac{e}{k\,T}\,(I + I_s)$	$g_0 = \dfrac{e}{k\,T}\,(I + I_s)$
Sperrschicht-kapazität	$C_s = \varepsilon_0\,\varepsilon_r\,\dfrac{A}{l}$	$C_s = \varepsilon_0\,\varepsilon_r\,\dfrac{A}{l}$
Diffusions-kapazität	$C_{\text{diff}} = \dfrac{g_0}{2}\,\dfrac{p_{n0}\,L_p + n_{p0}\,L_n}{p_{n0}\,L_p/\tau_p + n_{p0}\,L_n/\tau_n}$	$C_{\text{diff}} = \dfrac{g_0\,\tau_p}{2}$

Tabelle 4. *Daten von SiO₂*

Relative Dielektrizitätskonstante [4]:	$\varepsilon_r = 3{,}9$
Bandabstand [4]:	$E_g = 9\;\text{eV}$
Durchbruchfeldstärke [87]:	$E_{\text{BR}} = 3 \cdot 10^6\;\text{V/cm}$

Literaturverzeichnis

1 Finkelnburg, W.: Einführung in die Atomphysik, 7. u. 8. Aufl., Berlin/Göttingen/Heidelberg: Springer 1962.
2 Geist, D.: Halbleiterphysik I, Eigenschaften homogener Halbleiter, Braunschweig: Vieweg 1969.
3 Spenke, E.: Elektronische Halbleiter, Berlin/Heidelberg/New York: Springer 1965.
4 Sze, S. M.: Physics of semiconductor devices, New York: John Wiley 1981.
5 Münch, W. von: Technologie der Galliumarsenid-Bauelemente, Berlin/Heidelberg/New York: Springer 1969.
6 Hall, R. N., Racette, J. C.: Diffusion and solubility of copper in extrinsic and intrinsic Ge, Si, and GaAs. J. Appl. Phys. 35 (1964) 379.
7 Morin, F. J., Maita, J. P.: Electrical properties of silicon containing arsenic and boron. Phys. Rev. 96 (1954) 28.
8 Morin, F. J., Maita, J. P.: Conductivity and Hall-effect in the intrinsic range of Ge. Phys. Rev. 94 (1954) 1525.
9 Kranzer, D., Eberharter, G.: Ionized impurity density and mobility in n-GaAs. Physica Status Solidi A 8 (1971) K 89 − K 92.
10 Shockley, W.: Electrons and holes in semiconductors, Princeton: D. van Nostrand 1950.
11 Seidel, T. E., Scharfetter, D. L.: Dependance of hole velocity upon electric field and hole density for p-type silicon. J. Phys. Chem. Solids 28 (1967) 2563.
12 Norris, C. B., Gibbons, J. F.: Measurement of high field carrier drift velocities in Si by a time-of-flight technique. IEEE Trans. Electron devices, ED-14 (1967) 38.
13 Duh, C. Y., Moll, J. L.: Electron drift velocity in avalanching silicon diodes. IEEE Trans. Electron devices, ED-14 (1967) 46.
14 Ruch, J. G., Kino, G. S.: Measurement of the velocity-field characteristics of gallium arsenide. Appl. Phys. Letters 10 (1967) 40.
15 Sze, S. M., Irvin, J. C.: Resistivity, mobility, and impurity levels in GaAs, Ge, and Si at 300 °K. Solid State Electron. 11 (1968) 599.
16 Wolfstirn, K. B.: Holes and electron mobilities in doped silicon from radio chemical and conductivity measurements. J. Phys. Chem. Solids 16 (1960) 279.
17 Prince, M. B.: Drift mobility in semiconductor I, germanium. Phys. Rev. 92 (1953) 681.
18 Gärtner, W. W.: Transistors, principles, design and applications, Princeton: D. van Nostrand 1960. Deutsche Ausgabe: Einführung in die Physik des Transistors. Aus dem Englischen übersetzt von A. R. H. Niedermeyer, Berlin/Göttingen/New York: Springer 1963.

19 Cutriss, D. B.: Relation between surface concentration and average conductivity in diffused layers in Ge. Bell. Syst. Techn. J. 40 (1961) 509.
20 Irvin, J. C.: Resistivity of bulk silicon and of diffused layers in silicon. Bell Syst. Techn. J. 41 (1962) 387.
21 Weiss, H.: Physik und Anwendung galvanomagnetischer Bauelemente, Braunschweig: Vieweg 1969.
22 Kuhrt, F., Lippmann, H. J.: Hallgeneratoren, Berlin/Heidelberg/New York: Springer 1968.
23 Hellwege, K. H.: Einführung in die Physik der Atome, 2. Aufl., Berlin/Göttingen/Heidelberg: Springer 1964.
24 Conwell, E. M.: Properties of silicon and germanium II. Proc. Inst. Radio Engrs. 46 (1958) 1281−1300.
25 Dash, W. C., Newman, R.: Intrinsic optical absorption in single crystal germanium and silicon at 77 °K and 300 °K. Phys. Rev. 88 (1955) 1151.
26 Philipp, H. R., Taft, E. A.: Optical constants of germanium (silicon) in the region of 1 to 10 eV. Phys. Rev. 113 (1959) 1002 und Phys. Rev. Letters 8 (1962) 13.
27 Hill, D. E.: Infrared transmission and fluoreszence of doped gallium arsenide. Phys. Rev. 133 (1964) A 866.
28 Kronig, L., Penney, W. P.: Proc. Roy. Soc. (London) A 130 (1930) 499.
29 Saxon, S. D., Hunter, R. A.: Philips Res. Rep. 4 (1949) 81.
30 Luttinger, J. M.: Philips Res. Rep. 6 (1951) 303.
31 Bloch, F.: Z. Physik 52 (1928) 555.
32 Decker, A. J.: Solid state physics, Englewood Cliffs, N. J.: Prentice Hall 1959.
33 Cohen, M. L., Bergstresser, T. K.: Band structures and pseudopotential form factors for fourteen semiconductors of the diamond and zinc-blende structures. Phys. Rev. 141 (1966) 789.
34 Smith, R. A.: Semiconductors, Cambridge: University Press 1959.
35 Neuberger, M.: Germanium data sheet DS-143, silicon data sheet DS-137. Electronic properties information center, Hughes aircraft Co., Culver City, California USA.
36 Grove, A. S.: Physics and technology of semiconductor devices. New York: John Wiley 1967.
37 Lukovsky, G., Varga, A. J.: Effects of acceptor concentration gradients in GaAs junctions on the energy of the fluorescence peak. J. Appl. Phys. 35 (1964) 3419.
38 Stern, F., Talley, R. M.: Phys. Rev. 100 (1955) 1638.
39 Lucovsky, G., Repper, C. J.: Appl. Phys. Letters 3 (1963) 71.
40 Bakanowski, A. E., Forster, J. H.: Electrical properties of gold doped diffused silicon computer diodes. Bell Syst. Techn. J. 39 (1960) 87.
41 Wertheim, G. K.: Energy levels in electron bombarded silicon. Phys. Rev. 105 (1957) 1730.
42 Joos, G.: Lehrbuch der theoretischen Physik, 10. Aufl., Frankfurt/M.: Akademische Verlags-GmbH 1959.
43 Stratton, J. A.: Electromagnetic theory, New York: McGraw Hill 1941.
44 Schottky, W.: Z. Phys. 118 (1942) 539.
45 Shockley, W.: The theory of pn-junctions in semiconductors and pn-junction transistors. Bell Syst. Techn. J. 28 (1949) 435.
46 Moll, J. L.: Physics of semiconductors, New York: McGraw Hill 1964.
47 Lindmayer, J., Wrigley, C. Y.: Fundamentals of semiconductor devices, New York: D. van Nostrand 1965.
48 Moll, J. L.: The evolution of the theory of the current-voltage characteristics of pn-junctions. Proc. Inst. Radio Engrs. 46 (1958) 1076.
49 Strutt, M. J. O.: Semiconductors devices, vol. I, semiconductor and semiconductor diodes, New York: Academic Press 1966.

50 Götzberger. A., McDonald, B., Haitz, R. H., Scarlet, R. M.: Avalanche effects in silicon p-n junctions II. Structurally perfect junctions. J. Appl. Phys. 34 (1963) 1591.
51 Sze, S. M., Gibbons, G.: Avalanche breakdown voltages of abrupt and linearly graded pn-junctions in Ge, Si, GaAs and GaP. Appl. Phys. Letters 8 (1966) 111.
52 Miller, S. L.: Avalanche breakdown in germanium. Phys. Rev. 99 (1955) 1234.
53 Lee, C. A., Logan, R. A., Batdorf, R. L., Kleinmack, J. J., Wiegmann, W.: Ionization rates of holes and electrons in Silicon. Phys. Rev. 134A (1964) 761.
54 Logan, R. A., Sze, S. M.: Avalanche multiplication in Ge and GaAs pn-junctions. Proc. International conference on the physics of semiconductors, Kyoto. J. Phys. Soc. Japan Supplement Vol. 21 (1966) 434.
55 Logan, R. A., White, H. G.: Charge multiplication in GaP pn-junctions. J. Appl. Phys. 36 (1965) 3945.
56 Fast, J. D.: Entropie, Eindhoven: Philips Techn. Bibliothek (1960) 49ff.
57 Wolf, H. F.: Silicon semiconductor data, London: Pergamon Press 1969.
58 Runyan, W. R.: Silicon semiconductor technology, New York: McGraw Hill 1965.
59 Pöschl, K.: Mathematische Methoden in der Hochfrequenztechnik. Berlin/Göttingen/Heidelberg: Springer 1956.
60 Kittel, C.: Introduction to solid state physics, New York: John Wiley 1966, S. 317.
61 Gürs, U., Gürs, K.: In: Landolt-Börnstein Bd. 4, 2. Teil, Bandteil c, 6. Aufl., Berlin/Heidelberg/New York: Springer 1965.

Außer den bereits zitierten Lehrbüchern von Spenke [3], Sze [4], Shockley [10], Gärtner [18], Grove [36], Moll [46] und Lindmayer [47] seien noch folgende (einigermaßen willkürlich ausgewählte) Bücher für ein Weiterstudium angeführt:

62 Adler, R. B., Smith, A. C., Longini, R. L.: Introduction to semiconductor physics, Semiconductor Electronics Education Committee vol. 1, New York: John Wiley 1964.
63 Madelung, O.: Grundlagen der Halbleiterphysik, Berlin/Heidelberg/New York: Springer 1970.
64 Geist, D.: Halbleiterphysik I, Eigenschaften homogener Halbleiter, Braunschweig: Vieweg 1969.
65 Smith, R. A.: Semiconductors, Cambridge University Press 1964.
66 Heywang, W., Pötzl, W.: Bänderstruktur und Stromtransport. Berlin/Heidelberg/New York: Springer 1976.
67 Salow, H., Beneking, H., Krömer, H., v. Münch, W.: Der Transistor — Physikalische und technische Grundlagen, Berlin/Göttingen/Heidelberg: Springer 1963.
68 Bontsch-Brujewitsch, W. L. et al.: Aufgabensammlung zur Halbleiterphysik, Braunschweig: Vieweg 1970.
69 Gray, P. E., De Witt, D., Boothroyd, A. R., Gibbons, J. F.: Physical electronics and circuit models of transistors, Semiconductor Electronics Education Committee vol. 2, New York: John Wiley 1964.
70 Unger, H. G., Schultz, W.: Elektronische Bauelemente und Netzwerke I, Uni-text, Braunschweig: Vieweg 1968.
71 Dosse, J.: Der Transistor, München: Oldenbourg 1962.
72 Paul, R.: Transistoren, Physikalische Grundlagen und Eigenschaften, Braunschweig: Vieweg 1965.
73 Guggenbühl, W., Strutt, J. O., Wunderlin, W.: Halbleiter Bauelemente, Basel: Birkhäuser 1962.
74 Cassignol, E. J.: Halbleiter, Eindhoven: Philips Technische Bibliothek 1966.
75 Beam, W. R.: Electronics of solids, New York: McGraw Hill 1965.
76 Gibbons, J. F.: Semiconductor electronics, New York: McGraw Hill 1966.
77 Van der Ziel, A.: Solid state physical electronics, Englewood Cliffs, N.J.: Prentice Hall 1968.
78 McKelvey, J. P.: Solid state and semiconductor physics, New York: Harper & Row 1966.

79 Harth, W., Claassen, M.: Aktive Mikrowellendioden. Berlin/Heidelberg/ New York: Springer 1981.

80 Persky, G.: Thermionic Saturation of Diffusion Currents in Transistors. Solid-State Electronics 15 (1972) S. 1345–1351.

81 Winstel, G., Weyrich, C.: Optoelektronik I: Lumineszenz- und Laserdioden. Berlin/Heidelberg/New York: Springer 1980.

82 Ruge. I.: Halbleiter-Technologie, 2. Aufl. Berlin/Heidelberg/New York/Tokyo: Springer 1984.

83 Spenke, E.: *pn*-Übergänge. Berlin/Heidelberg/New York: Springer 1979.

84 Kesel, G., Hammerschmitt, J., Lange, E.: Signalverarbeitende Dioden. Berlin/ Heidelberg/New York: Springer 1982.

85 Müller, R.: Bauelemente der Halbleiter-Elektronik, 3. Aufl. Berlin/Heidelberg/New York: Springer 1987.

86 Paul, R.: Halbleiterphysik. Heidelberg: Hüthig 1975.

87 Hoffmann, R. K.: Integrierte Mikrowellenschaltungen. Berlin/Heidelberg/ New York: Springer 1983.

88 DIN 1301: Einheiten. Berlin/Köln: Beuth-Verlag 1971.

197

Sachverzeichnis

201

Über diese Basisbände hinaus sind weitere Einzelbände den technisch wichtigen Halbleiterbauelementen, Schaltungen und Sonderthemen gewidmet. Alle diese von Spezialisten verfaßten Bände sind so aufgebaut, daß sie bei entsprechenden Vorkenntnissen auch einzeln verwendet werden können.

Nachstehendes Schema gibt einen Überblick über die Konzeption der Buchreihe, die bei Bedarf einen weiteren Ausbau zuläßt.

Einführung	1 Grundlagen der Halbleiter-Elektronik	2 Bauelemente der Halbleiter-Elektronik
Vertiefung	3 Bänderstruktur und Stromtransport	5 pn-Übergänge
Technologie	4 Halbleiter-Technologie	19 Technologie hochintegrierter Schaltungen
Einzelhalbleiter	8 Signalverarbeitende Dioden	9 Aktive Mikrowellendioden
	6 Bipolare Transistoren *	12 Thyristoren *
	16 GaAs-Feldeffekt-transistoren	21 MOS-Transistoren **
	10 Optoelektronik I: Lumineszenz- und Laserdioden	11 Optoelektronik II: Photodioden,-transistoren, -leiter, Bildsensoren
Integrierte Schaltungen	13 Integrierte Bipolarschaltungen	14 Integrierte MOS-Schaltungen
Sonderthemen	15 Rauschen	17 Sensorik
	18 Amorphe und polykristalline Halbleiter	20 Meß- und Prüftechnik

* Vergriffen
** In Vorbereitung (als Ersatz für den früheren Band 7/Feldeffekttransistoren)

Springer-Verlag Berlin Heidelberg New York London Paris Tokyo Hong Kong Barcelona